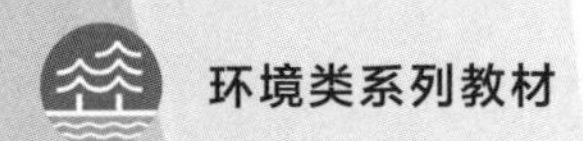


# 环境工程 CAD 设计基础与实例

朱亮　徐向阳　主编



中国教育出版传媒集团
高等教育出版社·北京

内容提要

本书有机结合环境工程领域现状与专业绘图实例，由浅入深、循序渐进地介绍了环境工程设计基础与专业 CAD 图纸绘制方法。全书共分三篇 15 章，包括环境工程设计导论，环境工程设计步骤，环境工程设计图纸基本要求；绘图准备，基础绘图，基本编辑，图层的使用与管理，标注的创建与编辑，文字、表格与打印，绘制三维图形、BIM 技术简介；环境工程 CAD 设计概述、废水处理工程设计实例、废气处理工程设计实例、土壤修复工程设计实例。

本书具有较强的专业实操性与职业塑造性，适于培养环境工程专业人才的高等学校、职业培训机构等作为教材使用。

**图书在版编目（CIP）数据**

环境工程CAD设计基础与实例 / 朱亮，徐向阳主编. --北京：高等教育出版社，2024.3

ISBN 978-7-04-060763-5

Ⅰ.①环… Ⅱ.①朱…②徐… Ⅲ.①环境工程－计算机辅助设计－AutoCAD 软件－教材 Ⅳ.①X5-39

中国国家版本馆CIP数据核字（2023）第123831号

Huanjing Gongcheng CAD Sheji Jichu yu Shili

策划编辑 陈正雄 责任编辑 李 林 陈正雄 封面设计 贺雅馨 版式设计 杜微言
责任绘图 于 博 责任校对 胡美萍 责任印制 赵 振

出版发行 高等教育出版社
社 址 北京市西城区德外大街 4 号
邮政编码 100120
印 刷 河北鹏盛贤印刷有限公司
开 本 787mm×960mm 1/16
印 张 14
字 数 250千字
购书热线 010-58581118
咨询电话 400-810-0598
网 址 http://www.hep.edu.cn
http://www.hep.com.cn
网上订购 http://www.hepmall.com.cn
http://www.hepmall.com
http://www.hepmall.cn
版 次 2024年3月第1版
印 次 2024年3月第1次印刷
定 价 29.50元


物 料 号 60763-00

# 环境工程 CAD 设计基础与实例

朱亮
徐向阳

1 计算机访问http://abooks.hep.com.cn/60763，或手机扫描二维码，下载并安装Abook应用。
2 注册并登录，进入"我的课程"。
3 输入封底数字课程账号（20位密码，刮开涂层可见），或通过Abook应用扫描封底数字课程账号二维码，完成课程绑定。
4 单击"进入课程"按钮，开始本数字课程的学习。

Abook

环境工程 CAD
设计基础与实例

朱亮　徐向阳　主编

本数字课程与朱亮、徐向阳主编的《环境工程CAD设计基础与实例》一体化设计，配合紧密。数字课程包括操作视频，丰富了教学内容的呈现形式，有助于学生掌握教材中的重难点，提高实际操作能力。

课程绑定后一年为数字课程使用有效期。受硬件限制，部分内容无法在手机端显示，请按提示通过计算机访问学习。

如有使用问题，请发邮件至abook@hep.com.cn。

http://abooks.hep.com.cn/60763

# 前　言

环境工程学是在人类同环境污染作斗争、保护改善生态环境过程中逐步形成的，一门综合运用环境科学、工程学及相关学科理论方法的交叉工程学科。运用环境工程学的相关理论和知识保护生态环境和自然资源、防治环境污染和修复生态环境、改善人类生存环境和实现资源循环的建设项目及工程设施，统称为环境工程。

我国工业化与城镇化的快速发展带来了严重的生态破坏与环境污染问题，不仅限制社会经济可持续发展，而且危害人类生境及健康。党的十八大以来，生态文明建设纳入中国特色社会主义“五位一体”总体布局和“四个全面”战略布局，以期实现中国绿色发展道路。2020 年 9 月，习近平总书记在联合国大会上郑重宣布:“中国二氧化碳排放力争于 2030 年前达到峰值，努力争取 2060 年前实现碳中和”，意义重大、影响深远。党的二十大进一步提出深入打好污染防治攻坚战，坚持精准治污、科学治污，协同推进降碳、减污、扩绿、增长，实现中国式人与自然和谐共生的现代化。

我国环境保护教育与产业领域已步入高速发展阶段，绿色环保产业作为新一批增长引擎，必须以生态文明思想为引领，走绿色、低碳、循环的高质量发展之路。为此，亟需完善环境工程原理、创新环境工程技术、夯实环境工程设计、实现环境工程建设。鉴于此，本书立足环境工程学的基本理论，归纳总结水污染控制、大气污染控制、固体废物处置以及噪声污染防治等主流工艺技术，厘清读者的环境工程设计思路；系统介绍环境工程绘图的基本规则、主要流程与方法，加深读者的环境工程制图理解；详细讲授 AutoCAD 的基本知识、图形绘制、图块操作、文本尺寸标注、图形显示与输出等，夯实读者的 CAD 制图规范技巧；结合环境工程经典设计案例，实操提升读者的环境工程制图水平。本书不仅可使在校学生在专业学习过程中紧密联系工程实际，也对从事环境治理工作的工程技术人员具有指导作用。

本书具体编写分工如下：第 1~3 章由朱亮、俞卓栋、樊璇、刘洁仪和张怡共同编写，第 4~11 章由徐向阳、韩雨桐、郑婧婧、陈吉和安彤共同编写，第 12~15 章由查钰铭、付诗瑗、魏乐成、李梦洁、陈浩宇和毛佳儿共同编写。

由于编者的水平有限，加之领域发展快速，书中如有不当之处，敬请读者批评指正，以便不断完善。

编者

2022.10

# 目　　录

## 第一篇　环境工程设计基础



## 第二篇　基础绘图

## 第三篇　环境工程 CAD 设计实例

# 第一篇　环境工程设计基础

环境工程设计是指为解决各类生态环境问题而进行的一系列工程设计工作，目的是减少环境污染、保护生态环境、实现绿色可持续发展。在环境工程设计过程中，不仅需要考虑技术可行性、经济性及其社会效益，还需要注重生态环境保护和人类健康安全。当下，环境工程设计在各个领域中都有广泛的应用，如建筑、交通、化工、能源等，其发展前景也日益广阔。未来，环境工程设计将不断创新迭代，为人们创造更好的生活环境和更加美好的未来。

# 第一章　环境工程设计导论

国家《建设项目环境保护管理条例》中明确规定，对环境有影响的建设项目需要配套建设环境保护设施。环境保护设施与主体工程同时设计、同时施工、同时投产使用。环境工程设计需要运用工程技术和有关基础科学的原理和方法具体落实和实现环境保护设施的建设，以各种工程设计文件、图纸的形式表达设计人员的思维和设计思想，直到建设成功各种环境污染治理设施、设备，并保证其正常运行，满足环保要求，通过竣工验收。

## 第一节　概　　述

环境是相对于某项中心事物而言的，不同的中心事物有不同的环境范畴，它不能独立存在，是一个极其广泛的概念。对于环境学而言，环境指以人类为主体的外部世界，主要是地球表面与人类发生相互作用的自然条件及其总体。它是人类生存和发展的基础，也是人类开发利用的对象。在世界各国颁布的环境保护法规中，为了适应不同工作需求，“环境”也被赋予了不同的定义。例如，《中华人民共和国环境保护法》对于环境作出如下规定：环境是指影响人类生存和发展的各种天然的和经过人工改造的自然因素的总体，包括大气、水、海洋、土地、矿藏、森林、草原、湿地、野生生物、自然遗迹、人文遗迹、自然保护区、风景名胜区、城市和乡村等。即：环境是以人类社会为主体的外部世界的总体。

从人类诞生开始就存在着人与环境的对立统一关系，就出现了环境问题。随着人类社会的发展，环境问题也在发展变化。环境工程学是在人类同环境污染作斗争、保护和改善生存环境过程中逐步形成的，是一门综合运用环境科学、工程学及有关学科的理论和方法、改善环境质量的交叉工程学科。而运用环境工程学的相关理论和知识保护自然环境和自然资源、防治环境污染、修复生态环境、改善生活环境和城镇环境质量的建设项目及工程设施，统称为环境工程。

国内工业发展速度的日益提升带来了环境污染问题，它不仅会对国内的经济发展产生负面影响，而且还会危害大众的身体健康。要想从本质上缓解环境污染问题，就需要逐步加大对环境治理技术的投资力度，系统规划未来的环境工程建设工作，不断增强大众的生态环境意识。从业人员在进行工程建设施工时，需要将环境污染治理放在较高的战略地位上。对于从事环境污染治理业务的企业来说,开展环境工程设计可以帮助其他企业从本质上缓解环境污染问题,通过完善自身的治理制度来提升企业的核心竞争力。科学合理的环境工程设计工作,不但可以推动环境污染治理企业走向市场化,而且能够优化环境污染治理行业的整体水平。

在工程建设当中,需要落实环境污染治理工作,这项工作非常复杂。企业开展环境污染治理工作,需要利用环境工程设计,避免施工过程污染环境,引导企业健康发展。

我国城镇化进程不断加快,但是也逐渐凸显了环境问题,需要重视环境治理工作,拓展环境治理企业稳定发展空间。保护环境功在当下、利在千秋,良好的生态环境用之不觉,失之难存。党的十八大以来,习近平总书记每到地方考察,生态环境始终是重要的考察内容,多次强调:“要把生态环境保护放在更加突出位置,像保护眼睛一样保护生态环境,像对待生命一样对待生态环境。”城镇化进程的不断推进与大众收入水平的日益提升加大了生态环境的运行压力。因此,相关部门必须重视环境工程的设计技术与理念,在工作中融入性能优异的施工设备及建设材料,逐步完善环境污染治理体系,尽可能将生态绿色融入现代化发展中,从本质上推动环境工程建设与保护工作。

## 第二节　环境工程设计的主要内容

环境工程设计的主要内容包括大气、水体、固体废物污染防治及物理性污染防控(特别是噪声污染控制),同时关注多介质多污染物的资源化利用、处理处置过程节能降耗减排等新需求。

### 一、大气污染防治

大气污染防治是指在一个特定区域内,把大气环境看作一个整体,统一规划能源结构、工业发展、城市建设布局等,综合运用各种防治污染的技术措施,充分利用环境的自净能力,以改善大气质量,具体包括:废气处理、节能减排、清洁能源开发等。

### 二、水污染防治

水污染的主要来源是生活污水和工业废水。生活污水主要产生于居民日常生活和城市的公用设施,污水中主要有悬浮态和溶解态的各种有机物,含氮、硫、磷等的无机盐和各种微生物。工业废水主要产生于各类工矿企业的生产过程中,其水量和水质随生产过程而异,根据其来源又可分为工艺废水、原料或成品洗涤水、场地冲洗水和设备冷却水等。水污染防治的主要措施有:推行清洁生产、节水减污、控制污染物排放总量、加强工业废水处理等。

### 三、固体废物污染防治

固体废物可分为城市固体废物、工业固体废物和危险废物等。从源头开始,改良和采用清洁生产工艺,尽量少排或不排废物,是控制工业固体废物污染的根本措施。固体废物的资源化技术和无害化处理技术是经济、有效的固体废物防治措施。

### 四、噪声污染控制

噪声污染来自人类的人为活动,主要防治措施有:控制声源、控制传声途径和接收者防护等。

## 第三节　环境工程设计的原则

通常,环境工程是建设项目的一个重要的组成部分。建设项目是指在一个或多个场地上按照一个总体设计或初步设计进行施工的各个项目的总体。根据项目的建设程序可以将其依次分解为:单项工程、单位工程、分部工程、分项工程。其中,单项工程又称工程项目,具有独立设计文件,竣工后可独立发挥生产能力或效益;单位工程是单项工程的组成部分,具有独立设计文件,可独立组织施工,但竣工后不能独立发挥生产能力或效益;在一个单位工程中,按照工程部位、工种及使用材料进一步划分的工程称为分部工程;分项工程则是在分部工程中,按照不同的施工方法、不同材料和规格进一步划分的工程。

环境工程作为具有独立设计文件、可独立组织施工的单项工程,不仅需要遵循工程设计的一般原则,也需要遵循专业的设计原则。

### 一、工程设计一般原则

工程设计的一般原则可简述为技术先进、安全可靠、经济合理、节约资源。主要如下。

(1) 认真贯彻国家经济建设方针、政策(技术政策、能源政策、产业政策、环境保护政策等),正确处理各产业、长期与近期、生产与生活之间等各方面的关系。

(2) 选用先进适用的技术。在设计中尽量采用先进的、成熟的、适用的技术,在符合我国管理水平和建设能力的前提下,积极引进国外先进技术,吸收经验教训。采用新技术需经过试验与正式的技术鉴定。引进的国外新技术与设备需与我国的技术标准、原材料供应、生产协作配套、维修零件的供给条件相协调。

(3) 坚持安全可靠、质量第一。项目建成投产后,能保持长期安全正常生产。

(4) 坚持经济合理。在有限的资源与经济条件下,使项目建设达到项目投资目标(产品方案、生产规模),取得投资省、工期短、技术经济指标最佳的效果。

(5) 充分利用资源。根据技术上的可能性和经济上的合理性,综合利用能源、水资源、土地资源等。

### 二、环境工程设计原则

环境工程设计在遵循工程设计一般原则的同时,还需遵循环境工程的设计原则。主要有以下几项。

(1) 遵循国家有关环境保护法律、法规。合理开发和充分利用各种自然资源,严格控制环境污染,保护和改善生态环境。

(2) 与建设项目配套建设的环境保护设施必须与主体工程同时设计、同时施工、同时投产使用(“三同时”制度)。

(3) 满足污染物排放的国家标准、地方标准与行业标准,在实施重点污染物排放总量控制的区域内,还需符合重点污染物总量的控制要求。

(4) 坚持技术进步,贯彻“以防为主、防治结合”的方针,积极落实清洁生产、节能减排、资源综合利用。

## 第四节 环境工程设计的基本程序

环境工程设计必须按国家规定的设计程序进行,并落实和执行环境工程设计的原则和要求。根据《中华人民共和国国家环境保护标准》(HJ 2050—2015)中的《环境工程设计文件编制指南》规定,环境工程设计一般分为前期工作和工程设计两部分。前期工作包括项目建议书、预可行性研究、可行性研究,工程设计包括初步设计、扩初设计和施工图设计。因此,可将环境工程设计的程序具体分为以下几个阶段。

### 一、项目建议书阶段

项目建议书应根据建设项目的性质、规模、建设区域环境质量现状等,调查并简要说明项目建成投产后可能造成的环境影响,其中包括:项目拟建区域的环境质量现状、项目建成投产后可能造成的环境影响评价、当地环境保护主管部门的意见和要求、目前存在的问题等。

## 二、可行性研究阶段

可行性研究是建设项目投资决策前进行技术经济论证的一种科学方法。通过对项目有关的工程、技术、环境、经济及社会效益等方面条件和情况进行调查、研究、分析,对建设项目技术上的先进性、经济上的合理性和建设上的可行性,做出比较和综合评价,为项目决策提供可靠依据。

可行性研究报告应由以下内容组成:① 项目概述;② 编制依据;③ 主要污染物及负荷;④ 工程规模及分期方案;⑤ 厂(场)址选择及比选;⑥ 工艺技术及比选(包括主要设备、材料);⑦ 污染物收集及传输方案;⑧ 污染物处理(处置)方案(含辅助工程方案);⑨ 环境保护;⑩ 劳动安全及卫生;⑪ 自然灾害及防范;⑫ 火灾及消防;⑬ 能耗及节能;⑭ 占地及征用;⑮ 场地水土保持;⑯ 文物及矿产保护;⑰ 工程建设管理;⑱ 工程运行管理;⑲ 工程投资估算;⑳ 成本费用估算;㉑ 财务经济评价;㉒ 研究结论及建议;㉓ 附图;㉔ 附件。

在可行性研究报告中,应有环境保护的专门章节论述,具体包括:项目拟建地环境质量现状、工程分析与主要污染源强、设计采用的环境保护标准、建设项目的环境影响分析、污染控制和生态恢复方案、建设项目的环境保护投资估算、存在的问题及建议等。在建设项目可行性研究阶段,要求同步开展环境影响评价工作。

## 三、工程设计阶段

工程设计是将基础设计转化为工程建设所需的施工图,此阶段又分为初步设计、扩初设计和施工图设计三个步骤,同时需完成设计概算和预算的编制。

### (一) 初步设计阶段

初步设计阶段应完成环境保护篇(章)撰写,平面布置、流程、高程等图纸绘制及设计概算编写。设计概算需根据设计图纸及其说明书、设备与材料清单、概算定额及各种费用标准和经济指标,估算出工程项目总报价,主要包括工程项目概算说明书、工程项目总概算、单项工程的综合概算、单位工程的概算、其他工程和费用概算、预备费用的概算等内容。

对于独立的环境工程项目,初步设计的目的与任务是明确工程规模、设计原则和设计标准,深化可行性研究报告提出的推荐方案,进行必要的局部方案比较;解决主要工程技术问题,提出拆迁、征地范围和数量,以及主要工程质量、主要材料设备数量及工程概算。对于未进行可行性研究的设计项目,初步设计阶段则需要进行方案比选工作，并应符合规定的深度要求。在这种情况下，初步设计的主要任务是明确设计原则和设计标准，解决主要环境污染防治工程技术问题。

初步设计是深度最浅的工程设计阶段，在这个阶段，一般要求完成包括初步设计说明书、设计图纸、主要工程质量与材料设备表和工程概算等设计文件的输出。本书的环境工程设计图纸仅涉及初步设计阶段。

### (二) 扩初设计阶段

扩初设计，也就是扩大初步设计，是介于方案和施工图之间的过程，也是初步设计的延伸，相当于一幅图的草图。扩大初步设计是在项目可行性研究报告被批准后，由建设单位征集规划设计方案并以规划设计方案和建设单位提出的扩初设计委托设计任务书为依据而进行的。扩初是指在方案设计基础上的进一步设计，但设计深度还未达到施工图的要求，小型工程可以不必经过这个阶段直接进入施工图。对于有设备创新、工艺技术创新的工程，扩初设计阶段是十分必要的。总体而言，扩初设计只是从初步设计到施工图设计的一个过渡阶段，它还不能指导施工建设。

在扩初设计阶段，一般要求应完成扩大初步设计说明书及工程概算书的编写。在初步设计的基础上，针对工程的关键技术工段，补充以下文件：关键设备设计图纸、关键设备布置图、关键工艺工段操作说明以及扩初设计说明书。

### (三) 施工图设计阶段

施工图设计阶段需按已批准的初步设计及其环境保护篇章所确定的各种措施与要求进行，一般包括施工总平面图、房屋建筑总平面图、设备安装施工图、非标准设备加工详图、设备及各种材料明细表等绘制和编写。同时应根据计算工程量及国家颁布的安装工程预算定额，形成建筑安装工程造价文件，完成施工图预算编写。

施工图设计的主要任务是满足施工要求，即在初步设计的基础上，综合建筑、结构、设备各工种，相互交底、核实核对，深入了解材料供应、施工技术、设备等条件，把满足工程施工的各项具体要求反映在图纸中，做到整套图纸齐全统一，明确无误。

施工图设计阶段是最详细、最深入的工程设计阶段，只有它的设计文件才能指导施工建设，是针对初步设计或扩初设计的完全具体化。此设计阶段的设计成品包括详细的施工图纸、必要的文字说明和工程预算书。

根据工程的重要性、技术的复杂性和技术的成熟程度，工程设计分三段设计、两段设计和一段设计，由设计单位负责进行。对于技术上比较简单，规模较小的工厂或车间的设计，可直接进行施工图设计，也就是一段设计；对于一般技术比较成熟的中小型工厂或车间的设计，按照初步设计和施工图设计进行，即两段设计；对于重要的大型企业和使用较复杂的技术时，可按初步设计、扩大初步设计及施工图设计三段设计。无论是何种类型的工程设计，最后的落脚点都是施工图设计，并且每步设计都要进行严格审查。

### 四、项目竣工验收阶段

环境保护设施竣工验收可视具体情况与整体工程验收一并进行，也可单独进行。竣工验收的内容和标准包括：建设前期环境保护审查、审批手续完备，技术资料齐全，环境保护设施按批准的环境影响报告书和设计要求建成；环境保护设施安装质量符合国家相应评定标准；经负荷试车合格，防治污染能力适应主体工程需要；外排污染物符合经批准的环境影响报告书要求；建设过程受到破坏并且可恢复的环境，修整完善；环境保护设施正常运转，岗位操作人员培训到位、管理制度建立、监测机构配套。

## 第五节　环境工程设计的 CAD 制图

环境工程设计的主要研究内容除了大气污染防治工程、水污染防治工程、固体废物处理处置及噪声控制工程等四项以外，还可以借鉴化工设计的单元设计模式进行划分，即环境工程设计可分为厂址选择与总平面布置、污染强度计算、工艺流程设计、车间布置设计、管道布置设计、环境保护设备的设计与选型、环境工程项目概预算、清洁生产设计等单元设计模式。同时它也涉及该领域的技术研究与开发，工程设计相关的设备设计与制造、施工、安装、操作管理等内容。环境工程设计所涉及的内容多、范围广、专业性强，具有交叉性、复杂性、多样性、创新性、社会性、经济性等特点，需要考虑的因素非常多。

计算机辅助设计（computer aided design，CAD）是随着计算机及其外围设备和软件的迅速发展而形成的一门新兴技术，是电子信息技术与工程产业技术的结晶。CAD 通过交互式图形显示、实时构造、编辑、变换及修改并存储各类几何及拓扑信息，利用应用程序进行工程计算分析，并对设计进行模拟、优化、确定产品主要参数，利用图形处理和动画技术对模型进行仿真检验，计算机自动绘图并输出图纸、数据等各种形式的设计结果，以及数据交换。CAD 技术及其应用程度已成为衡量一个国家科技现代化和产业现代化水平的重要标志。CAD 制图技术在环境工程设计中的应用相对机械、电子、建筑等行业来讲，起步较晚，还有许多应用问题需要解决。要想做好环境工程 CAD 技术方面的工作，环境工程设计人员不仅要具备环境工程设计方面的知识和环境工程设计所必需的法律、法规知识,还必须熟练地掌握工程 CAD 制图技术。

在环境工程设计领域不断引入 CAD 技术成果,并将其有规律地运用在环境工程设计过程中,使环境工程的设计及其过程的先进性、科学性不断提高,将各个单元设计不断集成,是环境工程设计 CAD 技术的重要发展方向之一。

# 第二章 环境工程设计步骤

环境工程设计贯穿于整个建设项目的全过程，与社会经济密切联系，需要综合考虑技术、经济、市场、法律等多方面因素，即应按国家规定的设计程序进行，落实和执行环境工程设计原则和要求。环境工程设计亦是一个复杂的过程，需要遵循一系列的步骤，尤其是厂址选择与场地规划、工艺流程设计、总平面布置、环保车间布置、管道布置与设计，以确保项目的顺利推进。

## 第一节 厂址选择与场地规划

厂址选择是建设项目设计中一项非常重要的工作。厂址选择适当与否，直接影响基建投资与工期、生产运营成本、经营管理费用等，同时也一定程度影响环境效益。其前提是进行建设项目可行性研究和项目设计，从而更为准确地估算项目的基建投资、运行成本和经济效益分析，进而确定项目是否可行。

厂址选择一般包括建设地点的选择（选点）和具体地址的选择（选址）两部分。前者是在一个相当大的地域范围内，按照项目特点和要求，经过系统、全面调查，提出几个地点方案供对比选择；后者则是在选点的基础上，深入细致调查，从若干可选的地点中提出几个可供选择的具体地址，根据国家及地方规划来决策定点。

### 一、厂址选择的基本原则

厂址应根据当地有关资源情况、区域和厂区的总体规划和自然条件等因素确定。一般的做法是提出多种可行方案，进行技术经济比较和定量的最优化分析，并通过专家的多次反复论证后再确定。具体来说，厂址的选择应当考虑以下几项原则。

1. 服从国家长远规划和地区城市规划的要求。应根据城镇总体发展规划，满足将来扩建的需要，同时要与所在城镇的性质和类别相适应。

2. 节约用地投资、有利生产生活、便于施工。尽可能利用地区的废弃地，少拆迁、少占农田或不占良田，易于工程实施。

3. 厂区地块可按分期建设、工艺流程合理布置构筑物。根据地区总体规划或工厂与厂区的发展规划，厂址的选择应考虑远期发展的可能性，并留有扩建的余地。

4. 厂区地形平坦或略有坡度，减少土方量、便于排水。充分利用地形，选择有利地形，将厂址设在有适当坡度的地段，尽量减少水头损失，做到厂区的土方平衡，降低能耗。

5. 选在工程与水文地质较好的地段，严防在断层、岩溶、流沙层、有用矿床、洪涝（塌陷、滑坡）区、地下水位高区选址。综合考虑土质、地基承载力等因素，以便于施工和降低工程造价。

6. 便于供电、供热、原料与废物运输等其他协作条件，有助于缩短厂区建造周期和日常管理。

## 二、厂址选择的环境保护要求

在建设项目的规划中，除了生产上的需要，同时应考虑环境保护的要求，做到统筹兼顾，协调发展。

### （一）防止大气污染

#### 1. 背景浓度

背景浓度指某地区已有的污染物浓度水平，建设项目应选择背景浓度小的区域建设，背景浓度已超过环境质量标准的区域不宜建设。

#### 2. 风向

大气的水平运动称作风。风为矢量，其大小为风速（气流运动速率），风的来向为风向。在环境工程中，风玫瑰图比较形象、直观，又衍生出污染概率玫瑰图和污染系数玫瑰图，广泛应用在污染气象及大气污染评价工作中。

风向频率分8个或16个罗盘方位观测，累计某一时期内（一季、一年或多年）各个方位风向的次数，并以各个风向发生的次数占该时期内各方位总次数的百分比来表示。将各方位风向频率按比例绘制在方向坐标图上，形成封闭折线图形，即为风玫瑰图。

在进行厂址选择与场地规划时，应注意风向的影响：① 选址在环境敏感点的最小频率风向上侧，排放量大、毒性大的污染源应远离敏感点；② 减少重复污染，各污染源不宜在最大风频下的一直线上；③ 污染源应位于附近作物抗性弱的季节主导风向下侧。

#### 3. 污染系数

若仅考虑风向频率，只能说明被污染的概率，即风向频率越大，下风向受到污染的概率越高，但不能表现被污染的程度。从污染源排入大气的污染物会沿着下风向输送、扩散和稀释。风速越大，扩散范围越大，污染物在大气中的浓度越小，污染程度越轻。因此，以污染系数［式(2-1)］来综合表示每一地区气象

(风向频率和平均风速)对大气污染影响程度。

$$污染系数 = \frac{风向频率}{平均风速} \times 100\% \tag{2-1}$$

污染系数可以反映各风向下方污染的可能性相对大小,即污染系数越大,下风向污染越严重。因此,污染源应设在污染系数最小风向的上侧。

**4. 静风**

由污染系数计算公式可知,平均风速越小,大气污染系数越大。但是,在绝对静风(即平均风速为零)的条件下,该公式没有意义,不能直接应用。风速时强时弱,风向来回不停地摆动的现象称为大气湍流。大气湍流是大气短时间不同尺度的无规则运动,由不同大小的旋涡构成,尺度大小与污染烟团相当的湍涡最有利于扩散。

静风指距地面 10 m 高处平均风速小于 0.5 m/s 的气象条件。静风不利于污染物扩散,全年静风频率很高(如超过 40%)或静风持续时间较长的地区,可能造成长时间高浓度污染,一般不宜建厂。若必须建厂,应将工厂分散布置。

**5. 温度层结和大气稳定度**

大气稳定度是指空气团在垂直方向上的稳定程度,即大气团由于与周围空气存在密度、温度和流速等方面的强度差而产生的浮力使其产生加速上升或下降的程度,也就是大气作垂直运动的强弱程度。简而言之,空气受到垂直方向的扰动后,大气层结(温度和湿度的垂直分布)使该空气团具有返回或远离原来平衡位置的趋势和程度。大气处于稳定状态,污染物不易在大气中扩散和稀释,有可能长时间聚集地面造成污染。大气越不稳定,污染物越易于扩散和稀释,不易形成严重污染。

温差对大气扩散影响较大,水平温差导致污染物横向扩散,垂直温差导致污染物垂直扩散。正常情况下,大气温度随高度增加而下降,逆温情况下,大气温度随高度增加而增加,导致对流层内层下烟气上升受阻,不利于污染物扩散,造成污染物聚集,出现“逆温帽”,使污染加重。因此,经常出现逆温现象的地区不宜建厂。

**6. 地形条件**

地形是指地表以上分布的固定性物体共同呈现出的高低起伏的各种状态,是地貌和地物形状的总称。风向和风速受到地形的影响,均会发生变化,从而影响大气污染物的扩散与稀释。

(1) 丘陵、河谷地带:山谷地带里,白天山坡表面因受日照而增温,山坡空气上升形成谷风,可将山坡附近污染源排出的废气向上扩散,减轻谷地的大气污染,但也可能引起下风侧地区的大气污染。夜晚山坡表面散热大,气温低于谷地，冷空气向谷地下沉形成山风，同时产生逆温，将污染物压在谷地不易扩散，造成谷地大气严重污染。因此，居住地比工业区低或高，或将居住区布置在背风坡湍流区都是不利的，两者应位于同一高度的阶地上，并保持一定的防护距离，尽可能使居住区避开山地盛行风和过山气流的影响。建设在背风坡地区的工厂，其烟囱有效高度必须超过下坡风高度或背风坡湍流区高度。

(2) 山间盆地：山间盆地地形封闭，面积一般不大，静风、小风频率高，当风把污染物吹进盆地，受到地形阻挡容易形成机械涡流区，污染物不易扩散和稀释，且常发生强度较大的地形逆温（冷空气沿四周山坡下滑聚集在盆地形成的逆温）和辐射逆温，形成"污染帽"导致污染物经久不散。因此，应避免在盆地内建设大气污染物排放量大的项目。若因资源、交通、用水等有利条件要求建厂，则应将工厂与居住地分散布置。若必须在居民集中的山间盆地或走向与盛行风向交角为 45°~145°、谷风风速很小的较深山谷建设污染严重的工厂时，有效烟囱高度必须超过当地逆温层高度及经常出现的静风和小风高度。

(3) 沿海地区：为避免海陆风形成的循环污染，居住地与工业区的连线应与海岸平行。此外，在丘陵、山区或水陆交界区的规划布局最好能进行专门的气象观测和现场扩散实验，或进行环境风洞模拟实验，以便对当地的稀释扩散能力作出较准确的评价。

#### （二）防止水污染和固体废物污染

排放有毒、有害废水的建设项目，应布置在当地饮用水水源的下游。《生活饮用水卫生标准》(GB 5749—2022) 规定，地面取水点周围不小于 100 m 的水域内不得停靠船只，不准游泳、捕捞和从事一切可能污染水源的活动。河流取水点上游 1 000 m 至下游 100 m 的水域内不得排入工业废水和生活污水。

废渣堆置场应与生活区及自然水体保持一定距离，否则易引起环境污染。固体废物填埋场的选址应遵循以下原则：① 地下水位低，距下层填埋物至少 1.5 m；② 远离居民区 500 m，位于城市下风向；③ 交通运输方便；④ 地下水防护条件好，防渗衬里如沥青、橡胶、塑料薄膜等的渗透系数小于 $10^{-7}$ cm/s，防渗漏层厚度至少 1 m；⑤ 不在石灰岩地区；⑥ 不在地震多发区。

### 三、厂址选择的基本步骤

#### （一）准备阶段

1. 收集基础资料：收集拟建区域的地形地貌、气候、交通运输、城市发展规划等资料；

2. 绘制总平面草图：通过流程确定与参数计算，确定主要构筑物尺寸，绘制总平面草图，一般选 2~3 个方案进行比较；

3. 初步确定运输量：根据生产规模与远期规划，估算原料、污泥等运输量及水电、能源等需用量；

4. 勘测周边环境：现场踏勘地形地貌、水文地质、土壤背景、铁路码头等条件，以及拟建地现有建筑物及设施情况，初定各功能区位置。

**（二）比较选择阶段**

根据现场勘察情况，对场地进行初步取舍之后，根据已收集到的资料，从自然地理、社会经济、自然环境、建厂条件及协作条件等方面对条件较好的几个场地进行比较，最后呈报的场地方案应为两个或两个以上（包括推荐方案），并编写场地选择报告。

**1. 方案比较法**

正确地进行场地的技术、经济方案比较，需抓住关键性制约因素，遴选出较优方案，作定性和定量分析。厂址选择的方案比较法多采用对比式的表格进行对照，按项目表述各方案中相关因素的优缺点。最佳厂址应兼具较好的技术条件及较低的建设和运营费用。

**2. 分级评分法**

分级评分法则是先列出影响场地选择的所有因素，然后按照各种因素的重要程度确定其权数。选择其中最一般的因素，确定其权数为 1，再将其他各种因素与之相比较，分别确定它们的权数。权数可由专家、工程技术人员、管理人员等共同研究确定。每个影响因素可按其影响的不同程度划分为几个等级，如优、良、中、差，并相应地规划各等级系数为 4、3、2、1。将权数和等级系数相乘便得到因素分值，再将所有因素的分值相加便得到该场地的总分数，得分最高的场地为最优场地。

## 第二节　工艺流程设计

环境污染治理工艺流程的设计是环境工程设计中最重要的一个环节，贯穿设计过程的始终。它通过工艺流程图的形式，形象地反映了物料的流向及生产中所经历的工艺过程和使用的设备仪表。工艺流程图集中地概况了整个生产过程的全貌。

工艺流程设计是工艺设计的核心。设备选型、工艺计算、设备布置等都与工艺流程直接相关，只有工艺流程确定后，才能开展其他工作。工艺流程设计是否合理，直接影响污染治理效果；操作管理方便与否，初期投资大小和运行费用高低，以及处理后物料能否回收利用，影响生产工艺的正常运行。

工艺流程设计的任务包括以下五个方面。

1. 确定工艺流程的组成：确定流程中各生产过程的具体内容、顺序和组合方式，是工艺流程设计的基本任务。可用设备之间的位置关系和物料流向来表示。

2. 确定载能介质的技术规格和流向：常用载能介质包括水、水蒸气、冷冻盐水、空气（真空或压缩）。

3. 确定操作条件和控制方法：主要工艺参数有温度、压力、浓度、流量、流速和pH等。

4. 确定安全技术措施：设置相应的预防和紧急措施，如阻火器、报警装置、爆破片、安全阀、安全水封、放空管、溢流管、泄水装置、防静电装置、防雷装置和事故贮槽等。

5. 绘制不同深度的工艺流程图：工艺流程框图、工艺流程示意图、物料流程图、带控制点的工艺流程图等。

## 一、处理工艺路线选择原则

在实际操作中，需要处理的污染物千差万别，处理的方式和方法也各不相同。选择处理工艺路线是决定设计质量的关键因素，若一种污染物只有一种处理方法，就选择该方法；若有多种处理方法，则需要进行分析比较，从中筛选出最优流程。

在选择处理工艺路线时，应注意考虑以下六项基本原则。

**1. 合法性**

环境保护设计必须遵循国家及地方有关环境保护法律、法规、条例等，合理开发和利用各种自然资源，严格控制环境污染，保护和改善生态环境。

**2. 先进性**

先进性主要是指技术上的先进性和经济上的可行性。宜选择高效稳定、节能降耗、管理便利的处理工艺路线，并且针对日益严格的污染物排放标准，需考虑处理工艺路线的前瞻性。

**3. 可靠性**

可靠性是指所选择的处理工艺路线是否成熟可靠。随着经济发展和技术进步，不断涌现出大量的新处理技术、新处理工艺和新处理设备，但对于尚未实际应用的工艺，需谨慎对待，不能一味地推陈出新而忽视了可靠性。实际情况下处理对象污染物组成复杂，需通过类比选择或试验确定来慎重考虑处理工艺路线。

**4. 安全性**

对于有毒性的污染物，选择的工艺路线要防止污染物作为毒物散发，要有合理可靠的应急补救措施，满足劳动保护和消防的要求。

**5. 实际性**

我国尚处于社会主义发展初级阶段，经济发展水平、自动化水平、环境保护管理水平等各方面仍相对较低，所以要充分考虑企业实际承受能力、管理水平和操作水平等，以及周边环境条件与区域规划，具体问题具体分析。

**6. 简便性**

选择简单、可靠的处理工艺路线，同时要考虑关键设备的备用，保证系统正常运转。比如污水处理厂需设置跨越管线，当某一处理构筑物因故停止运行时，不致影响其他单元构筑物的正常运行，以及发生事故或停运检修时，能使废水跨越后续处理构筑物而进入其他池体或直接排入水体。

上述六项工艺路线选择原则必须在实际选择中全面衡量，综合考虑。根据污染物理化性质及原始数据，有关工程设计依据性文件，设计基础资料，设计技术法规及标准，设计单位提出的项目有关要求、建议和意见，通过不断比较、分析和选择，确定最佳工艺路线，以保证污染物去除效率高、系统能耗低、运行费用少、管理维修方便。

## 二、处理工艺路线选择基本步骤

选择处理工艺路线时，一般要经过三个步骤。

**1. 资料收集，现场调研**

这是选择处理工艺路线的准备阶段。根据拟处理污染物种类、数量和规模，收集国内外同类污染物处理的翔实资料，包括技术特点、工艺参数、运行费用、材料消耗、处理效果及发展动向等。除设计人员自己收集外，还要向当地有关信息技术部门或行政部门寻求帮助。

具体收集以下材料：① 拟处理污染物种类、产生量、特性等；② 国内外同类型污染物的处理工艺路线；③ 小试 / 中试试验研究报告；④ 工艺技术先进性、污染物分析方法等；⑤ 所需要设备的制造、运输和安装情况；⑥ 项目建设成本、运行费用、占地面积等；⑦ 水、电、汽、燃料及主要基建材料的用量及供应；⑧ 厂址、水文、地质、气象、环境质量等背景资料。

**2. 设备、装置与仪器的落实**

设备、装置与仪器是保证污染物处理完全的重要条件，是确定工艺路线的必要因素。对各种处理工艺涉及的设备、装置与仪器，应分清国内已有的定型产品、需要重新设计和需要进口三种类型，调查了解设计制造单位的技术能力与市场占有情况。

**3. 全面比较**

全面比较的内容有很多，主要为以下几项：① 各种处理工艺路线在国内外的应用现状与发展趋势；② 现有工艺处理效果、数量及规模；③ 处理工艺的原辅材料和能源消耗水平；④ 工程项目总投资和运行费用。

通过以上三个步骤，综合评价各处理工艺的优缺点，最终确定最优工艺路线。

## 三、具体工艺流程设计

当处理工艺路线选定后，即可进行具体的流程设计。它决定了车间布置、设备选型、构筑物设计和管道走线等。

具体工艺流程设计主要包括以下四个方面：① 处理过程中污染物经各处理单元时，物料和能量变化及其去向；② 各处理单元、构筑物和设备的尺寸、顺序和布设方式；③ 管道布置和检测位置；④ 绘制工艺流程图。

具体工艺流程设计要求如下。

### 1. 污染物经处理后必须达到相关排放标准

设计者要以当地环境保护部门规定的标准作为设计依据与验收标准，需要注意的是，改扩建项目与新建项目的排放标准不同，不仅有相对排放浓度（单位体积中污染物的质量，mg/L 或 $mg/m^3$），还有绝对排放浓度（单位时间内排放污染物的质量，kg/h 或 t/d）。在设计中常常因忽视绝对排放浓度，而造成排放不达标的情况。

### 2. 采用成熟、先进、高效、低耗的处理工艺

某些污染物已经具有相对成熟的处理工艺，如城镇污水处理工艺路线为预处理、一级处理、二级处理、三级处理（深度处理）和污泥处置，其核心为二级生化处理；烟气脱硫工艺主要为湿法、干法、半干法，其中以氧化镁湿法脱硫技术为主；城市垃圾处理方式主要有卫生填埋、高温堆肥、焚烧等。因此，当工程条件要求相似时，可在已成熟的工艺技术基础上加以改进，同时筛选出高效低耗的处理工艺技术。

以城市和区域性污水处理的典型流程为例。这一流程普遍用于国内外污水处理工艺，所不同的是采用的生物处理工艺（活性污泥法或生物膜法）。处理技术单元的排列顺序原则是先易后难，易于去除的悬浮物的处理构筑物如沉砂池、沉淀池等排列于前，而以去除溶解性有机物为目的的生物处理构筑物则位于其后，消毒去除病原菌则排列在最后。如果二级出水用于回用，则在二级生物处理之后，再加一级混凝沉淀和过滤，进一步去除悬浮物、溶解性有机物，使其达到回用的目的。正因为如此，一般将处理工艺流程分为一级处理、二级处理和深度处理。以去除悬浮颗粒为主的系统为一级处理，而以去除溶解性有机物为主的系统称为二级处理或生物处理，以回用为目的进一步降低悬浮物、氮磷及溶解性有

机物的系统称为深度处理或三级处理。

**3. 防止产生二次污染或污染转移**

如果设计流程对处理污染物的过程考虑不周,则有可能产生二次污染或污染物的转移。为此,要设计专用的设备回收处理采样、溢流、事故、检修等排出的污染物等,以避免污染物的无组织排放。

例如,在吹脱法中,若不对吹脱法处理含氨废水的吹脱气体进行有效处理,则很容易把水中的氨转换成空气中的氨,造成污染物的转移,而达不到真正除氨的目的。工业中常用 HCl 吸收吹脱气体中的氨,从而避免污染物转移。

**4. 回收利用能量与资源**

设计流程时需注意实际场地的高度差,尤其是废水处理工艺流程的布置需要充分考虑和利用地势高差,减少能量消耗。同时,充分利用和回收处理过程中产生的能量,收集利用生产排放的有价值污染物,实现以废治废的目的。

**5. 考虑处理能力的配套性与一致性**

一般来说,设计的处理能力要略大于实际处理量,即处理能力要有一定的富余,以适应实际变化。选择设备的处理能力不能过大或过小,要与实际基本一致。对易损易坏的部件采用双套切换,保证系统能正常运行。

通常,配件选择要基本一致,如选择法兰的螺丝尽量整个系统一样,便于库存与维修。

**6. 设备管线选型**

选择低能耗的处理工艺和设备,根据污染物的特性和选用设备的性能,确定设备、构筑物和管道是否要采取保温、防腐措施。

**7. 确定公用配套工程**

工艺用水(包括冷却水、溶剂水、洗涤水等)、蒸汽、压缩空气,以及冷冻设备、真空设备等都是工艺设计中要考虑的配套设施。其他的配套设施如用电、上下水、空调、采暖通风等都应与相关工艺密切配合。

**8. 操作检修方便且运行可靠**

针对目前的管理水平,设计中还需考虑操作的简单性和检修的方便性,人体操作的最佳位置,如阀门位置、仪表位置等。要保证处理系统运行的可靠持久性。

**9. 制订切实可靠的安全与应急措施**

需考虑处理系统的启动和停止、长期运行和检修过程中可能存在的各种不安全因素,制定合理的防范措施。比如用电除尘器或布袋除尘器处理爆炸性粉末时,需要在系统中加入防爆闸门。要充分考虑系统运行时可能出现的设备故障及存在的安全隐患,设计中要安排事故排放的线路或备用处理工艺,以保证正常运转。

**10. 经济节约**

本着节约能源的原则，设计时尽量选择能耗低、效率高、可重复利用的工艺和设备。从化学角度来说，世界上没有废物，任何污染物都能处理，只不过需考虑处理工程项目建设方在经济上是否能承受。

(1) 宏观经济损益：一般控制污染的费用越高，污染控制的效果越好，社会经济损失越小，反之亦然。控制污染费用和社会经济损失交叉点被认为是最佳点，实际操作中按照要求的污染控制的程度确定费用和损失，通常也会在最佳点附近。

(2) 净化效率与费用：效率与费用并非在全部范围内呈正比，达到一定费用后，继续加大费用换取的效率增值，是极不显著的。因此，设计处理工艺流程时，不仅要考虑如何有效地治理污染，而且要考虑经济上控制污染的最佳代价。

# 第三节　总平面布置

厂址及工艺流程确定后，即可进行总平面布置，它直接影响到用地面积、日常运行管理、维修条件、处理或生产装置的建设和运行费用。总平面布置就是厂区内各种生产构筑物及其附属建筑和设施的相对位置的平面布局，包括生产构筑物、配套建筑物、各种管道及道路绿化等各项平面设计。

总平面布置应该具有布置紧凑、用地省、工艺流程合理、功能明确、运输畅通、动力区接近负荷中心、工程管线短捷、管理方便等特点，必须适合工艺、土建、防火安全、卫生绿化及生产与处理规模发展等方面的要求。要特别注意以下三个方面。

## 一、构筑物布置

1. 按工艺流程顺序，污水线路尽量呈直线、无返回流动，避免迂回曲折。根据厂内各建筑物和构筑物的功能和流程要求，结合厂址地形、气候与地质条件等因素，考虑施工、操作与运行管理便利，通过技术经济比较来确定。

2. 功能相似的构筑物或单元尽可能布置在一起，可集中管理，统一操作，节省人力，原料和成品应尽量接近仓库和运输线路，构筑物之间的管道尽可能沿道路铺设，产生有害气体的车间应布置在下风向等。

3. 考虑辅助车间的配置距离和管理便利，原辅料、污泥等应尽量接近仓库和运输线路。各生产构筑物与配套建筑物的位置关系，应根据安全、运行管理方便与节能的原则来确定。例如,总变电站宜设在耗电大的构筑物附近,鼓风机房应尽量靠近曝气池,办公室与化验室应远离机器车间并应有隔离带等。

4. 环境保护设施布置在厂区一侧,或靠近污染源的地方。其车间内部也应按照处理工艺流程的顺序进行布置,处理线路尽可能做成直线而无折返。

## 二、配套建筑物布置

配套建筑物包括锅炉房、配电室、机修车间、中心试验室、仪表修理间及仓库等。

1. 锅炉房:应尽可能布置在使用蒸汽多的地方,以缩短管路、减少热损;附近不能配置易爆车间或易燃仓库,宜放置在厂区下风向。

2. 配电室:一般布置在用电大户附近,并位于厂区上风向。

3. 机修车间:应放置在与各生产车间联系方便而安全的位置。

4. 中心试验室及仪表修理间:一般布置在清洁、振动和噪声少、灰尘少的上风位置。

5. 行政管理部门、会议室、食堂、保健站等,一般建在厂区边缘或厂外,最好位于工厂的上风位置。生活设施与生产管理建筑物宜集中布置,其位置和朝向应力求适用、合理,生活、管理设施应与处理构筑物保持一定距离。功能分区明确,配置得当,一般可按照厂前区、污水处理区和污泥处理区设置。

## 三、构筑物之间的距离

构筑物之间的距离既要符合消防安全,又要满足工业卫生、采光、通风等要求。

1. 防火:防火距离要保证失火时消防队能顺利进入现场灭火,应考虑管线敷设、构筑物施工开槽相互影响,以及今后运行、操作、检修距离,构筑物之间必须有 5~10 m 的净距,特别是污泥消化池、沼气储气柜等易燃易爆的构筑物的安全距离,应符合国家《建筑设计防火规范》(GB 50016—2014)及国家和地方现行防火规范的规定。

2. 自然采光与通风:建筑物间距不应小于 15 m;如有 15 m 以上的高建筑物,间距不应小于两相邻建筑物高度之和的一半。

3. 厂内道路:厂内人行道宽度应根据上下班人行流量定,一般为 1.8~2 m。主要构筑物应有出口和露天场地,以便于消防车通过及其他特殊情况使用。

通向仓库、检修间等应设车行道,其路面宽为 3~4 m,转弯半径为 6 m,厂区主要车道宽 5~6 m,能允许两辆卡车面对面通过。车行道边缘至房屋或构筑物外墙面的最小距离为 1.5 m。道路纵坡一般为 1%~2%,但不大于 3%。需充分考虑输送线路的循环性，避免交通堵塞。

4. 其他：总平面布置中还要有一定的厂内绿化面积，其比例应不小于全厂总面积的 30%。

## 第四节　环境保护车间布置

车间由生产设施、生产辅助设施、生活行政设施和其他特殊用室组成。生产设施包括生产工段、原料和成品仓库、控制室、露天堆场或贮罐区等；生产辅助设施包括除尘室、通风室、变电和配电室、机修间、化验室、动力间(压缩空气和真空)。

车间布置是对整个车间各工段、各设备在车间场地范围内，按照其在生产、生活中所起的作用进行合理地平面和立面的布置。

### 一、车间设计内容

在完成初设工艺流程图和设备选型后，下一步则是将各处理单元和设备按照处理流程在空间上进行布置(称为车间布置)，用管道将各处理单元、工序和设备进行连接(称为管道布置)。车间布置设计分初步设计和施工图设计两个阶段，管道设计属于施工图设计的内容。

1. 环境保护车间布置初步设计：包括处理、辅助、生活行政设施的空间布置，设备布置，通道与运输设计，决定车间场地与建筑物的大小，以及安装、操作、维修空间设计。

2. 管道布置设计：包括配管模型或平(立)面配管图，管段图，确定设备及仪表安装的管口方位，管道材料表，审核有关图纸，校核最后的平面布置图。

3. 环境保护车间施工图设计：落实车间布置(初)内容，设备管口及仪表位置详图，物料与设备移动运输设计，确定与设备安装有关的建筑与结构的尺寸，确定设备安装方案，安装管道、仪表、电气管线走向，确定管廊位置。

### 二、车间设计程序

进行车间布置设计时，设计人员应遵守有关的设计规范和规定，常用的有《建筑设计防火规范》(GB 50016—2014)、《石油化工企业设计防火规定》(GB 50160—2008)、《化工企业安全卫生设计标准》(HG 20571—2014)、《工业企业噪声设计技术规范》(GB/T 50087—2013)、《爆炸和火灾危险环境电力装置设计规定》(GB 50058—2014)等。

**(一) 基础资料收集**

基础资料包括:

(1) 对初步设计需要带控制点的工艺流程图,对施工图设计需要管道仪表流程图。

(2) 计算说明书,包括物料衡算数据及物料性质。

(3) 设备一览表,包括设备外形尺寸、质量、支撑形式及保温情况。

(4) 公用系统耗用量,包括给排水、供电、供热制冷、压缩空气、蒸汽、外部管道等资料。

(5) 车间定员表,包括技术人员、管理人员、操作人员和检测人员等资料。

(6) 厂区总平面布置图,包括本车间与其他处理车间、辅助车间、生活设施的相互关系,厂内人员和物流情况与数量等。

**(二) 主要程序设计**

**1. 车间布置初步设计**

根据带有控制点的处理工艺流程图、设备一览表、物料贮存运输、生产辅助及生活行政等要求,结合布置的规范及总图设计资料,进行初步设计,其主要设计内容包括:① 确定处理、处理辅助、生活行政设施的空间布置;② 确定车间场地与建筑物、构筑物的大小;③ 设备空间的布置(水平和垂直方向);④ 通道和运输设计;⑤ 确定安装、操作、维修所需要的空间;⑥ 画出车间初步设计的平面和剖面图。

**2. 管道流程设计**

根据车间布置初步设计和处理工艺操作要求,进行管道流程设计,其主要内容是:① 根据工艺和流体力学系统计算及设计管道布设;② 绘制管道布置图与公用工程流程图;③ 确定仪器仪表数量与位置。

车间布置的初步设计和管道流程设计有着密切关系,前者是后者的前提,后者是对前者的补充和修正。

**3. 车间布置施工图设计**

与各专业协商,确定最终的车间布置,主要工作内容有:① 绘制设备管口及仪器仪表的位置详图;② 进行运输设计;③ 确定与设备、构筑物有关的建筑与结构尺寸;④ 确定设备安装方案;⑤ 设计安排管道、电气管线的走向;⑥ 绘制车间布置的平面、剖面、立面图。

## 三、设备布置的原则与内容

根据处理流程及各种有关因素,还需要把各种设备在规定的区域内进行合理的排列。

### (一) 设备布置原则

设备布置要做到经济合理、节约投资,操作维修方便安全,设备排列简洁、紧凑、整齐、美观,需满足以下四点要求。

1. 满足处理工艺要求:每个处理工艺所需的设备应按照顺序布置,保证工艺正常运行;同类设备尽量布置在一起,统一管理、集中操作检修,还可减少备用设备;充分利用高程,使物料与污染物通过重力输送,计量设备布置在高层,处理设备布置在中层,储藏、泵和风机等布置在下层。

2. 符合安全技术要求:易燃易爆车间应加强通风;防爆墙门窗应向外开;设备和通道布置时要考虑安全距离;处理过程产生有毒或有害物时,注意毒性大的与毒性小的隔开;产生有毒物的工作点应布置在下风向,通入的风先通过人体,后通过污染源;具有尘、酸碱性介质的车间应布置冲洗水源和排水;人行道不应铺设有毒气体、液体管道。

3. 便于安装检修:设备布置要充分考虑安装、拆卸和检修方便,如检修人孔要对应检修通道等。

4. 保证良好的操作环境:保证有良好的采光,设备应尽量避免布置在窗前,设备与墙的距离要大于600 mm;热源尽量放置在车间外,否则要有降温措施;车间内工作地点的夏季空气温度规定一般不应超过32℃;冬季工作地点有温度要求,轻作业的不低于15℃,中作业的不低于12℃,重作业的不低于10℃;保证人员呼吸到足够的新鲜空气,如20 $m^3$ 的空间内,每人每小时不少于30 $m^3$ 的新鲜空气;产生较大噪声的设备,须采取降噪措施。

### (二) 设备布置图

设备布置的最终表现是设备布置图,环境保护设备布置图的主要内容包括以下几个方面。

1. 视图:平面图、立面图(剖面图);

2. 尺寸标注:在图中标出建筑物定位轴线的编号、与设备布置有关的尺寸、设备的位号与名称等;

3. 安装方位标:指示安装方位基准的图标;

4. 说明与附注:对设备安装有特殊要求的说明;

5. 设备一览表:列表填写设备的位号、名称、数量、材料、质量等;

6. 标题栏:写明图名、图号、比例、设计、校核、审核者等。

### (三) 平面图

设备布置以平面图为主,反映设备在平面上的相对位置。每层厂房均要画平面图,通常的比例为1:50、1:100、1:200或1:500,绘制时注意以下方面:① 厂房平面图要用细实线画出,以突出平面图中的设备。② 粗实线画出设备可见外形轮廓及主要接管口，表示出安装方位。③ 中实线画出设备的基础、操作台等轮廓形状。④ 尺寸标注时，尺寸线、尺寸管线用细实线画出，要注意：建筑物定位轴线用点划线标注尺寸，水平定位轴线顺序用阿拉伯数字依次标注，垂直定位轴线用英文大写字母依次标注，数字和字母写在 8~10 mm 的细线圆中，其尺寸标注允许标注成封闭的链状，单位为 mm，但图中不写单位；尺寸标注时，应注意尺寸界线与建筑物定位轴线、设备轴线及轮廓线的延长部分对齐；需标注设备基础、平台等尺寸。

**（四）立面图**

立面图反映设备的空间位置，绘制时注意事项如下：① 确定立面图的数目，以完全、清楚反映出设备与厂房高度方向的位置关系为准，立面图下注明剖切的位置，如 A–A 剖视；② 用细实线画出厂房的立面图，立面图表示的剖切位置要在平面图中表示清楚；③ 用粗实线画出设备的立面图，注明设备的位号、名称等；④ 注明厂房的定位轴线尺寸和标高，标高单位为 m，如可写成 ±0.000、+1.000、–1.000 等；⑤ 注明设备基础标高尺寸；⑥ 立面图可以与平面图画在同一张图纸上，按剖视的顺序，从左至右、由上而下，顺序画出。

**（五）绘制安装方位标**

在平面图的右上方，绘制设备安装方位基础，用粗实线画出直径为 20 mm 的圆，以细点划线画出垂直和水平两条线。

**（六）设备一览表及标题栏**

设备一览表要按项目顺序表示完全，包括设备名称、位号、材质、图号、标准号、数量等。当设备较多时也可单列一张或几张，但必须编入图号中。标题栏按照国家标准要求填写。

## 第五节　管道布置与设计

管道布置与设计是环境工程设计中一个重要的组成部分，是完成设备、场地的平立面布置后进行的一项工作，管道布置与设计的主要内容包括：管道材质、管径的选择与计算，管道支架的设计，管道布置图（配管图），管道投资概算，施工说明。

### 一、管道选择

**（一）管材**

常用管材分为钢管、有色金属管和其他管道等种类。

**1. 钢管**

（1）铸铁管：常用作污水管，不能用于输送蒸汽及在有压力下输送爆炸性与有毒气体，公称直径有 50、75、100、125、150、200、250、300、350、400、450、500、600、700、800、900 和 1 000 mm 等，连接方式为承插式、单端法兰式和双端法兰式 3 种，连接件和管子一起铸出。

(2) 高硅铁管与抗氯硅铁管：高硅铁管能耐强酸，抗氯硅铁管可耐各种含量、温度的盐酸，适用于输送公称压力 $2.5 \times 10^5$ Pa 以下的腐蚀性介质。

(3) 镀锌管：常用于给水、暖气、压缩空气、煤气、真空、低压蒸汽和凝液及无腐蚀性物料的输送。分为普通型（公称压力 <1 MPa）和加强型（公称压力 <1.6 MPa），极限工作温度 175℃，不适于输送爆炸性及毒性介质。

(4) 无缝钢管：用于输送水蒸气、高压水、过热水等压力物料，或可燃性、爆炸性、有毒物料。极限工作温度 435 ℃；若输送强腐蚀性或高温介质（900~950℃），则用合金钢或耐热钢。

**2. 有色金属管**

(1) 铜管：分黄铜管与紫铜管，多用于低温管道（冷冻系统）、仪表的测压管线或传送有压力的液体（油压系统、润滑系统）输送；当温度高于 250℃时，不宜在压力下工作。

(2) 铝管：常用于浓硝酸、乙酸、甲酸等物料的输送。不能抗碱；温度高于 160℃时不宜在压力下工作，极限工作温度 200℃。

**3. 其他管道**

(1) 搪瓷管和陶瓷管：耐腐蚀、价格便宜，但有脆性、强度差、不耐温度剧变，常用于排出腐蚀性介质的下水管和通风管道。

(2) 有衬钢管：用于输送腐蚀性介质。用衬里减少铝、铅等有色金属用量，金属材料有铅、铝等，非金属材料如搪瓷、玻璃、塑料等。

(3) 聚氯乙烯管：材质轻、抗腐蚀、易加工，耐各种酸类、碱类和盐类，但对强氧化剂、芳香烃、氯化物及碳氧化物不稳定；输送 60℃以下的介质，常温下轻型管材的工作压力不超过 $2.5 \times 10^5$ Pa、重型管材不超过 $6 \times 10^5$ Pa。

(4) 混凝土管：用于排水，分普通、轻型和重型三种，制造容易、价格便宜但不承压。

(5) 石棉压力管：用于输送有压力介质的管道。

管材可以按照输送介质的种类、管道的工作压力、介质的温度或室内室外进行选择。若输送介质为污水时，可选择铸铁、搪瓷、陶瓷、混凝土管、塑料管等；为给水时，可选择铸铁管（内衬水泥砂浆）、钢筋混凝土管、镀锌管、UPVC（硬聚氯乙烯）、PPR（三型聚丙烯）等；为蒸汽时，可选择无缝钢管、镀锌管（可用于低压）等；为腐蚀介质时，选择硅铁管、镍铬钢无缝钢管、铝管、搪瓷、陶瓷、有衬钢管、聚氯乙烯管；为压力介质时，选择无缝钢管、铜管、石棉压力管等。

### （二）管径

管道直径的大小用管道外径、内径或内外径作为定性尺寸。工程上采用公称直径表示管道的大小，符号为 Dg 或 $D_N$，指外径相同而实际内径相近，但不一定相等的管道。例如：108 × 4 mm 和 108 × 6 mm 无缝钢管，都称作公称直径为 100 mm 的钢管，但其内径分别为 100 mm 和 98 mm。

公称直径是管道、阀门和管件的特性参数，可使管道、阀门和管件的连接参数统一，利于装管工程的标准化。同一公称直径的管子外径必定相同，内径相近，但不一定相等。公称直径一定不等于外径，不一定等于内径。公称直径的一种单位以“mm”计，如 Dg100，指公称直径 100 mm 的管子；另一种是用英制单位“吋”计，1 吋折合 25.4 mm，Dg100 管子也称为 4 吋管。并不是所有的管道都以公称直径表示，比如通风除尘管一般用薄钢板制成，常用外径表示其规格。

### （三）公称压力

公称压力指管道中在一定温度范围内最高允许压力，用符号 Pg 或 $P_N$ 表示。一般来说，管路工作温度在 0~120℃范围内时，工作压力和公称压力是一致的；但温度高于 120℃时，工作压力低于公称压力。在不同温度下，工作压力与公称压力的关系如表 2-1 所示。

**表 2-1　不同温度下工作压力与公称压力的关系**

| 级别 | 工作温度/℃ | 公称压力 | 工作压力 | 级别 | 工作温度/℃ | 公称压力 | 工作压力 |
|---|---|---|---|---|---|---|---|
| Ⅰ | 0~120 | 100 | 100 × 100% | Ⅳ | 401~425 | 100 | 100 × 51% |
| Ⅱ | 121~300 | 100 | 100 × 80% | Ⅴ | 426~450 | 100 | 100 × 43% |
| Ⅲ | 301~400 | 100 | 100 × 64% | Ⅵ | 451~475 | 100 | 100 × 34% |

公称压力从 0.25~32 MPa 共分为 12 个等级，其中 0.25~1.6 为低压，1.6~6.4 为中压，6.4~32 为高压。公称压力的单位为 MPa，也可用 $kgf/cm^2$ 表示，两者的换算关系为：1 MPa=10 $kgf/cm^2$。

## 二、阀门选择

阀门可定义为截断、接通流体（含粉体）通路或改变流向、流量及压力值的装置，具有导流、截流、调节、节流、防止倒流、分流、卸压等功能。基本参数有公称直径、公称压力、温度及动力参数等。

按照传动方式可分为手动、气动、电动、液动及电磁动等，在温度、压力及其他形式传感信号的作用下按设定的动作工作；按照作用方式可分为截止阀、调节阀、止逆阀、稳压阀、减压阀、换向阀、防爆安全阀、卸灰阀等；按照形状可分为球形阀、闸阀、蝶阀、针形阀等。

下面介绍几种常见的阀门。

1. 截止阀：又称球心阀，易于调节流量、操作可靠，广泛用于各种受压流体管路，在蒸汽和压缩空气管路上也经常使用，但不能用在输送含有悬浮物和易结晶物料的管路上。

2. 闸阀：又称闸板阀或插板阀，其特点是利用闸板升降进行开启和流量调节，优点是阻力小，容易调节流量，既可用来切断管路，又可用来调节流量，广泛用于各种气体和液体管路上。

3. 蝶阀：又称翻板阀，是以关闭件（阀瓣或蝶板）为圆盘，围绕阀轴旋转实现开启和关闭，由于其不易和管壁严密配合，只适用于调节流量，不能用于切断管路，经常用在输送空气和烟气的管路上，有手动、电动和气动等。

4. 旋塞阀：又称考克，优点是结构简单、体积小、关启迅速、阻力小且经久耐用，适用于含有悬浮物和固体杂质的管路，但不能精确地调节流量。适用于公称直径为15~20 mm的小口径管路及温度不高、公称压力在1 MPa以下的管路。

5. 针形阀：与球心阀的结构相似，只是阀盘做成锥型。由于阀盘与阀座接触面积大，所以密封性好，易于关启，操作方便，适合于高压操作和要求精确调节流量的管路。

6. 止逆阀：又称单向阀或止回阀，用来防止流体倒流。当处理工艺管路只允许流体向一个方向流动时，需要使用止逆阀。

7. 防爆安全阀：是防爆阀、安全阀和泄压阀的总称，分为膜片类和重锤类，适用于含有可燃气体或可燃物质的处理系统中，可作为易爆管道和设备的泄压装置。主要功能在于防范设备（如贮灰仓）因物理变化而产生的内压、易燃易爆气体的泄压排放及安全防范。泄压阀用于除尘系统和设备时，对承受压力的管路、容器设备及系统起瞬间泄压作用，以消除对管路、设备的破坏。

8. 转向阀和卸灰阀：处理设备中常用，有时也用于管道。最大特点是密封性好、不漏气，用于转换流体的流向。

## 三、管件选择

管件一般用于管道连接、转向、汇合或分流，包括法兰、测定孔、管托、管道的支架、吊架、弯头、三通、斯通和管道补偿器等。

1. 法兰：管路中最常用的连接方式，拆装方便、密闭可靠，适用压力、温度和管径范围大。法兰的材料有钢、铝、不锈钢、硬聚氯乙烯等。法兰垫圈是法兰连接必须使用的管件附件，垫片材料取决于管道输送介质的性质、最高工作温度和最大工作压力。

2. 弯头、三通：是管道中最常见的管件。弯头是改变管路方向的管件，按角度分，有 45°、90° 及 180° 三种最常用的，另外根据工程需要还包括 60° 等其他非正常角度弯头。弯头的材料有铸铁、不锈钢、合金钢、可锻铸铁、碳钢、有色金属及塑料等。三通一般用在主管道与分支管处，有等径和异径之分。

3. 管托：用于圆形管道与支架间的固定连接，是管道与支撑管道的钢结构或混凝土支架之间的连接件。

4. 补偿器：又名膨胀器（节）。流体输送时要考虑管道的热胀冷缩和振动等因素，管道在布置上不能靠自身补偿时，需设置补偿器，尤其是输送高温（大于 70℃）介质时。常用的有：管式补偿器、波形补偿器、鼓形补偿器，根据所用材料不同又可分为非金属膨胀器和金属膨胀器。

5. 管道连接方式：① 焊接连接，对于金属管道和塑料管道可进行焊接连接，焊接一般采用 V 形焊接。② 管件连接，采用螺纹连接，有外接头、活接头、弯头和三通等。③ 法兰连接，有单法兰、双法兰等连接。④ 承插连接，通过管道一头或两头的管径不同进行连接，一般铸铁管和陶瓷管采用承插连接。

## 四、管道设计

### （一）计算任务

管道设计的计算任务为：确定管道的管径和管道系统的压力损失。

### （二）计算程序及内容

#### 1. 绘制管道系统图（轴测图）

在图中对管段进行编号，标注长度、流量。

#### 2. 选择管内流速

从技术和经济两方面确定管内流速。当流量一定时，若选择的管内流速较高，则管径降低，材料消耗少，一次性投资减少。但流速较高时，压力损失也就较高，运行所需的动力消耗增加，也即运行费用增加，管道和设备磨损加大、噪声增加。选择低流速所需的管径加大，材料消耗大，一次性投资增加，但压力损失小。当管道的材料、输送的流体、温度、管径不变时，阻力系数也不变。因此，管道直径越小，阻力越大，在选择流速时要选择较低的流速。

#### 3. 确定管径

流速确定后，可根据处理的流体流量计算出管径。

如果管道是圆管，则流量（$Q$）的计算如下：

$$Q=Sv=\frac{\pi d^2 v}{4} \tag{2-2}$$

式中：$Q$——流体体积流量，$m^3/s$；

$S$——管道横截面积，$m^2$；

$v$——流体平均流速，m/s；

$d$——管道直径，m。

所以，管道直径（$d$）的计算如下：

$$d=\left(\frac{4Q}{\pi v}\right)^{\frac{1}{2}} \tag{2-3}$$

如果管道截面为长方形，则截面面积（$S$）计算如下：

$$S=a\times b=Q/v \tag{2-4}$$

式中：$a$ 与 $b$——管道长边和短边，m。

矩形管道一般是通风管道。

**4. 计算系统总压力损失**

（1）选择最不利管路，即压力损失最大的管路，如图 2–1 所示。

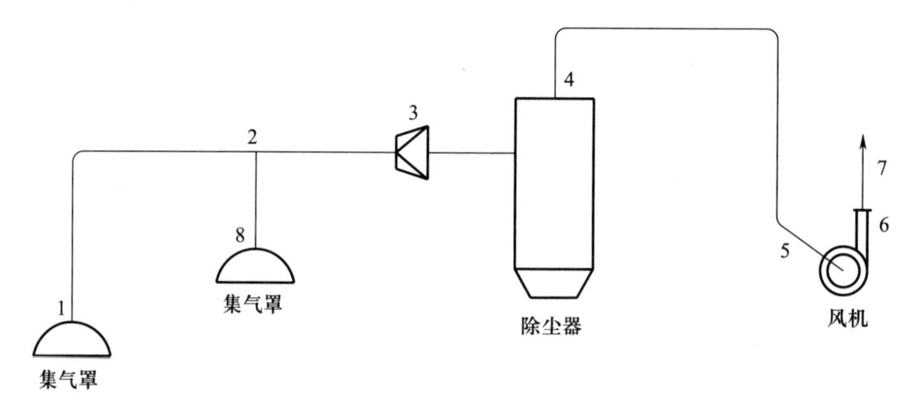


图 2–1 某一除尘系统管道

从图 2–1 中可以看出，最不利管路是 1—2—3—4—5—6—7，一般最不利管路是从最远的管段开始。

（2）计算管路的摩擦压力损失。管路摩擦压力损失有：$\Delta p_{1-2}$、$\Delta p_{2-3}$、$\Delta p_{4-5}$、$\Delta p_{6-7}$、$\Delta p_{8-2}$，各管段的摩擦压力损失可根据式（2–3）进行计算。

（3）计算局部压力损失。局部压力损失有：$\Delta p_{m1-2}$（有三部分，集气罩、弯头和三通压力损失）、$\Delta p_{m3}$（变径管压力损失）、$\Delta p_{m3-4}$（设备压力损失）、$\Delta p_{m4-5}$（有三个弯头）、$\Delta p_{m6-7}$（风帽）、$\Delta p_{m2-8}$（集气罩和弯头）。

(4) 并联管路压力损失平衡。为保证并联的各个管路能正常地运行,各个并联管路的压力损失应尽量相等,如不能相等时,各个管路的压力损失相差不能超过 10%。

因为 $\Delta P=\Delta P_{a-b}+\Delta P_{m}$,所以图中的两并联管路的压力损失分别为:

$$\Delta p'_{1-2}=\Delta p_{1-2}+\Delta p_{m1-2} \text{ 和 } \Delta p'_{8-2}=\Delta p_{8-2}+\Delta p_{m8-2}$$

如果:$\dfrac{\Delta p'_{1-2}-\Delta p'_{8-2}}{\Delta p'_{1-2}}>10\%$

则两并联管道不能按照设计风量进行工作,因此需要通过调节管径或调节阀门开启的位置,来调整压力损失,以使两者压力损失平衡。

(5) 根据上述计算的压力损失值选择风机。根据上述计算的并联管道的压力损失加上串联管道总的压力损失选择风机的大小。同时,要考虑整个系统的漏风率,一般漏风率为总风量的 10%~20%。

## 五、管道布置原则与要求

### (一) 划分系统的原则

对于复杂管网,下列情况不能合为一个系统:① 污染物混合可能引起燃烧和爆炸;② 不同温度气体混合引起管道结露;③ 不同污染物混合影响回收利用。

### (二) 管道布置设计的要求

管道布置设计应:① 符合处理工艺流程的要求,并能满足处理的要求;② 便于操作管理,并能保证安全运行;③ 要求便于管道的安装和维护;④ 要求管道整齐美观,标志明显,并尽量节约材料和投资。

### (三) 注意事项

1. 物料特性:输送易燃、易爆物料时,管道中应设安全阀、防爆阀、阻火器、水封,远离人们经常工作和生活的区域;腐蚀性物料管道不要安装在通道上方,而应设置于下方或外侧;冷热管道尽量避开,一般是热管道在上方,冷管道在下方。

2. 考虑便于施工、操作和维修:管道要尽量明装架空,尽量减少管道暗装的长度;管道尽量成行、平行敷设,走直线,靠墙布置,减少交叉和拐弯;管道与梁、柱、墙、设备及其他管道之间留出距离,如管道距墙应不小于 150 mm;阀门位置要便于操作和维修,阀门、法兰应尽量错开,以减小间距。

3. 管道与道路的关系:通过人行横道的管道与地面的净高要大于 2 m;通过公路的管道与道路的净高要大于 4.5 m;通过铁路的管道与铁路的净高要大于

6 m；高压电线下不架设管道。

4. 管道维护：一般金属管道要注意防锈，同时要用颜色标明管道的用途。输送冷或热的流体，注意保温，并考虑热胀冷缩，尽量利用 L、U 或 Z 形管道，L、U 或 Z 形管道不足时需在管道中增加膨胀器。

5. 与处理工艺的配合：以除尘风管为例，风管应垂直或倾斜布置，倾斜角不小于 55°；如必须水平敷设，要使管道内有足够的流速，保证在风管内不积尘；在管道上要设置卸灰装置和清扫孔。不同性质的排气，如水蒸气和尘不能合用同一管道系统，以免管道堵塞。风管直径不应小于 100 mm，调节风量可用斜插板阀，且向上开启。

## 六、管道布置图的绘制

管道布置图又称管道安装图或配管图，是处理工艺管道安装施工的依据，包括一组平面图和剖面图及有关尺寸、方位等内容。平面图上一般画出全部管道、设备、建筑物或构筑物的简单轮廓、管件阀门、仪表控制点及有关尺寸。立面图或剖面图则用于表达管道空间布置的不同。立面图或剖面图可以与平面图画在同一张图纸上，也可以单独画在另一张图纸上。

### （一）管道及配件的常用画法

管道及配件的常用画法如表 2-2 所示。

**表 2-2 管道及配件的常用画法**

| 名称 | 图例 | 说明 |
|---|---|---|
| 裸管 |  | 上图：用单粗实线表示直径 ≤ $\phi$108 的管路；下图：用双细实线表示直径 > $\phi$108（一般画法）的管路 |
| 管路连接 | 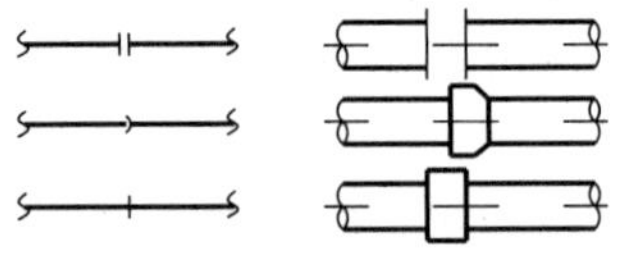 | 从上至下依次表示法兰连接、承插连接、螺纹连接；左图为单线，右图为双线 |
| 弯头 | 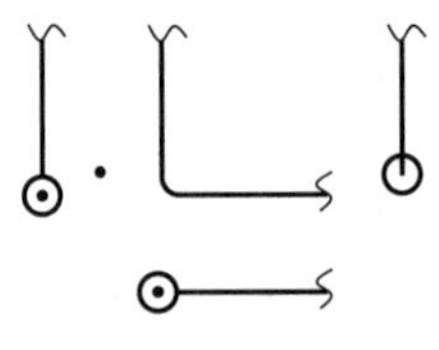 | 俯视图：先看到竖管的断口，后看到横管，竖管的俯视图画成一圆，圆心画点，横管画至圆周；<br>左视图：先看到竖管，看不到横管的断口，横管画成一圆，竖管画至圆心 |

续表

| 名称 | 图例 | 说明 |
| --- | --- | --- |
| 三通 | 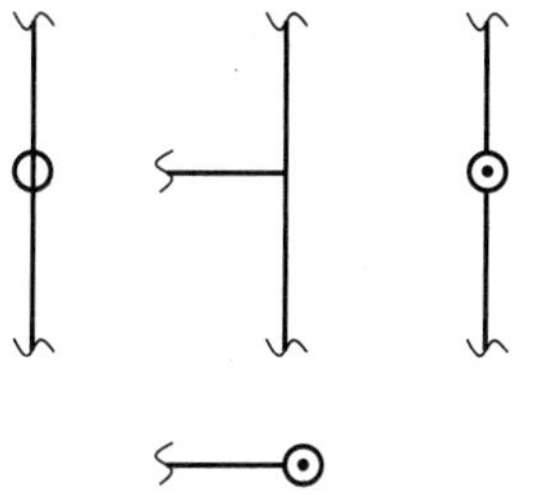  | 俯视图：先看到竖管的断口，竖管画成一圆，圆心画点，横管画至四周；<br>左视图：先看到横管的断口，横管画成一圆，圆心画点，竖管画至四周；<br>右视图：先看到竖管，看不到横管的断口，横管画成一圆，竖管通过圆心 |
| 虾米腰弯头 | 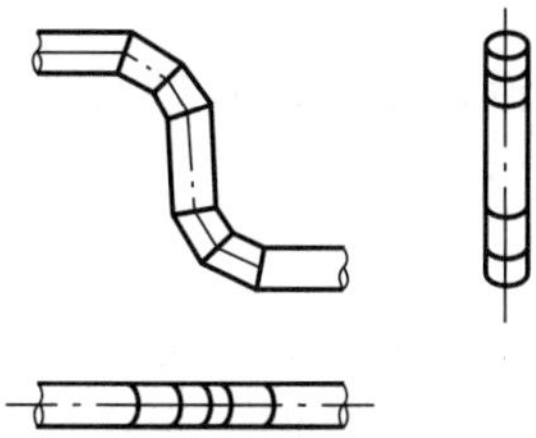  | 虾米腰弯头交线的俯视图和左视图，可用圆弧代替椭圆近似地画出 |
| 编号<br>规格<br>介质流向箭头 | 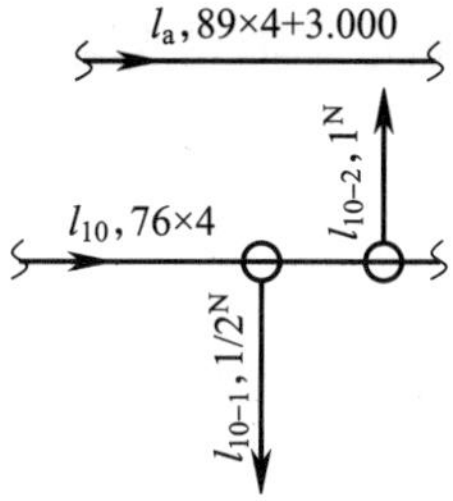 $l_a$,89×4+3.000<br>$l_{10}$,76×4<br>$l_{10-2}$,1N<br>$l_{10-1}$,1/2N | 上图：管线编号为 $l_a$，规格为 $\phi$89×4，箭头表示介质流动方向；有时还在平面图上标注出横管的标高尺寸，如 +3 000；<br>下图：$l_{10}$ 表示总管的编号，$l_{10-1}$ 和 $l_{10-2}$ 表示支管的编号 |
| 管线投影相交 | 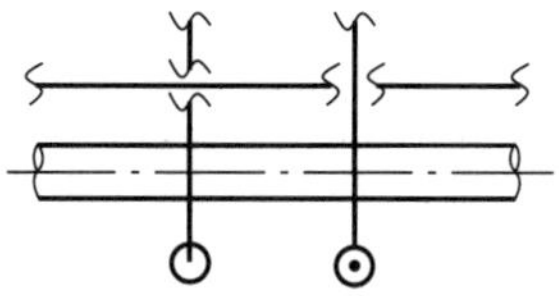  | 小口径管线（单线表示）与大口径管线（双线表示）的投影相交时，如先看到小口径管线，画成实线，如先看到大口径管线，小口径管线画成虚线；<br>两小口径管线的投影相交时，把先看到的管线断开，使不可见的管线显露出来 |

### （二）视图的配置与画法

#### 1. 管道平面布置图

管道平面布置图一般应与设备的平面布置图一致，即按建筑标高平面分层绘制，各层管道平面布置图应将楼板以下的建（构）筑物、设备、管道等全部画出。

线条：除管道外的全部内容用细实线画出。注意事项：设备的外形轮廓要按比例画出，要画出设备上连接管口和预留管口的位置。

2. 立面图或剖面图

剖切平面位置线的画法及标注方式与设备布置图相同。剖面图可按 Ⅰ-Ⅰ、Ⅱ-Ⅱ……或 A-A、B-B……顺序编号。

(三) 管道布置图的标注

1. 建(构)筑物

建(构)筑物的结构构件常被用作管道布置的定位基准,所以在管道平面和剖视图上都应标注建筑定位轴线编号,定位轴线间的分尺寸和总尺寸,以及平台、地面、楼板、屋顶和构筑物的标高。

2. 设备

设备是管道布置定位标准,应标注设备编号名称,在定位平面图上标注所有能标注的定位尺寸、标高,以及物料的尺寸。

3. 管道

流动方向和管号。立面图或剖面图上也应标注定位尺寸和所有管道的标高。定位尺寸以 mm 为单位,标高以 m 为单位,但图中不注明。普通的定位尺寸可以以设备中心线、设备管口法兰、建筑定位轴线或墙面、柱面为基准进行标注,同一管道的标注基准应一致。管道安装标高均以厂房内地面 ±0.00 为基准,一般标注管底外表面的安装高度。

4. 管件与阀门

管件接头、变径管、弯头、三通、法兰等在管道布置图中应用常用符号画出,但一般不标注定位尺寸。阀门也用规定符号在平面布置图中画出,在立面图或剖面图中标注安装标高。

5. 管道支架

在管道布置图中的管架符号上应用指引线引出方框标注管架代号,见表 2-3。

**表 2-3 管架类型及代号**

| 序号 | 管架类型 | 代号 | 序号 | 管架类型 | 代号 |
|---|---|---|---|---|---|
| 1 | 固定支架 | A | 6 | 弹簧支架 | SS |
| 2 | 基础支架 | BC | 7 | 托管 | SH |
| 3 | 导向支架 | G | 8 | 停止支架 | ST |
| 4 | 吊架 | H | 9 | 防风支架 | WB |
| 5 | 托架 | RS | | | |

### (四) 管道布置图的绘制

#### 1. 比例、图幅

(1) 比例：管道布置图常用比例为 1∶50 和 1∶100，如必要也可采用 1∶20 或 1∶25 的比例。

(2) 图幅：根据实际情况，常规选择 1 号或 2 号图纸，有时也用 0 号或 3 号图纸。

#### 2. 视图配置

管道布置图由平面布置图和剖面图组成，以平面布置图为主、剖面图为辅。

#### 3. 绘制管道布置图

管道平面布置图的画法：① 用细实线画出厂房平面图，画法与设备布置图相同，标注柱网轴线编号和柱距尺寸；② 用细实线画出所有设备的简单外形和所有管口，加注设备编号和名称；③ 用粗实线画出所有处理工艺的管道，并标注管段编号、规格等；④ 用常用或规定的符号在要求的部位画出管件、管架及阀门等；⑤ 标注厂房定位轴线的分尺寸和总尺寸、设备的定位尺寸、管道定位尺寸和标高。

管道剖视图的画法：① 画出地平线或室内地面、各楼面和设备基础，标注其标高尺寸；② 用细实线按比例画出设备简单外形及所有管口，标注其标高尺寸；③ 用粗实线画出所有的主管道和辅助管道，可标明编号、规格等；④ 用规定和常用的符号，画出管道上阀门和仪表控制点。

# 第三章 环境工程设计图纸基本要求

图纸是工程师的语言,图纸的正确与否直接关系到设计质量。工程图纸必须严格遵循国家和地方的设计标准、规范及工程制图要求,不可擅自创造只有设计者才明白的表示方法。环境工程施工图设计的主要任务是提供能够满足环境工程施工和使用要求的设计图纸、设计说明、材料设备表和工程预算。环境工程设计图纸的编制是环保工程建设的基础和关键,一个优秀的环保工程设计图纸能够确保环保工程项目的顺利进行。

## 第一节 制图基本规格

CAD 工程制图包括平面图形的绘制及尺寸标注、表达机件的常用方法、机械工程图样的绘制、三维实体的构建、图样的打印等内容。为了使图纸表达统一,便于识读,其都有统一的规定。

### 一、图纸幅画

用计算机绘制 CAD 图形时,应配置相应的图纸幅面、标题栏、会签栏等内容。为合理使用图纸和便于装订、管理,所有图纸幅面尺寸应符合表 3–1 规定,幅面形式如图 3–1 所示。

**表 3–1 图纸幅面尺寸**

单位:mm

| 幅面代号 | A0 | A1 | A2 | A3 | A4 |
|---|---|---|---|---|---|
| B × L | 841 × 1 189 | 594 × 841 | 420 × 594 | 297 × 420 | 210 × 297 |
| e | 20 | | 10 | | |
| c | 10 | | | 5 | |
| a | 25 | | | | |

注:在 CAD 绘图中对图纸有加长加宽的要求时,应按基本幅面的短边(B)成整倍数增加。

工程图纸应有工程名称、图名、图号、设计号及设计人、绘图人、校核人、审核人的签名和日期,总平面图还需要有审批人或批准人的签名和日期,将这些集中列表放置图纸的右下角,称为图纸标题栏(图 3–2)。

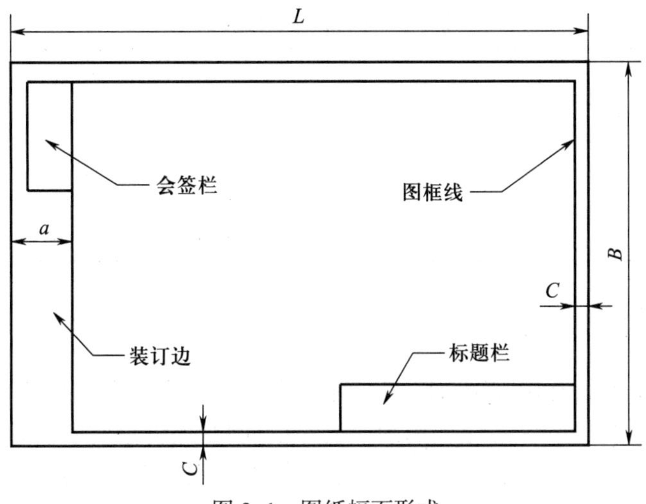

图 3-1　图纸幅面形式

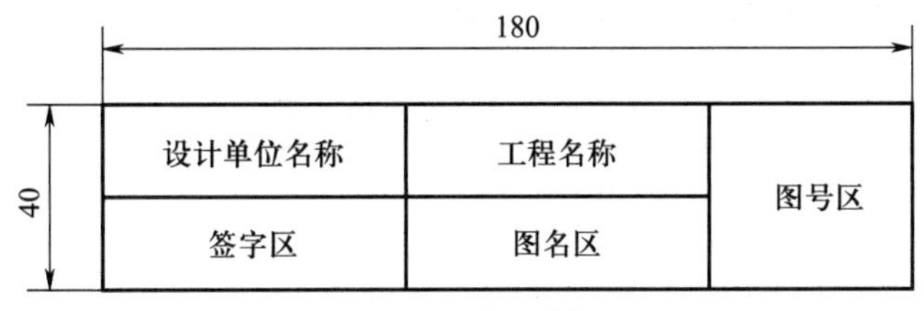

图 3-2　标题栏

## 二、比例

图样中图形与实物相对应的线性尺寸之比称为比例。

比值大于 1 的比例称放大比例,等于 1 的比例称原值比例,小于 1 的比例称缩小比例。CAD 图中所采用的比例应符合《技术制图——比例》(GB/T 14690—1993)的有关规定,具体见表 3-2 和表 3-3。

**表 3-2　CAD 图常用比例**

| 种类 | 比例 | | |
| --- | --- | --- | --- |
| 原值比例 | 1∶1 | | |
| 放大比例 | 10∶1<br>$(1\times10^n)$∶1 | 5∶1<br>$(5\times10^n)$∶1 | 2∶1<br>$(2\times10^n)$∶1 |
| 缩小比例 | 1∶2<br>1∶$(2\times10^n)$ | 1∶5<br>1∶$(5\times10^n)$ | 1∶10<br>1∶$(1\times10^n)$ |

注:$n$ 为整数。

表 3-3　CAD 图特殊比例

| 种类 | 比例 | | | | |
|---|---|---|---|---|---|
| 放大比例 | 4∶1<br>$(4\times10^n)$∶1 | | 2.5∶1<br>$(2.5\times10^n)$∶1 | | |
| 缩小比例 | 1∶1.5<br>1∶$(1.5\times10^n)$ | 1∶2.5<br>1∶$(2.5\times10^n)$ | 1∶3<br>1∶$(3\times10^n)$ | 1∶4<br>1∶$(4\times10^n)$ | 1∶6<br>1∶$(6\times10^n)$ |

## 三、文字

工程图纸上的常用文字有汉字、阿拉伯数字、拉丁字母，有时也用罗马数字、希腊字母。图纸中的汉字应采用国家公布的简化字，并应写长仿宋体。但技术文件中的标题、封面等内容也可以采用其他规定字体，具体选用如表 3–4 所示。字高与图纸幅面间的关系参照表 3–5 选取。字体的最小字（词）距、行距及间隔线、基准线与字体之间的最小距离参考表 3–6 选取。

表 3–4　CAD 图所用字体

| 汉字字型 | 国家标准号 | 应用范围 |
|---|---|---|
| 长仿宋体 | GB/T 13362.4~13362.5—1992 | 图中标注及说明的汉字、标题栏、明细栏等 |
| 单线宋体 | GB/T 13844—1992 | 大标题、小标题、图册封面、目录清单、标题栏中设计单位名称、图样名称、工程名称、地形图等 |
| 宋体 | GB/T 13845—1992 | |
| 仿宋体 | GB/T 13846—1992 | |
| 楷体 | GB/T 13847—1992 | |
| 黑体 | GB/T 13848—1992 | |

表 3–5　字高与图纸幅面的关系

单位：mm

| 图幅 | A0 | A1 | A2 | A3 | A4 |
|---|---|---|---|---|---|
| 汉字字高 | 7 | 7 | 5 | 5 | 5 |
| 字母与数字字高 | 5 | 5 | 3.5 | 3.5 | 3.5 |

表 3-6　字体的最小字(间)距、最小行距及间隔线或基准线与汉字的最小间距

单位:mm

<table>
<tr><th>字体</th><th colspan="2">最小距离</th></tr>
<tr><td rowspan="3">汉字</td><td>字距</td><td>1.5</td></tr>
<tr><td>行距</td><td>2.0</td></tr>
<tr><td>间隔线或基准线与汉字的间距</td><td>1.0</td></tr>
<tr><td rowspan="4">阿拉伯数字、希腊字母、罗马数字、拉丁字母</td><td>字符</td><td>0.5</td></tr>
<tr><td>字距</td><td>1.5</td></tr>
<tr><td>行距</td><td>1.0</td></tr>
<tr><td>间隔线或基准线与汉字的间距</td><td>1.0</td></tr>
</table>

## 四、图线

在《技术制图——图线》(GB/T 17450—1998)中,图线的基本线型、基本线型的变形及基本图线的颜色都有详细的规定,具体见表 3-7 和表 3-8。

表 3-7　线型参数及作用

<table>
<tr><th colspan="2">名称</th><th>线型</th><th>宽度</th><th>颜色</th><th>用途</th></tr>
<tr><td rowspan="3">实线</td><td>粗</td><td>————</td><td>b</td><td>绿色</td><td>1. 一般作主要可见轮廓线<br>2. 平、剖面图中主要构配件断面的轮廓线<br>3. 建筑立面图中外轮廓线<br>4. 详图中主要部分的断面轮廓线和外轮廓线<br>5. 总平面图中新建建筑物的可见轮廓线</td></tr>
<tr><td>中</td><td>————</td><td>0.5b</td><td rowspan="2">白色</td><td>1. 建筑平、立、剖面图中一般构配件的轮廓线<br>2. 平、剖面图中次要断面的轮廓线<br>3. 总平面图中新建道路、围墙等其他设施的可见轮廓线和区域分界线<br>4. 尺寸起止符号</td></tr>
<tr><td>细</td><td>————</td><td>0.35b</td><td>1. 总平面图中新建人行横道、草地、花坛等可见轮廓线,原有建筑物、道路、围墙的可见轮廓线<br>2. 图例线、索引符号、尺寸线、尺寸界线、引出线、标高符号、较小图形的中心线</td></tr>
</table>

续表

| 名称 | | 线型 | 宽度 | 颜色 | 用途 |
|---|---|---|---|---|---|
| 虚线 | 粗 | | b | 黄色 | 1. 新建建筑物的不可见轮廓线<br>2. 结构图上不可见钢筋及螺栓线 |
| | 中 |  | 0.5b | | 1. 一般不可见轮廓线<br>2. 建筑构造及建筑构配件不可见轮廓线<br>3. 总平面图计划扩建的建筑物、道路、围墙及其他设施的轮廓线 |
| | 细 |  | 0.35b | | 1. 总平面图上原有建筑物和道路、围墙等设施的不可见轮廓线<br>2. 结构详图中不可见钢筋混凝土构件轮廓线<br>3. 图例线 |
| 点划线 | 粗 |  | b | 棕色 | 构图中的支撑线 |
| | 中 | 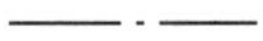 | 0.5b | 红色 | 土方填挖区的零点线 |
| | 细 |  | 0.35b | | 分水线、中心线、对称线、定位轴线 |
| 双点划线 | 粗 |  | b | 粉色 | 预应力钢筋线 |
| | 细 |  | 0.35b | | 假想轮廓线、成型前原始轮廓线 |
| 折断线 | | 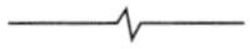 | 0.35b | 白色 | 不需画全的断开界线 |
| 波浪线 | |  | 0.35b | | 不需画全的断开界线 |

**表3-8 基本线型的变形**

| 基本线型的变形 | 名称 |
|---|---|
|  | 规则波浪连续线 |
|  | 规则锯齿连续线 |
|  | 规则螺旋连续线 |
|  | 波浪线 |

## 五、剖面符号

在绘制工程图时，各种剖面符号的类型较多，各个行业有特殊制定各自行业的剖面图案。

CAD 工程制图中的常用剖面符号见表 3-9。

**表 3-9　常用剖面符号**

| 形式 | 名称 | 形式 | 名称 |
|---|---|---|---|
|  | 金属材料 / 普通砖 |  | 固体材料 |
|  | 非金属材料（普通砖除外） |  | 液体材料 |

# 第二节　制图基本画法

绘制 CAD 工程图的基本画法在《技术制图——图样画法——视图》（GB/T 17451—1998）、《技术制图——图样画法——剖视图和断面图》（GB/T 17452—1998）中有详细的规定。

## 一、视图

绘制 CAD 工程图时应采用正投影法绘制，并优先采用第一角画法。绘制图样需根据物体的结构特点，选用适当的表示方法，在完整、清晰地表示物体形状的前提下力求制图简便。在视图的选择上，表示物体信息量最多的那个视图应作为主视图，又叫正立面图，通常是物体的工作位置或加工位置或安装位置。当需要其他视图（包括剖视图和断面图）时，应按下述原则选取：① 在明确表示物体的前提下，使视图（包括剖视图和断面图）的数量为最少；② 尽量避免使用虚线表达物体的轮廓及棱线；③ 避免不必要的细节重复。

视图通常有基本视图、向视图、局部视图和斜视图。基本视图是物体向基本投影面投射所得的视图（表 3-10）。六个基本视图的配置关系见图 3-3。在同一张图纸内按图 3-3 配置视图时，可不标注视图的名称。六个视图之间的投影联系规律为：正立面图、平面图、底面图和背立面图——长对正；正立面图、左侧立面图、右侧立面图、背立面图——高平齐；平面图、左侧立面图、底面图和右侧立面图——宽相等。

表 3-10 投影方向及其视图名称

| 投影方向 | | 视图名称 |
|---|---|---|
| 方向代号 | 方向 | |
| a | 自前方投影 | 主视图或正立面图 |
| b | 自上方投影 | 俯视图或平面图 |
| c | 自左方投影 | 左视图或左侧立面图 |
| d | 自右方投影 | 右视图或右侧立面图 |
| e | 自下方投影 | 仰视图或底面图 |
| f | 自后方投影 | 后视图或背立面图 |

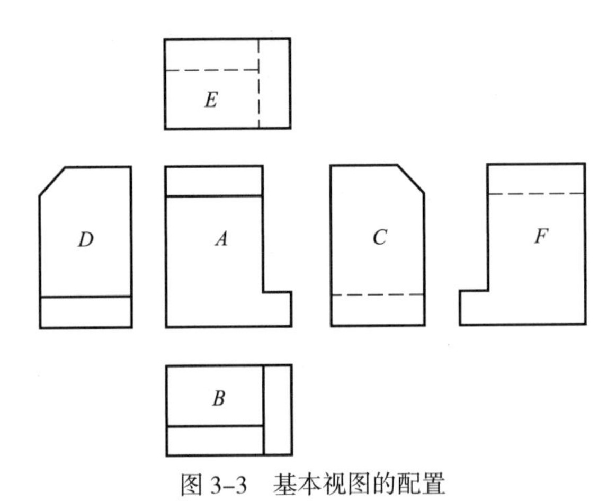


图 3-3 基本视图的配置

对于大部分工程形体，画出三视图即能完整和清楚地表达其形状，则不需要另增加新的视图来表达。三视图之间的投影联系规律为：正立面图和平面图——长对正；正立面图和左侧立面图——高平齐；平面图和左侧立面图——宽相等。

## 二、剖视图

构件的内部结构在视图中用虚线表示，有时构件的内部结构比较复杂，则在视图中会出现较多的虚线，甚至相互重叠，致使图形很不清楚。为此，在 CAD 工程制图中采用剖视图来解决这一问题。剖视图又可简称剖视，是指假想用剖切面剖开物体，将处在观察者和剖切面之间的部分移去，而将其余部分向投影面投射所得的图形。

根据物体的结构特点,可选择以下剖切面剖开物体:① 单一剖切面;② 几个平行的剖切平面;③ 几个相交的剖切面(交线垂直于某一投影面)。根据剖切范围的不同,剖视图可分为全剖视图、半剖视图和局部剖视图。全剖视图是用剖切面完全地剖开物体所得的剖视图。当物体具有对称平面时,向垂直于对称平面的投影面上投射的图形,可以对称中心线为界,一半画成视图,另一半画成半剖视图。局部剖视图是用剖切面局部地剖开物体所得的剖视图。

绘制剖面图过程复杂,对以下事项应多加注意。

**1. 选择合适的剖切面位置**

除经过形体需要剖切的位置外,应尽可能平行于基本投影面,或将倾斜剖切面旋转到平行于基本投影面上,此时应该在该剖面图的图名后加注“展开”两字,并把剖切符号标注在与剖面图相对应的其他视图上。

**2. 主次分明**

因为剖切是假想的,因此除剖面图外,其余视图仍应按完整形体来画。若一个形体需用几个剖面图来表示时,各剖面图选用的剖切面应互不影响,而且各次剖切都按完整形体进行。

**3. 表达清楚注意事项**

剖视图中已表达清楚的形体内部形状,在其他视图中投影为虚线时,一般不必画出,但对没有表示清楚的内部形状,仍应画出必要的虚线。

**4. 剖切符号和材料图例**

(1) 剖切位置:剖切线用断开的两端粗实线表示,长度宜为 6~10 mm。注意,剖切线不要与图面上的图线相接触。

(2) 剖视方向:在剖切线两端的同侧各画一段与它垂直的短粗实线,称为剖视方向线,简称视向线,长度宜为 4~6 mm。

(3) 编号:剖面剖切符号的编号通常采用阿拉伯数字,并水平书写在视向线的端部。在剖视图的下方应标注与其编号对应的图名,需要转折的剖切线,应在转角的外侧加注与该符号相同的编号。

(4) 材料图例:画剖视图时在截断面部分应画上形体的材料图例,常用建筑材料的图例可以查阅相关书籍。当不注明材料时,可用等间距、同方向的 45° 细线来表示。当一张图纸内的图样只用一种建筑材料时,或图形小而无法画出图例时,可以不画材料图例,但应加文字说明。

## 三、断面图

当用剖切平面剖切形体时,画出剖切平面与形体相交的图形称为断面图,简称断面。与剖视图不同的是,断面图仅仅是一个“面”的投影,而剖视图是形体被剖切后剩下部分的“体”的投影。

根据在视图中的位置,断面图可分为移出断面图和重合断面图。移出断面图应画在视图之外,轮廓线用粗实线绘制,配置在剖切线的延长线上或其他适当的位置。重合断面图画在视图之内,断面轮廓用实线绘出。当视图中轮廓线与重合断面图的图形重叠时,视图中的轮廓线仍应连续画出,不可间断。

在绘制断面图时,应注意以下两点:① 断面的剖切符号只用剖切线表示,并以粗实线绘制,长度宜为 6~10 mm;② 断面的剖切符号的编号宜采用阿拉伯数字按顺序标注在剖切线的一侧,编号所在的一侧为该断面的剖视方向。断面图宜按顺序依次排列。

## 第三节 基本尺寸标注

在 CAD 图中进行尺寸标注时,应遵守以下原则:① 图中的尺寸大小应以图上所标注的尺寸数值为依据,与图形大小及绘图的准确程度无关;② 图中所有的尺寸标注,包括技术要求及其他说明的尺寸,在以毫米为单位时,不需要标注计量单位的代号或名称;③ 图中所标注的尺寸应为该图所示构件最后完工尺寸或为工程设计某阶段完成后的尺寸,否则应该辅以另外的说明;④ 图中的每一尺寸一般只标注一次,并应标注在反映该结构最清晰的图形上;⑤ 图中的数字、尺寸线、尺寸界线、符号、箭头绘制等都应按照各行业的有关标准或绘制。

### 一、平面图形的尺寸标注

图样上标注的尺寸由尺寸线、尺寸界线、尺寸起止符号、尺寸数字等组成。尺寸的标注应整齐、统一,数字应写得清晰、端正、整齐。

#### (一) 尺寸线

尺寸线的绘制要求:① 尺寸线应用细实线;② 尺寸线不宜超出尺寸界线;③ 中心线、尺寸界线及其他任何图线都不得用作尺寸线;④ 线性尺寸的尺寸线必须与被标注的长度方向平行;⑤ 尺寸线与被标注的轮廓线间隔及互相平行的尺寸线的间隔一般为 6~10 mm。

#### (二) 尺寸界线

尺寸界线的绘制要求:① 尺寸界线应用细实线;② 一般情况下,线性尺寸的尺寸界线垂直于尺寸线,并超出尺寸线约 2 mm,当受空间限制或尺寸标注困难时,允许斜着引出尺寸界线来标注尺寸;③ 尺寸界线不宜与需要标注尺寸的轮廓线相接,应留出不小于 2 mm 的间隙。当连续标注尺寸时,中间的尺寸界线可以画得较短;④ 图形的轮廓线及中心线可用作尺寸界线;⑤ 在尺寸线互相平行的尺寸标注中，应把较小的尺寸标注在靠近被标注的轮廓一侧，较大的尺寸则标注在较小尺寸的外边，以避免较小尺寸的尺寸界线与较大尺寸的尺寸线相交。

**（三）尺寸起止符号**

尺寸线与尺寸界线相交处为尺寸的起止点。在起止点上应画出尺寸起止符号，一般为 45° 倾斜的中粗短线，其倾斜方向应与尺寸界线成顺时针 45° 角，其长度宜为 2~3 mm；当画比例较大的图形时，其长度约为图形粗实线宽度的 5 倍。在同一张图纸上的这种 45° 倾斜短线的宽度和长度应保持一致。

当斜着引出的尺寸界线上画上 45° 倾斜短线不清晰时(有时倾斜短线会与尺寸界线太接近或重合)，可以画上箭头作为尺寸起止符，箭头末端的宽度约为图形粗实线宽度的 1.4 倍，长度约为粗实线宽度的 5 倍，并予涂黑；当利用计算机绘图时，其尺寸箭头可不涂黑，箭头线与其尺寸线等宽；在同一张图纸或同一图形中，尺寸箭头的大小应画得一致；工程图上的尺寸箭头，不宜画得太小或太细长，其尖角一般不宜小于 15°，否则不利于缩微摄影及重新放大与复制。

当相邻的尺寸界线的间隔都很小时，尺寸起止符号可以采用小圆点；用作尺寸起止符号的小圆点，其直径可以是图形粗实线宽度的 1.4 倍；对于比较复杂的工程图，当粗实线较细时，则小圆点直径可以是粗实线宽度的 2 倍。

**（四）尺寸数字**

尺寸数字的标注要求：① 工程图上标注的尺寸数字，是物体的实际尺寸，它与绘图所用的比例无关；② 建筑工程图上标注的尺寸数字，除标高及总平面图以 m 为单位外，其余都以 mm 为单位，因此，建筑工程图上的尺寸数字无须注明单位；③ 尺寸数字的高度，一般是 3.5 mm，最小不得小于 2.5 mm；④ 尺寸线的方向有水平、竖直、倾斜三种，注明尺寸数字的读数方向相应地如图 3–4 所示，不得倒写，否则会使人错认，例如数字 86 将会误读为 98；⑤ 对于靠近竖直方向向左或向右 30° 范围内的倾斜尺寸，应从左方读数的方向来注明尺寸数字；⑥ 任何图线不得穿交尺寸数字；当不能避免时，必须将此图线断开；⑦ 尺寸数字应标注在水平尺寸线的上方中部，离尺寸线应不大于 1 mm，当尺寸界线的间隔太小，标注尺寸数字的地方不够时，最外边的尺寸数字可以标注在尺寸界线的外侧，中间的尺寸数字可与相邻的数字错开标注，必要时也可以引出标注。

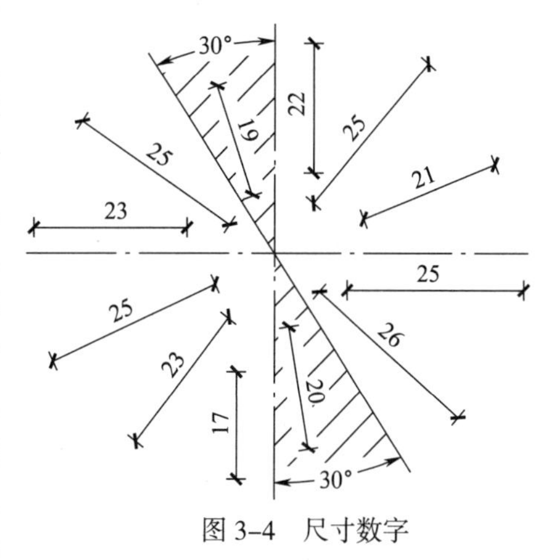

图 3–4　尺寸数字

### （五）半径、直径、球的尺寸标注

半径、直径、球的尺寸标注要求：① 半径尺寸线必须从圆心画起并对准圆心，直径尺寸线则通过圆心，如图 3–5 所示。② 标注半径、直径或球的尺寸时，尺寸线应画上箭头。③ 半径数字、直径数字仍要沿着半径尺寸线或直径尺寸线来注写。当图形较小，标注尺寸数字及符号的位置不够时，也可以引出标注。④ 半径数字前应加写字母 $R$，直径数字前应加注直径符号 $\phi$。标注球的半径时，在半径代号 $R$ 前再加写字母 $S$；标注球的直径时，在直径符号 $\phi$ 前也加写字母 $S$。⑤ 当较大圆弧的圆心在有限地位以外时，则应对准圆心画一折线状的或者断开的半径尺寸线。

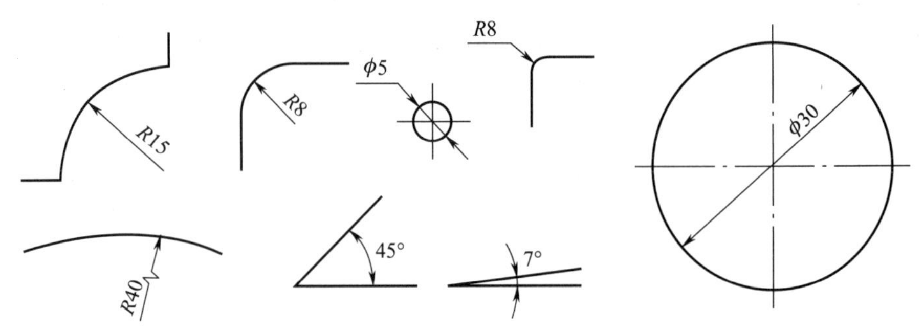


图 3–5　角度、圆弧、弦长的尺寸标注法

### （六）角度、弧长、弦长的尺寸标注

角度、弧长、弦长的尺寸标注要求：① 标注角度时，角度的两边作为尺寸界线，尺寸线画成圆弧，其圆心就是该角度的顶点。角度的起止符号应以箭头表示，如没有足够位置画箭头，可用圆点代替；角度数字一律水平标注，并在数字的右上角相应地画上角度单位的度、分、秒符号；② 标注圆弧的弧长时，其尺寸线应是该弧的同心圆弧，尺寸界线应垂直于该圆弧的弦，起止符号应以箭头表示，弧长数字的上方应加“~”符号；③ 标注圆弧的弦长时，其尺寸线应是平行于该弦的直线，尺寸界线则垂直于该弦。起止符号应以中粗斜短线表示。

## 二、基本几何体的尺寸标注

1. 柱体和锥体：标注出确定的底面形状尺寸和高度尺寸。

2. 球体：标注出直径大小，并在数字前注上 $S_{\phi}$。

当几何体标注了尺寸后，有时可减少视图的数量。例如，当标出圆柱体或圆锥体的底圆直径和高度尺寸后，可省去表示底圆形状的视图。

## 三、不规则形体的尺寸标注

**1. 带切口形体的尺寸标注**

带切口形体,除了标注出基本几何体的尺寸外,还要标注出确定截切位置的尺寸。由于形体与截切平面的相对位置确定后,切口交线就完全确定,因此不必标注交线的尺寸。

**2. 组合体的尺寸标注**

复杂的工程形体,可以视为由若干基本几何体通过一定方式组合而成,故也称为组合体。在标注组合体的尺寸时,可分为三类:定形尺寸、定位尺寸和总尺寸。定形尺寸是表示构成组合体的各基本几何形体大小的尺寸,用来确定各基本几何体的形状和大小。定位尺寸是表示组合体中各基本几何体之间相对位置的尺寸,用来确定各基本几何体的相对位置。总尺寸是表示组合体的总长、总宽和总高的尺寸。

当基本几何体的定形尺寸与组合体总尺寸的数字相同时,两者的尺寸合而为一,不必重复标注。

在 CAD 中进行设计图纸的具体操作将在第二篇中详细描述。

## 思考题

1. 简述环境领域所讲的“环境”的概念及组成。
2.《中华人民共和国环境保护法》对环境是如何定义的?
3. 环境工程设计的基本程序可分为哪三个阶段?
4. 环境工程设计的原则是什么?
5. 厂址选择的基本原则是什么?
6. 请指出管道直径和公称直径的区别。
7. 绘制剖面图时需要注意什么?

# 第二篇　基础绘图

在绘制环境工程 CAD 图纸前，首先需要熟练掌握 AutoCAD 系统的基本设置与操作。因此，本篇以 AutoCAD 2020 中文版为操作平台，着重介绍基本绘图操作，主要包括绘图准备、基础绘图、基本编辑、图层使用与管理、标注的创建与编辑、打印输出、三维图形绘制，以及 BIM 技术等内容。

# 第四章　绘图准备

在进行 CAD 绘图前，有必要提前熟悉 AutoCAD 的操作界面并掌握设置绘图辅助功能的基本操作，以便后续绘图工作的高效开展。本章节详细介绍了包括绘图区、菜单栏、工具栏在内的操作界面以及其中的常用功能，帮助用户按需快速启动、设置 AutoCAD 的绘制界面。在此基础上，进一步介绍了设置绘图辅助功能的基本操作，包括坐标系、栅格、捕捉、正交模式、极轴追踪、对象捕捉、对象追踪等，帮助用户精准绘图。

## 第一节　操 作 界 面

AutoCAD 2020 中文版操作界面如图 4–1 所示，包括“快速访问工具栏”“功能区”“绘图区”“布局选项卡”“命令行窗口”“状态栏”等主要组成部分。

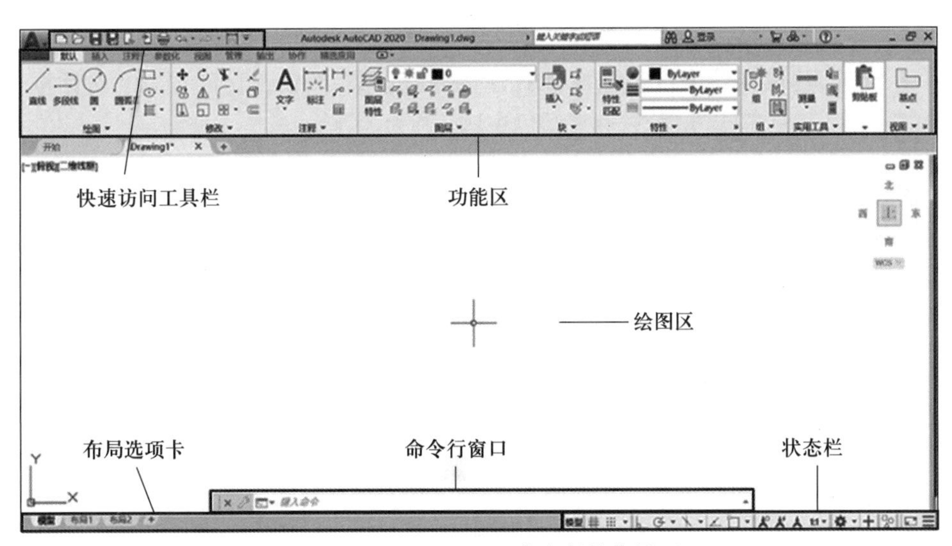


图 4–1　AutoCAD 2020 中文版操作界面

【注】打开 AutoCAD 后，单击快速访问工具栏右侧小三角，勾选下拉菜单栏中的“工作空间”，将工作空间切换为“草图与注释”，本章中所有操作均在此模式下进行（图 4–2）。

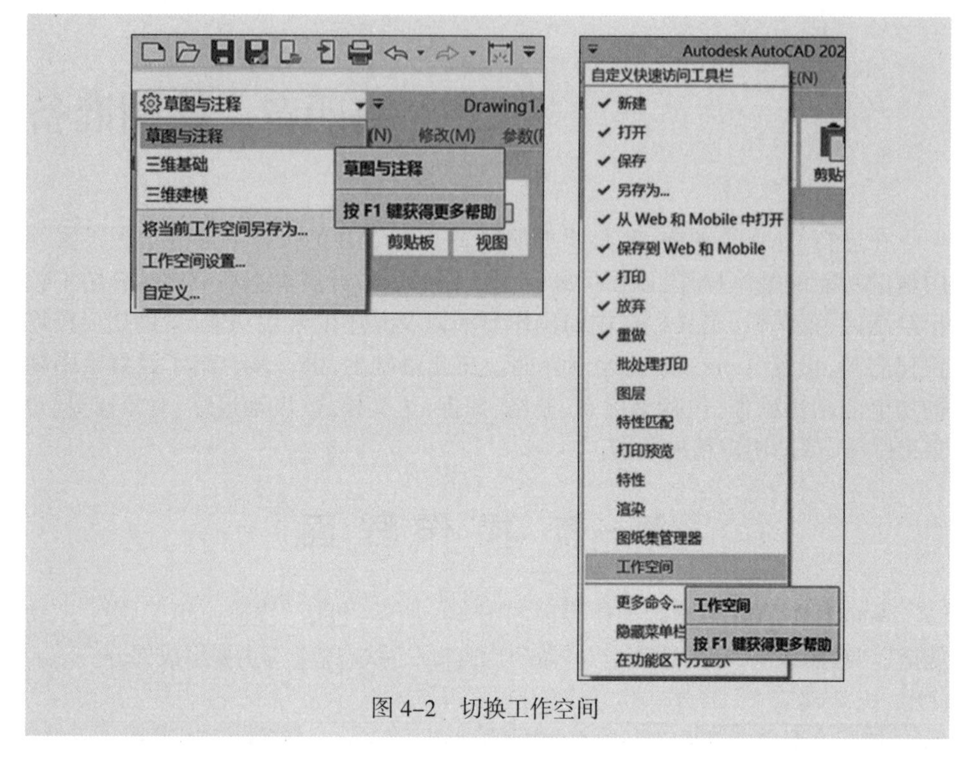

图 4–2 切换工作空间

此外，建议在绘图区单击鼠标右键选择“选项”按钮，打开“选项”对话框，将“显示”—“窗口元素”—“颜色主题”调为“明”。

## 一、绘图区

绘图区是用户绘制图形的区域，在绘图区单击鼠标右键选择“选项”，可以打开“选项”对话框（图 4–3），用于设置窗口和布局元素、显示精度与性能及调整光标大小等系统参数。

## 二、菜单栏

单击快速访问工具栏右侧的下拉按钮，选择“显示菜单栏”（图 4–4），可以启用菜单栏，如图 4–5 所示；或单击菜单栏中的“工具”—“自定义”—“界面”打开“自定义用户界面”对话框，选择“菜单栏”选项。

菜单栏主要包含“文件”“编辑”“试图”“插入”“格式”“工具”“绘图”“标注”“修改”“参数”“窗口”和“帮助”等 12 个菜单。在菜单栏中点击任意一项，会弹出相应的下拉菜单。下拉菜单栏的命令分为三种：① 右侧带有小三角的菜单项表示其具有子菜单，点击小三角后会显示子菜单中的所有命令，

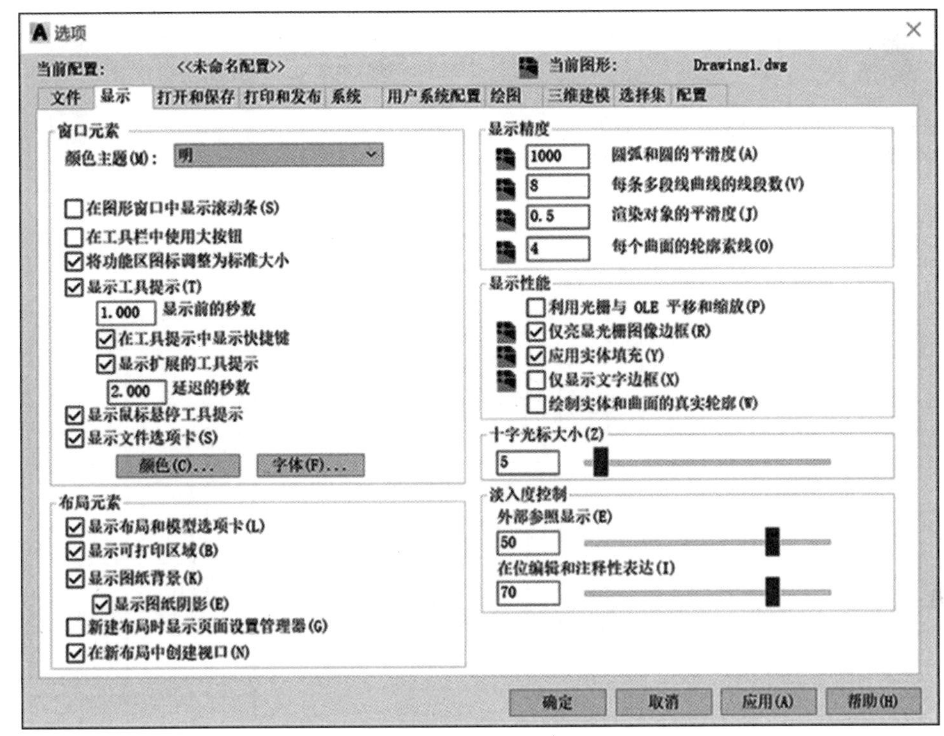


图 4-3　绘图区“选项”对话框

如点击“绘图”—“圆弧”右侧小三角后，会出现如图 4-6 所示的命令；② 文字后面带有省略号的命令，鼠标点击会打开相应命令的对话框，如点击“格式”—“颜色”后，将自动打开“选择颜色”对话框，如图 4-7 所示；③ 只有文字显示的命令，鼠标点击后会直接执行相应的命令操作。

## 三、工具栏

工具栏集合了一系列图标型命令。默认情况下，操作界面窗口顶部显示快速访问工具栏，包含“打开”“保存”“放弃”“重做”等常用命令（图 4-8）。通过单击快速访问工具栏右侧的下拉按钮，可添加常用工具。如要添加功能区按钮到快速访问工具栏，则将鼠标定位至功能区图标上单击右键，选择“添加到快速访问工具栏”。

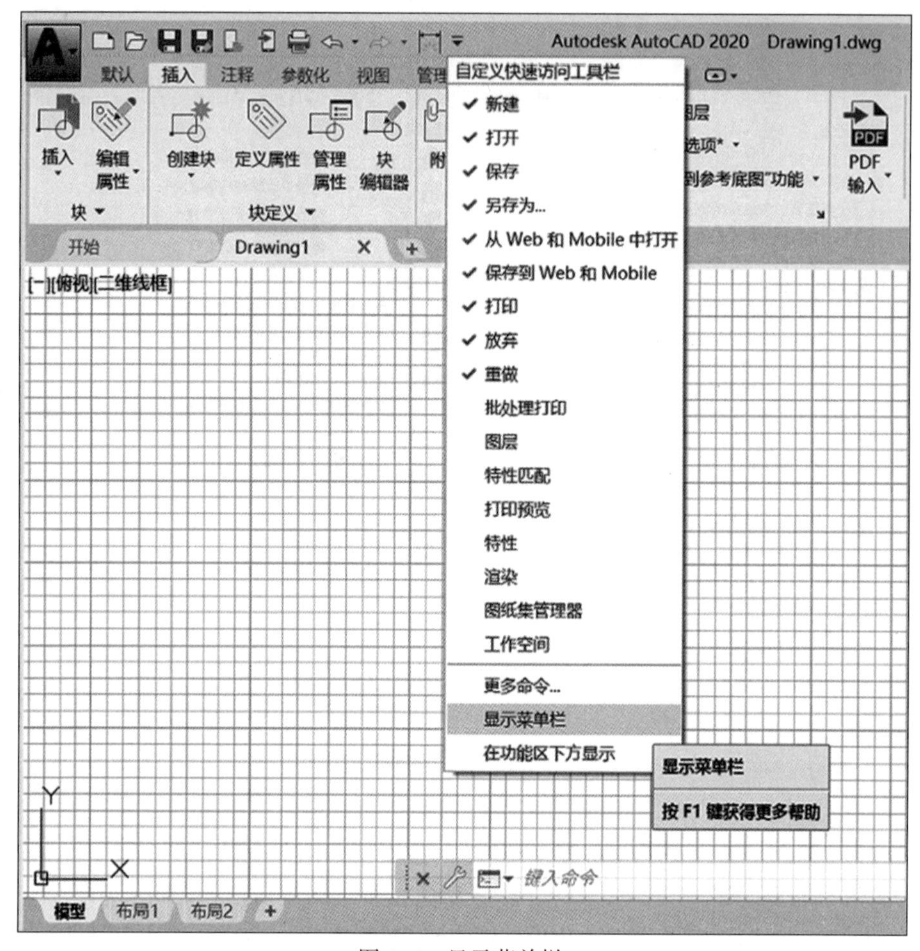


图 4-4 显示菜单栏

图 4-5 菜单栏

单击菜单栏中的“工具”—“工具栏”—“AutoCAD 命令”,可以调用未在操作界面显示的工具栏,系统会自动在界面显示该工具栏,反之,隐藏工具栏(图 4-9);单击菜单栏中的“工具”—“自定义”—“界面”,可以打开“自定义用户界面”对话框(图 4-10),也可以在功能区面板中打开工具栏。工具栏分为浮动或固定两类,通过鼠标拖动,浮动工具栏可以显示在界面的任意位置,或调整大小,或将其固定(图 4-11)。

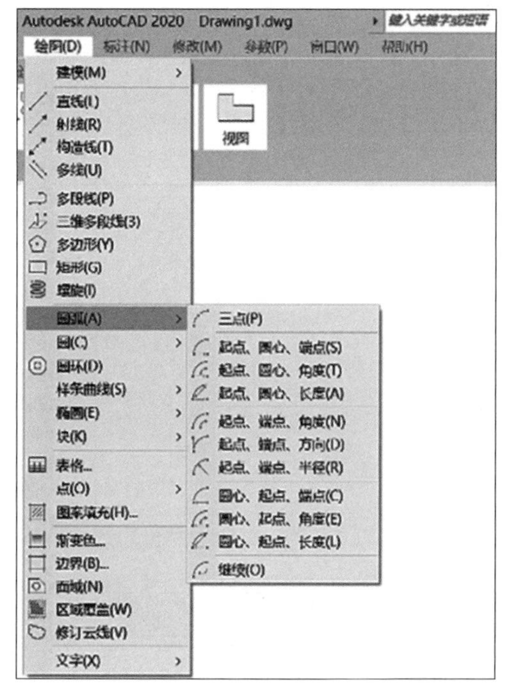


图 4-6　打开子菜单

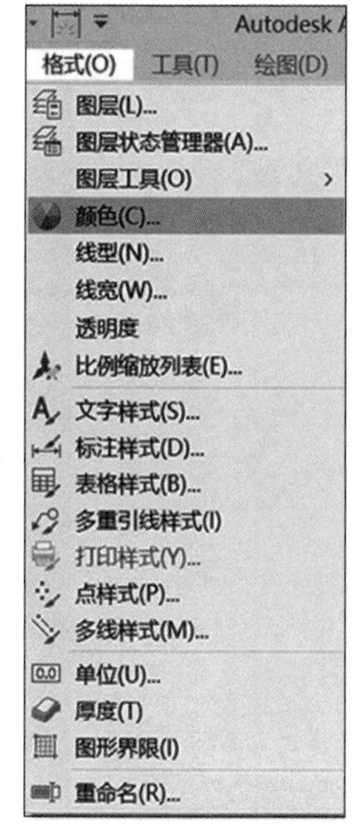


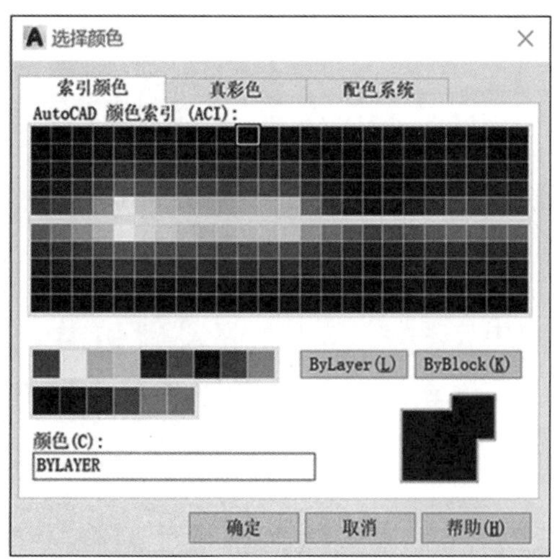


图 4-7　打开相应命令的对话框

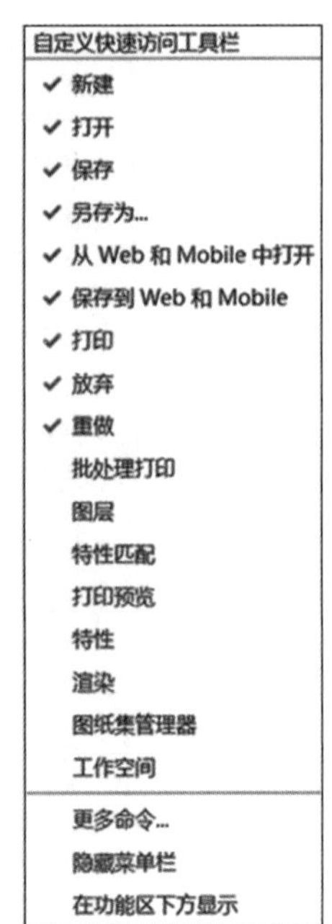

图 4–8 工具栏

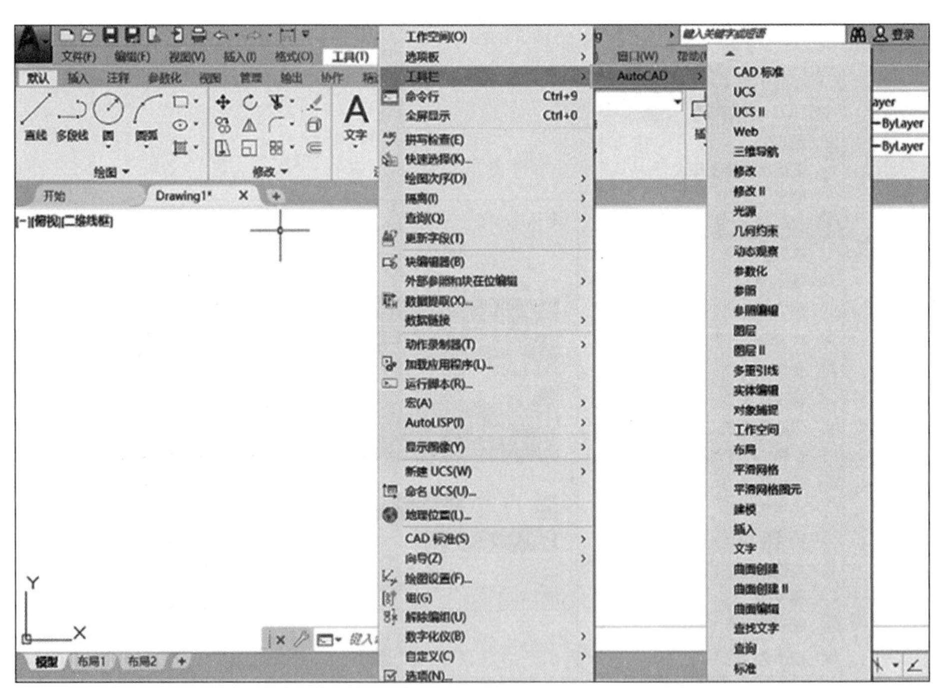


图 4–9 显示或隐藏工具栏

图 4-10　自定义用户界面

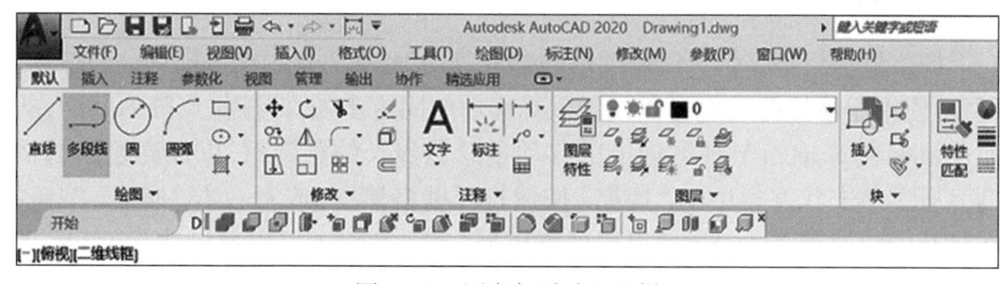


图 4-11　固定与浮动工具栏

### 课后习题

1. 熟悉操作页面,并进行更改界面和光标大小、绘图窗口颜色等操作。
2. 简述 AutoCAD 2020 常见的文件类型。

## 第二节　设置绘图辅助功能

在实际绘图中,用鼠标定位方便快捷,但精度不高,不能满足工程制图的要求。为解决这一问题,AutoCAD 提供了坐标系、栅格、捕捉、正交模式、极轴追踪、对象捕捉和对象追踪等绘图辅助工具,帮助用户精确绘图。

### 一、坐标系

为实现精准快速定点,AutoCAD 为用户提供了多种类的坐标系,包括世界坐标系(world coordinate system,WCS)(包括直角坐标系、极坐标系)、用户坐标系(user coordinate system,UCS)两大类,分别适应用户对二维、三维图形的绘制需求。其中,WCS 是 AutoCAD 默认的坐标系统;UCS 是 AutoCAD 中可移动的坐标系,可以对坐标系进行定义、保存、移动等操作。

### 二、栅格

AutoCAD 可以在绘图界线内显示栅格,用于对齐对象并直观显示对象之间的距离。通过单击状态栏中的“栅格”按钮打开栅格;或者右击“栅格”按钮,在打开的快捷菜单中选择“开”或“关”;还可以通过功能键 F7,进行打开与关闭的切换。

### 三、捕捉

栅格显示只是提供了绘制图形的参考背景,捕捉才是约束鼠标移动的工具。通常,使用栅格捕捉功能可以设置鼠标移动的固定步长,即栅格点阵的间距,从而使鼠标在 X 轴和 Y 轴方向上的移动量总是步长的整数倍,以提高绘图的精度。通过单击状态栏中的“捕捉”按钮打开栅格捕捉;或者右击“捕捉”按钮,在打开的快捷菜单中选择“启用栅格捕捉”或“关”;还可以通过功能键 F9,进行打开与关闭的切换(图 4-12)。

【注】栅格只是一种辅助定位图形,不是图形的组成部分,不能被打印输出;在一般情况下,捕捉和栅格是配合使用的,即捕捉间距与栅格的 X、Y 轴间距分别一致,这样就能保证鼠标拾取到精确的位置;捕捉和栅格命令都

是透明命令，在执行其他命令的过程中可随时使用；右击捕捉或栅格按钮，单击设置，弹出“草图设置”对话框，在捕捉和栅格选项卡可以设置捕捉间距和栅格间距。

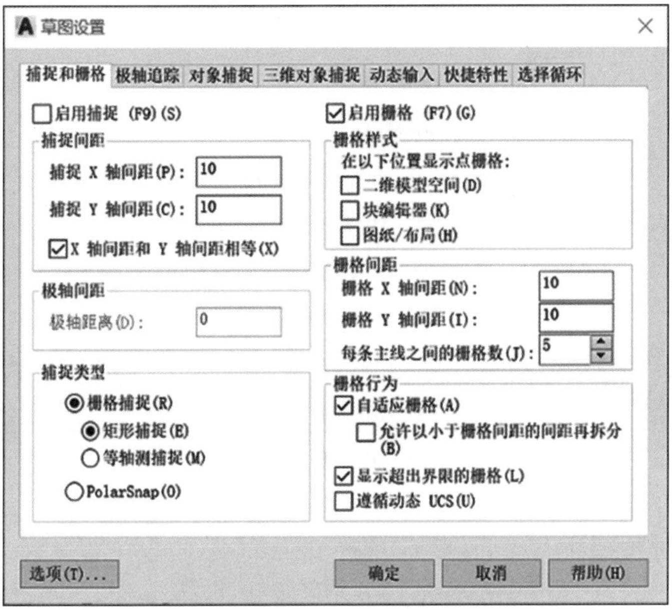

图 4–12　“草图设置”—“捕捉和栅格”对话框

## 四、正交模式

在工程绘图中，经常需要绘制水平线和竖直线，利用 AutoCAD 提供的正交功能可以既方便又准确地绘制这两种直线，特别是绘制垂直和水平线时。通过单击状态栏上的“正交”按钮打开或关闭正交功能；或者，通过功能键 F8 进行打开与关闭的切换。

## 五、极轴追踪

使用极轴追踪可以捕捉并显示直线的角度和长度，有利于绘制一些有角度的直线（图 4–13）。右击极轴，单击设置，在极轴追踪选项卡中增量角可以根据需要而定，勾选附加角可新建第二个捕捉角度。

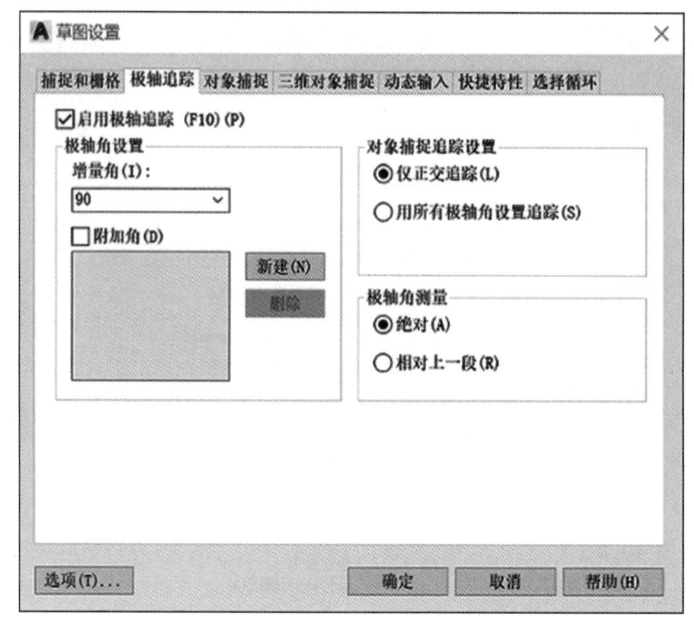

图 4-13 “草图设置”—“极轴追踪”对话框

## 六、对象捕捉

对象捕捉是通过已存在的实体对象的特殊点或特殊位置来确定点的位置，分为自动对象捕捉和临时对象捕捉两种方式。自动对象捕捉适用于用户需要多次使用同一个对象捕捉时，该功能启用后一直生效至用户关闭为止。其中，启用自动对象捕捉的方法是，在“草图设置”对话框中，单击“对象捕捉”标签，打开“对象捕捉”选项卡，选择“对象捕捉模式”中的捕捉模式，然后单击“确定”按钮(图 4-14)。临时对象捕捉适用于用户偶尔使用某种 CAD 对象捕捉模式时，该功能启用后作用于下一次的指定点，且只生效一次。启用临时对象捕捉的方法是，在绘图区按 shift 键并点击鼠标右键，弹出快捷菜单栏，单击“临时追踪点”选项(图 4-15)。

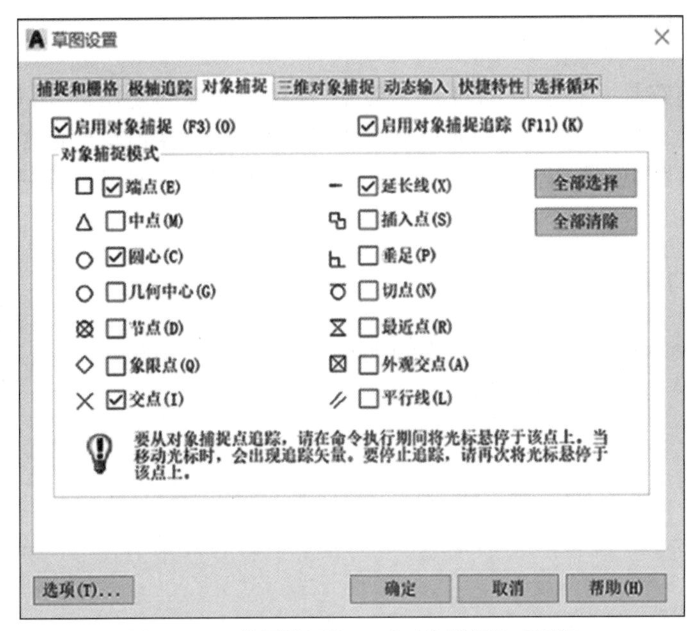

图 4–14　“草图设置”—“对象捕捉”对话框

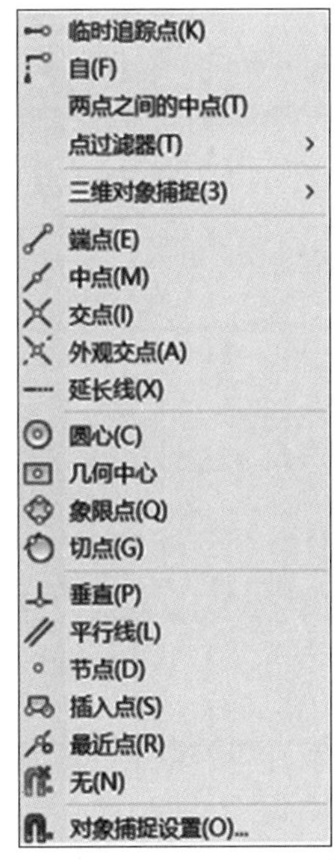

图 4–15　“临时追踪点”快捷菜单栏

## 七、对象追踪

对象追踪是一种重要的对齐工具,配合对象捕捉的使用,能够快速定位一些特殊的点,加快绘图工作。通过单击状态栏中的“对象追踪”按钮打开或关闭对象捕捉追踪;或者,右击“对象追踪”按钮,在打开的快捷菜单中选择“开”或“关”;还可以通过功能键 F11 进行切换。

## 课后习题

1. 列举 AutoCAD 常见的对象捕捉方式。
2. 切换 CAD 工作界面背景颜色。

# 第五章　基础绘图

常见的二维 CAD 图形,可以理解为点、线、多边形、圆等图形元件的不同变换及组合。因此,掌握基础图形元件的 CAD 基本操作方式,是开展 CAD 绘制的基础。本章详细介绍了点(定数等分点、定距等分点等)、线(直线、多段线、构造线、射线等)、多边形(矩形、正多边形等)、圆(椭圆、圆弧等)的启动方式(含快捷键)、选项说明以及操作执行,帮助用户快速掌握基础绘图技能。

## 第一节　点、线与多边形

### 一、点

“点”在 AutoCAD 中有“单点”“多点”“定数等分点”“定距等分点”四种表示方式,可以根据需要选择并进行设置。

#### (一) 单点和多点

通过下列方式启动“点”命令:

1. 单击菜单栏中的“绘图”—“点”—“单点”或“多点”[如图 5-1(a)];
2. 单击功能区中的“默认”—“绘图”—“点”图标[如图 5-1(b)];
3. 在命令行中输入“POINT”命令或输入“PO”快捷命令[如图 5-1(c)]。

#### (二) 定数等分点

通过下列方式启动“定数等分点”命令:

1. 单击菜单栏中的“绘图”—“点”—“定数等分”[如图 5-1(a)];
2. 单击功能区中的“默认”—“绘图”—“点”图标 “定数等分”图标;
3. 在命令行中输入“Divide”命令或输入“DIV”快捷命令。

【例 5-1】绘制定数等分点。

按如下步骤操作:

(1) 命令行中输入“DIV”命令;

(2) 选择要定数等分的对象:单击线段[图 5-2(a)];

(3) 输入线段数目后按 Enter 键结束命令[图 5-2(b)]。

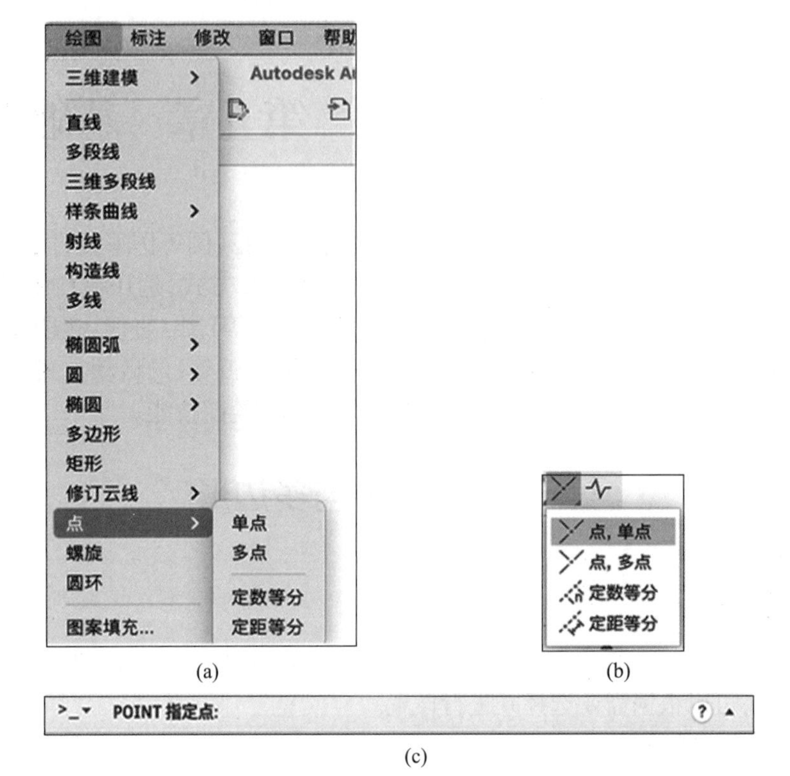


(a) (b) (c)

图 5-1 “点”的启动方式

(a)菜单栏;(b)功能区;(c)命令行

(a) (b)

图 5-2 绘制定数等分点

## (三)定距等分点

通过下列方式启动“定距等分点”命令：

1. 单击菜单栏中的“绘图”—“点”—“定距等分”[如图 5-1(a)];

2. 单击功能区中的“默认”—“绘图”—“点”—图标—“定距等分”图标;

3. 在命令行中输入“Measure”命令或输入“ME”快捷命令。

【例 5-2】绘制定距等分点。

按如下步骤操作：

(1) 命令行中输入“ME”命令；

(2) 选择要定距等分的对象：单击线段[图 5-3(a)]；

(3) 指定线段长度后按 Enter 键结束执行[图 5-3(b)]。

图 5-3　绘制定距等分点

## 二、线

“线”在 AutoCAD 中有多种不同的表示方式，包括直线、多段线、构造线、射线、样条曲线、多线等。

### (一) 直线

通过下列方式启动“直线”命令：

1. 单击菜单栏中的“绘图”—“直线”；
2. 单击功能区中的“默认”—“绘图”—“直线”图标；
3. 在命令行中输入“LINE”命令或输入“L”快捷命令。

【例 5-3】绘制直线。

按如下步骤操作：

(1) 在命令行中输入“L”快捷命令；

(2) 用鼠标左键在屏幕中点击指定直线段起点(图 5-4)；

(3) 拖动鼠标，确定直线方向；

(4) 输入直线长度按确认键结束直线命令。

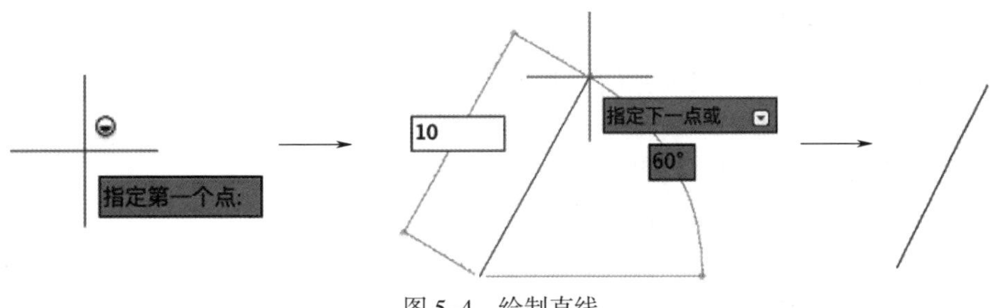


图 5-4　绘制直线

### (二) 多段线

通过下列方式启动“多段线”命令：

1. 单击菜单栏中的“绘图”—“多段线”；
2. 单击功能区中的“默认”—“绘图”—“多段线”图标；

3. 在命令行中输入“PLINE”命令或输入“PL”快捷命令。

【例 5-4】绘制多段线。

按如下步骤操作(图 5-5):

(1) 在命令行中输入“PL”快捷命令;

(2) 指定起点并指定下一个点[圆弧(A)/半宽(C)/长度(L)/放弃(U)/宽度(W)]:(水平向右指定一点)绘制直线(指定长度为 20);

(3) 指定下一点,在命令行输入“A”,指定夹角 90,指定直径 12,按 Enter 键确认;

(4) 指定下一点,在命令行输入“L”,指定直线段长度 20,按 Enter 键确认;

(5) 在命令行输入“A”,指定圆弧端点闭合,按 Enter 键确认完成绘制。

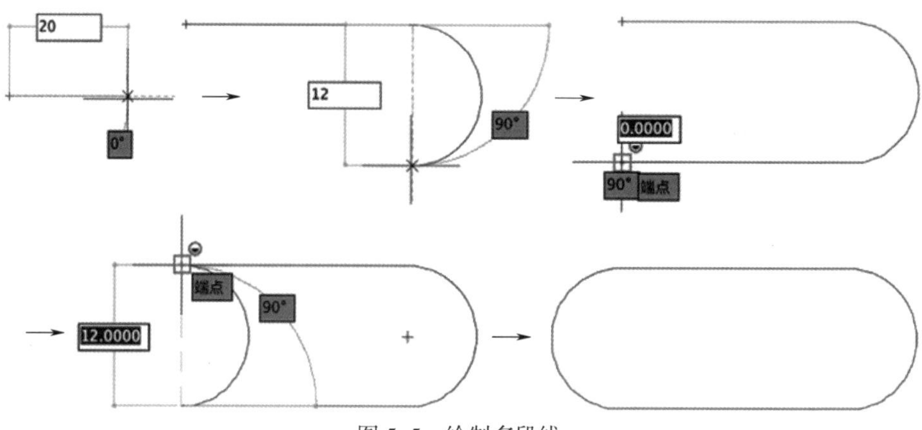


图 5-5 绘制多段线

### (三) 构造线

通过下列方式启动“构造线”命令:

1. 单击菜单栏中的“绘图”—“构造线”;

2. 单击功能区中的“绘图”—“构造线”图标;

3. 在命令行中输入“XLINE”命令或输入“XL”快捷命令。

【注】在构造线命令行中:H 为水平构造线,V 为垂直构造线,A 为角度(可设定构造线角度,也可参考其他斜线进行角度复制),B 为二等分(等分角度,两直线夹角平分线),O 为偏移(通过 T,可以任意设置距离。)

【例 5-5】绘制构造线。

按如下步骤操作:

(1) 点击右下角图标打开“正交模式”;

(2) 在命令行中输入“XL”；

(3) 指定点后移动鼠标向指定方向绘制正交构造线(图 5-6),可用作绘图辅助线。

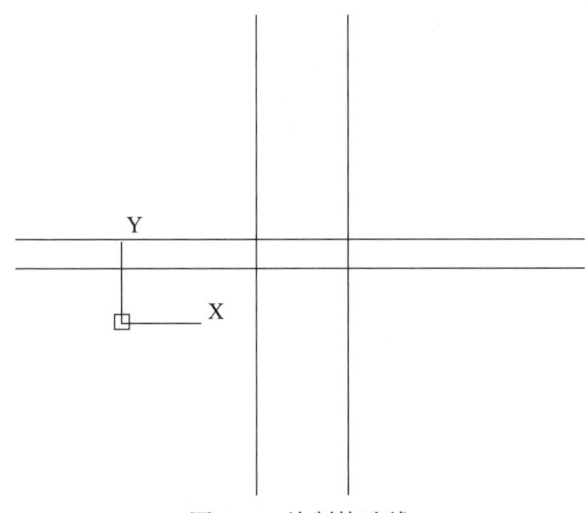


图 5-6　绘制构造线

**(四) 射线**

通过下列方式启动“射线”命令：

1. 单击菜单栏中的“绘图”—“射线”；

2. 单击功能区中的“绘图”—“射线”图标；

3. 在命令行中输入“RAY”命令。

【例 5-6】绘制射线。

按如下步骤操作：

(1) 在命令行中输入“RAY”命令；

(2) 指定起点,指定通过点,按 Enter 键完成命令(图 5-7)。

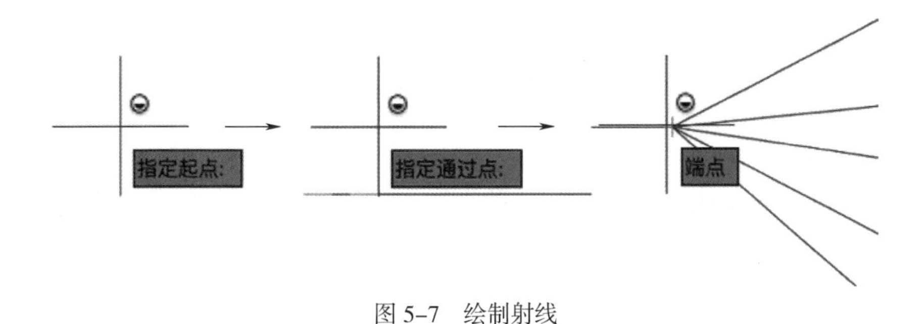


图 5-7　绘制射线

### (五) 样条曲线

样条曲线可用于创建形状不规则曲线,如等高线等。通过下列方式启动“样条曲线”命令:

1. 单击菜单栏中的“绘图”—“样条曲线”;
2. 单击功能区中的“绘图”—“样条曲线”图标;
3. 在命令行中输入“SPLINE”命令或输入“SPL”快捷命令。

【例 5-7】样条曲线 - 拟合点绘制。

按如下步骤操作:

(1) 单击菜单栏中的“绘图”—“样条曲线”—“拟合点”;

(2) 指定第一点,移动鼠标选择方向单击确认(图 5-8);

(3) 指定下一点,以此类推,完成时按 Enter 键确认。

图 5-8 样条曲线 - 拟合点绘制

【例 5-8】样条曲线 - 控制点绘制与调整。

按如下步骤操作:

(1) 单击菜单栏中的“绘图”—“样条曲线”—“控制点”;

(2) 指定第一点,移动鼠标选择方向单击确认(图 5-9);

(3) 指定下一点,以此类推,完成时按 Enter 键确认;

(4) 单击已完成图形,可根据需要继续调整(图 5-10)。

图 5-9 样条曲线 - 控制点绘制

### (六) 多线

多线是一种由连续直线段组成的复合线,可保存多种样式,便于图线的统一。通过下列方式启动“多线”命令:

1. 单击菜单栏中的“绘图”—“多线”;

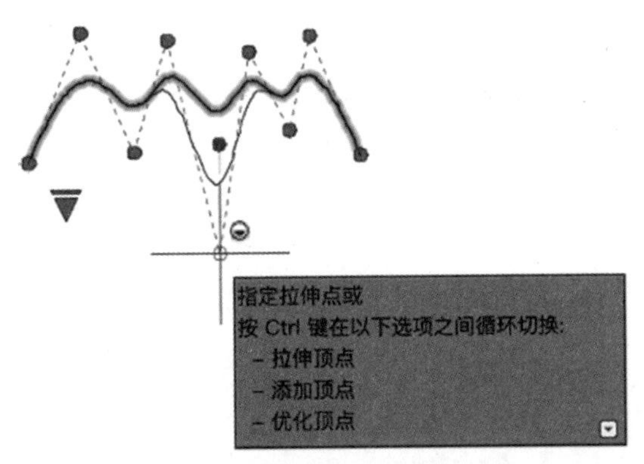


图 5-10　样条曲线 – 控制点调整

2. 在命令行中输入“MLINE”命令或输入“ML”快捷命令。

在命令栏中输入“MLSTYLE”命令，可设置多线样式（图 5-11）；在命令栏中输入“MLEDIT”命令，可编辑多线（图 5-12）。

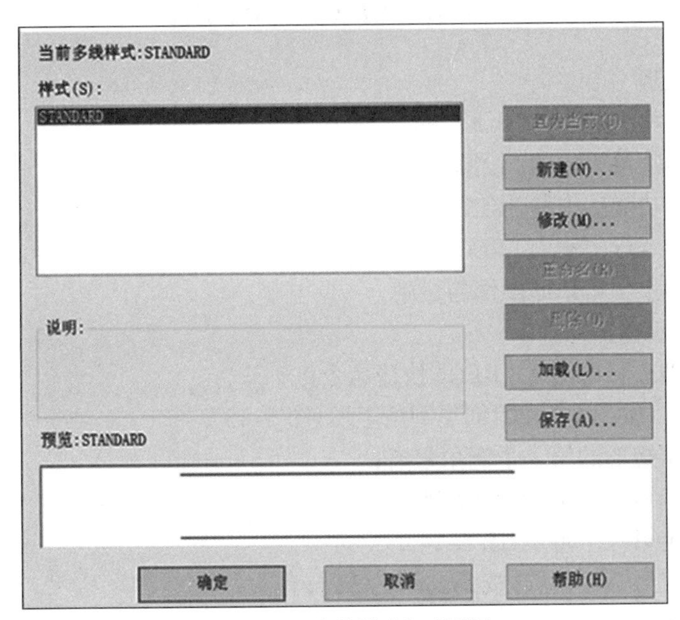


图 5-11　“多线样式”对话框

## 三、多边形绘制

多边形包括矩形和正多边形两种基本图形单元。

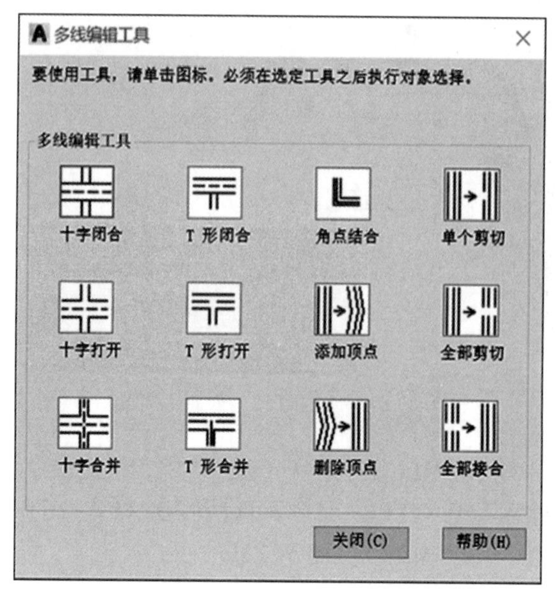


图 5-12 “多线编辑”对话框

### （一）矩形

通过下列方式启动“矩形”命令：

1. 单击菜单栏中的“绘图”—“矩形”；
2. 单击功能区中的“绘图”—“矩形”图标；
3. 在命令行中输入“RECTANG”命令或输入“REC”快捷命令。

【例 5-9】倒角矩形操作与绘制。

按如下步骤操作：

(1) 在命令行中输入“REC”快捷命令；

(2) 输入“C”命令开始创建倒角矩形（图 5-13）；

(3) 指定矩形的第一个倒角距离；

(4) 指定矩形的第二个倒角距离；

(5) 指定第一个角点（图 5-14）；

(6) 指定另一个角点，按 Enter 键完成操作。

### （二）正多边形

通过下列方式启动“正多边形”命令：

1. 单击菜单栏中的“绘图”—“正多边形”；
2. 单击功能区中的“绘图”—“正多边形”图标；
3. 在命令行中输入“POLYGON”命令或输入“POL”快捷命令。

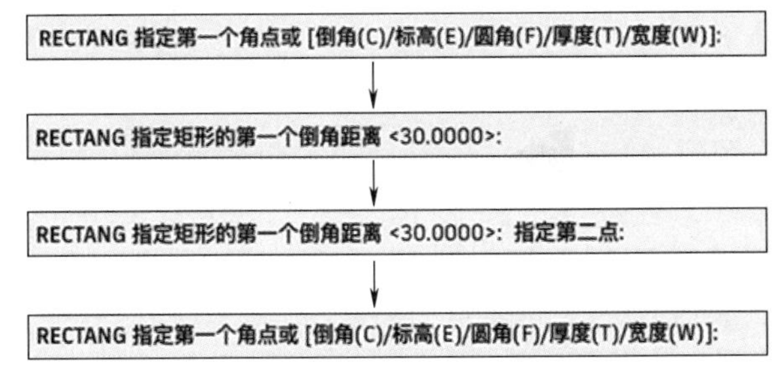


图 5-13　倒角矩形操作流程图

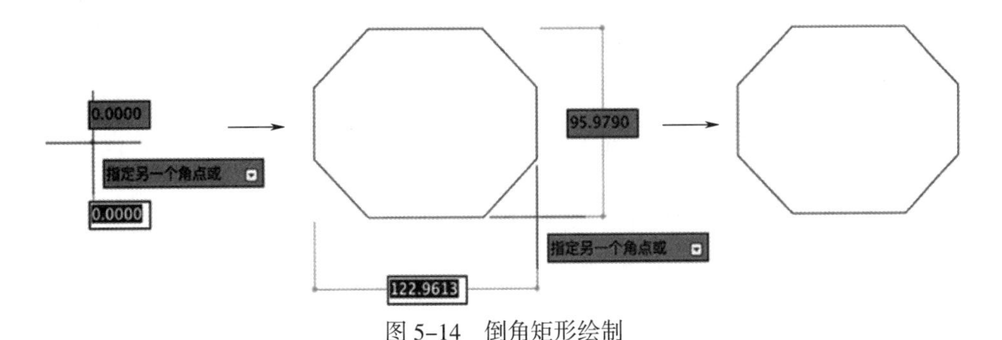


图 5-14　倒角矩形绘制

【例 5-10】绘制正多边形。

按如下步骤操作：

(1) 在命令行中输入“POL”快捷命令；

(2) 输入边数，指定正多边形的中心，选择“内接于圆”或“外切于圆”；

(3) 输入半径长度，按 Enter 键完成命令。

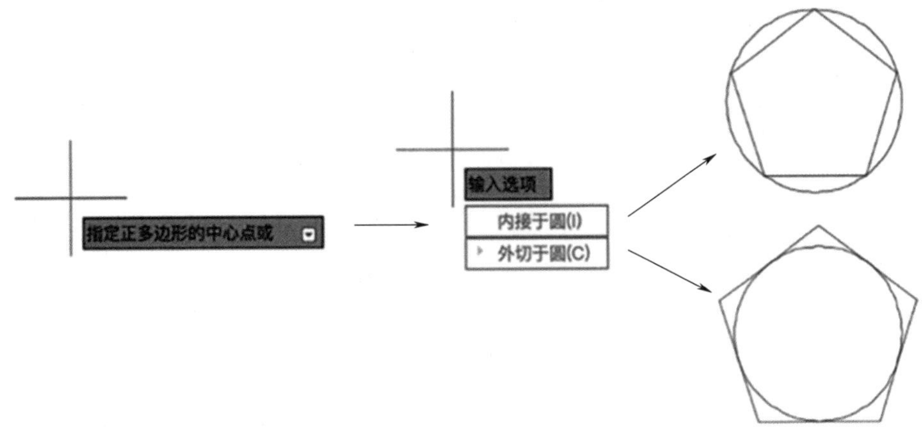


图 5-15　绘制正多边形

## 课后习题

1. 绘制箭头图形。

2. 绘制六边形接头图形。

# 第二节 圆、圆弧、椭圆与椭圆弧

圆在 AutoCAD 中包括“圆”“圆弧”“椭圆”“椭圆弧”“圆环”等命令。

## 一、圆

### (一) 启动方式

通过下列方式启动“圆”命令：

1. 单击菜单栏中的“绘图”—“圆”；
2. 单击功能区中的“默认”—“绘图”—“圆”图标⊙；
3. 在命令行中输入“CIRCLE”命令或输入“C”快捷命令。

### (二) 选项说明

1. “圆心、半径”：指定圆心及半径画圆；
2. “圆心、直径”：指定圆心及直径画圆；
3. “两点”：指定直径的两端点画圆；
4. “三点”：指定圆周上三点画圆；
5. “相切，相切，半径”：先指定两个相切点，再指定半径画圆；
6. “相切，相切，相切”：指定三个相切点画圆。

### (三) 操作执行

**1. “圆心、半 / 直径”**

按如下步骤操作：

(1) 命令栏中输入“C”快捷命令；

(2) 指定圆心(图 5-16)；

(3) 指定圆的半径 / 直径；

(4) 按 Enter 键完成操作。

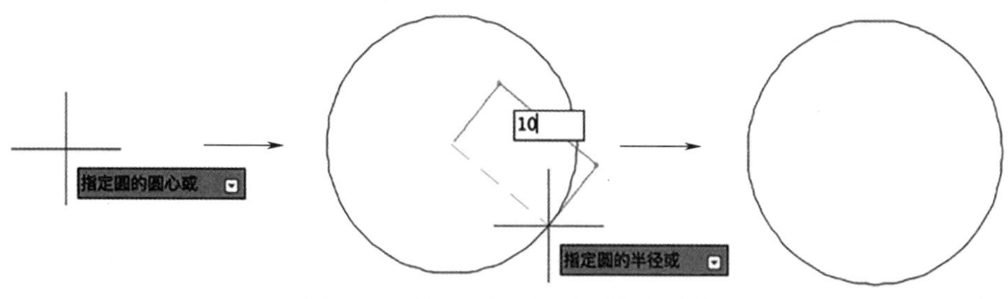


图 5-16　按“圆心、半 / 直径”绘制圆

**2. “两点”**

按如下步骤操作：

(1) 在命令栏中输入“C”快捷键后继续输入“2P”命令；

(2) 指定圆直径的第一个端点(图 5-17)；

(3) 指定圆直径的第二个端点；

(4) 按 Enter 键完成操作。

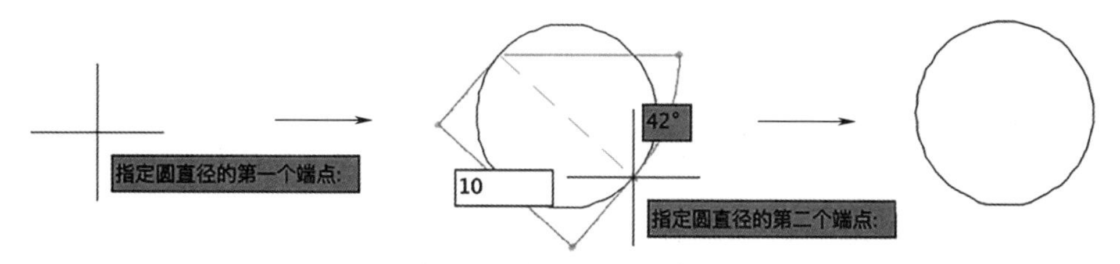


图 5-17　按“两点”绘制圆

**3. “三点”**

按如下步骤操作：

(1) 命令栏中输入“C”快捷键后继续输入“3P”命令；

(2) 指定圆上的第一个点(图 5-18)；

(3) 指定圆上的第二个点及第三个点；

(4) 按 Enter 键完成操作。

**4. “相切、相切、半径”**

按如下步骤操作：

(1) 在命令栏中输入“C”快捷键后继续输入“T”命令；

(2) 指定对象与圆的第一个切点(图 5-19)；

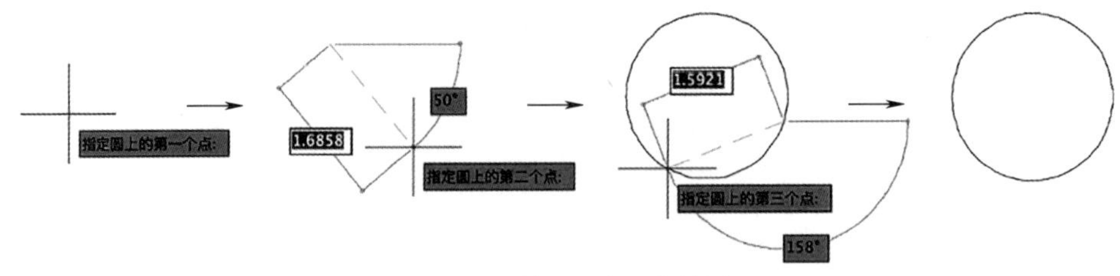


图 5-18　按“三点”绘制圆

(3) 指定对象与圆的第二个切点；

(4) 指定圆的半径；

(5) 按 Enter 键完成操作。

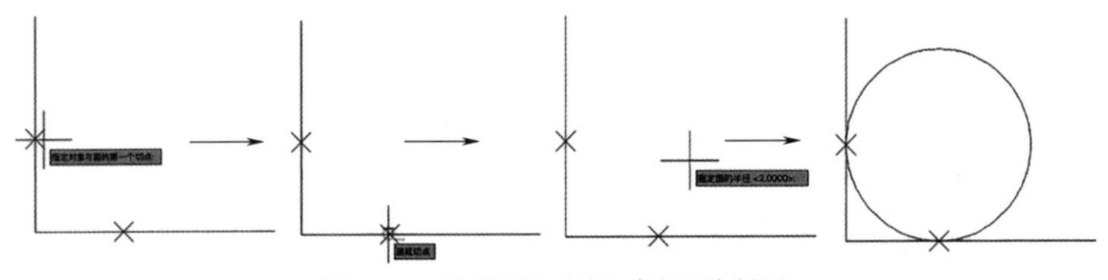

图 5-19　按“相切、相切、半径”绘制圆

## 二、圆弧

### (一) 启动方式

通过下列方式启动“圆弧”命令：

1. 单击菜单栏中的“绘图”—“圆弧”；
2. 单击功能区中的“默认”—“绘图”—“圆弧”图标；
3. 在命令行中输入“ARC”命令或输入“A”快捷命令。

### (二) 选项说明

圆弧在 AutoCAD 中共有 11 种画法(表 5-1)。

**表 5-1　圆弧的 11 种画法**

| “圆弧”图标 | 指定内容 |
| --- | --- |
|  | 圆弧上任意三点 |
|  | 起点、圆心、端点 |

续表

| "圆弧"图标 | 指定内容 |
| --- | --- |
|  | 起点、圆心、角度 |
|  | 起点、圆心、长度 |
|  | 起点、端点、角度 |
|   | 起点、端点、方向 |
|   | 起点、端点、半径 |
|   | 圆心、起点、端点 |
|   | 圆心、起点、角度 |
|   | 圆心、起点、长度 |
|   | 连续绘制圆弧段 |

### (三) 操作执行

以"三点"画法为例,介绍其操作步骤:

1. 在命令栏里输入"A"快捷命令;
2. 指定圆弧的起点;
3. 指定圆弧的第二点及第三点;
4. 按 Enter 键完成操作。

## 三、椭圆

### (一) 启动方式

通过下列方式启动"椭圆"命令:

1. 单击菜单栏中的"绘图"—"椭圆";
2. 单击功能区中的"默认"—"绘图"—"椭圆"图标;
3. 在命令行中输入"ELLIPSE"命令或输入"EL"快捷命令。

### (二) 选项说明

1. "圆":通过指定椭圆中心,一个轴的端点(主轴)及另一个轴的半轴长度绘制椭圆;

2. "轴,端点":通过指定一个轴的两个端点(主轴)和另一个轴的半轴长度绘制椭圆；

3. “椭圆弧”：绘制好椭圆后，可根据需要借助该功能绘制对应椭圆弧。

### （三）操作执行

#### 1. 椭圆

按如下步骤操作：

⑴ 在命令栏中输入“EL”快捷命令；

⑵ 指定椭圆的轴端点；

⑶ 指定轴的另一个端点；

⑷ 指定另一条半轴长度；

⑸ 按 Enter 键完成操作[图 5-20（a）]。

#### 2. 椭圆弧

按如下步骤操作：

⑴ 单击菜单栏中的“绘图”—“椭圆弧”；

⑵ 指定椭圆弧的轴端点；

⑶ 指定轴的另一个端点；

⑷ 指定另一条半轴长度；

⑸ 指定端点角度；

⑹ 指定端点长度；

⑺ 按 Enter 键完成操作[图 5-20（b）]。

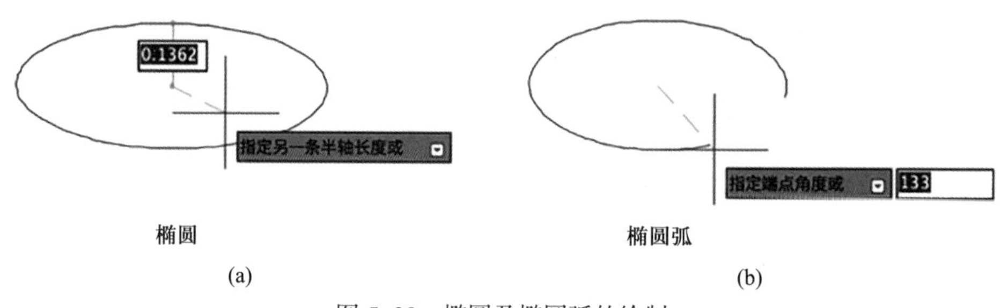


(a)　　(b)

图 5-20　椭圆及椭圆弧的绘制

## 课后习题

绘制齿轮图形。

# 第六章　基本编辑

CAD 图形绘制过程中，经常会出现不可避免的重复绘图情况，为节省绘图时间、提高绘图效率，需掌握相关批量操作技能，即对于图形的基本编辑，以尽可能避免重复操作。例如，可通过镜像操作完成多个图形的批量绘制，从而替代一一操作。本章介绍了图形的基本编辑，包括填充、块（创建块、插入块等）、删除、复制、镜像、偏移（距离偏移、过点偏移等）等命令的快速启动以及操作执行，帮助用户简化绘图程序，提高绘制效率。

## 第一节　填充、创建块与插入块命令

### 一、填充命令（H）

填充命令可以用于填充封闭或不封闭的图形，起说明 / 表示作用。可以通过下列方式启动"填充"命令：

1. 单击菜单栏中的"绘图"—"图案填充"；
2. 单击功能区中的"默认"—"绘图"—"图案填充"图标▨；
3. 在命令行中输入"HATCH"命令或输入"H"快捷命令。

具体操作步骤如下：

(1) 在命令行中输入"HATCH"命令启动填充命令（图 6–1）；

(2) 选择填充图案（图 6–2）；

(3) 选择拾取点（图 6–3）；

(4) 单击确认填充（图 6–4）。

在"类型和图案"选项组中（见图 6–1），不仅可以设置图案填充的类型和图案，还可以设置"角度与比例""拾取点""选择对象"等填充特性。

1. "角度和比例"：可以设置用户定义类型的图案填充的角度和比例等参数；
2. "拾取点"：是指以鼠标左键点击位置为准向四周扩散，遇到线形就停，所有显示虚线的图形是填充的区域，一般填充的是封闭的图形；
3. "选择对象"：是指以鼠标左键击中的图形为填充区域，一般用于不封闭的图形；

图 6-1 “图案填充与渐变色”对话框

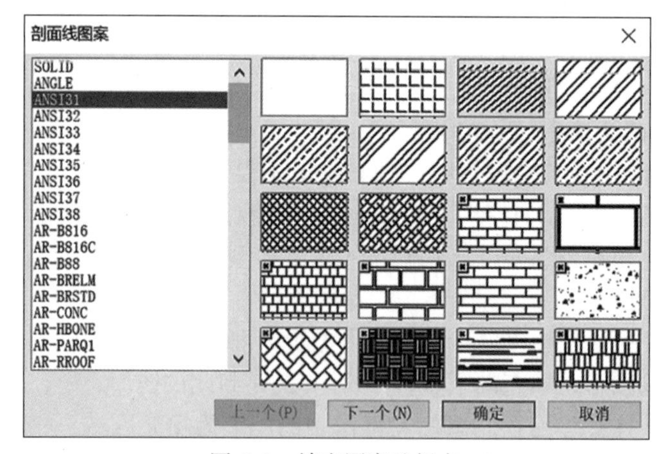


图 6-2 填充图案选择卡

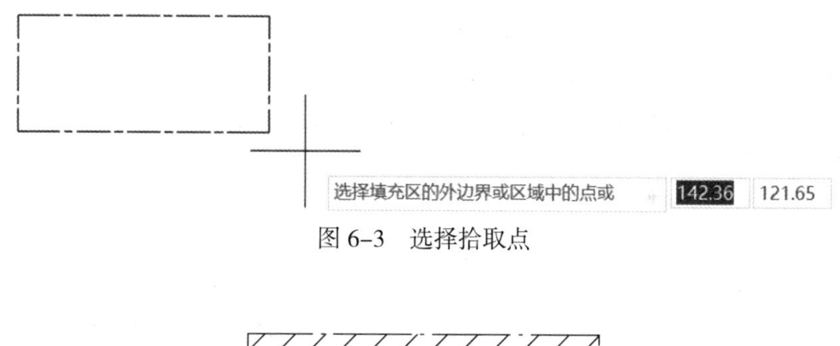


图 6–3　选择拾取点

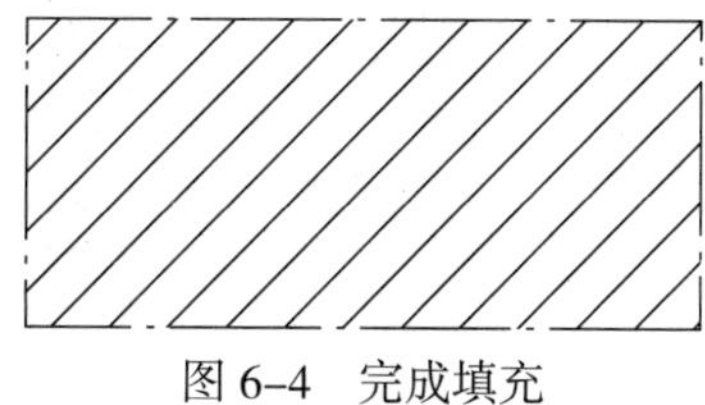

图 6–4　完成填充

4. “继承特性”：将类型、角度和比例完全一致的图案复制到另一填充区域内，如图 6–5 所示；

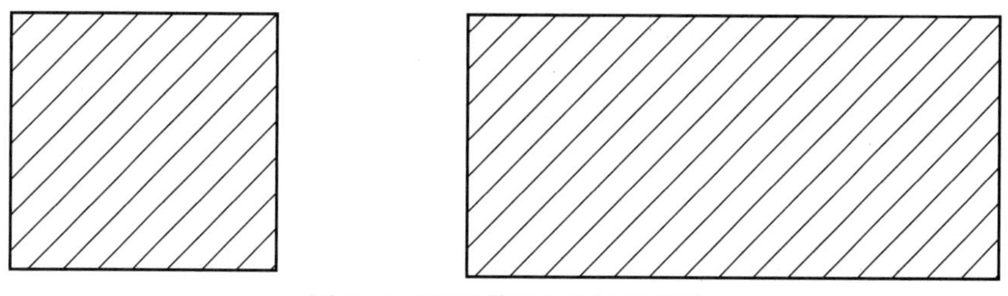

图 6–5　“继承特性”绘制示意图

5. “关联”：关联状态下的填充是指填充图形中有障碍图形的，当删除障碍图形时，障碍图形内的空白位置被填充图案自动修复，如图 6–6 所示；

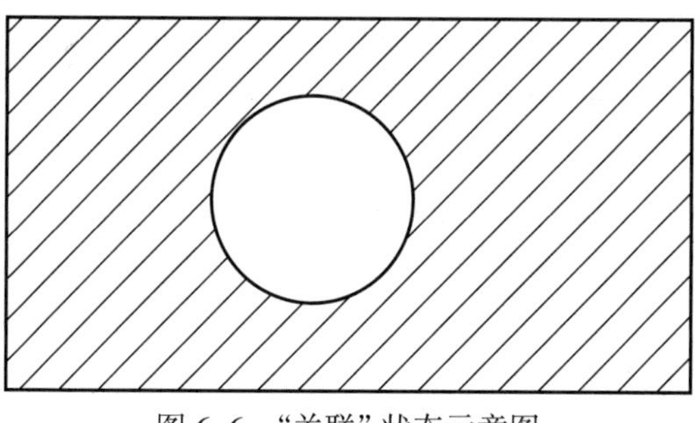

图 6–6　“关联”状态示意图

6. “孤岛检测”：孤岛检测包括普通孤岛检测、外部孤岛检测、忽略孤岛检测三种（图 6–7）。普通孤岛检测指填充由外部边界向内进行，遇到内部孤岛后，填充将关闭；外部孤岛检测仅填充指定区域，不填充内部孤岛；忽略孤岛检测则不做分类，直接填充全部图案。

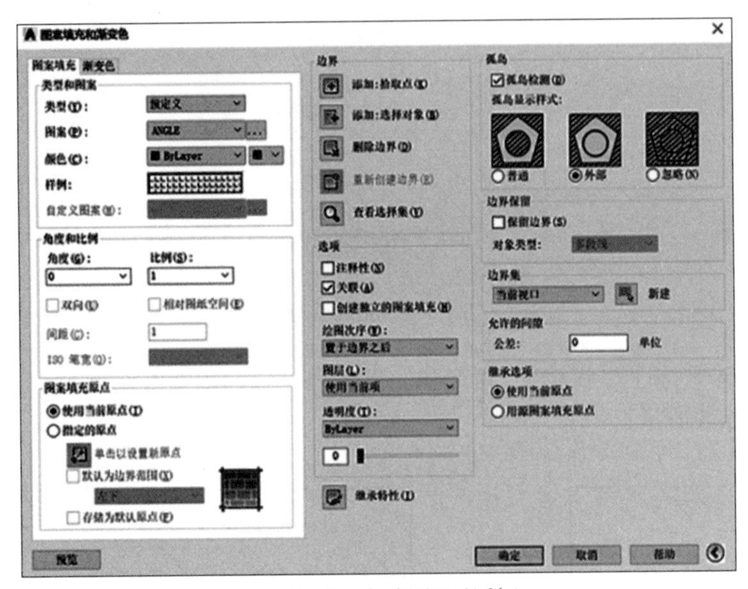

图 6–7 “孤岛检测”对话框

## 二、创建块命令（B）

图块是 AutoCAD 图形设计中的一个重要概念。在绘制图形时，如果图形中有大量相同或相似的内容，或者所绘制的图形与已有的图形文件相同，可以把要重复绘制的图形创建成块，并根据需要为块创建属性，指定块的名称、用途及设计者等信息，在需要时直接插入，从而提高绘图效率。当然，用户也可以把已有的图形文件以参照的形式插入到当前图形中（即外部参照），或是通过 AutoCAD 设计中心浏览、查找、预览、使用和管理 AutoCAD 图形、块、外部参照等不同的资源文件。

块是一个或多个对象组成的对象集合，常用于绘制复杂、重复的图形。一旦一组对象组合成块，可以根据作图需要将这组对象插入到图中任意指定位置，还可以按不同的比例和旋转角度插入。在 AutoCAD 中，使用块可以提高绘图速度、节省存储空间、便于修改图形。

创建块是指将所有单图形，合并成一个图形，交点只有一个，可以通过下列方式启动“创建块”命令：

1. 单击菜单栏中的“绘图”—“块”—“创建”；

2. 单击功能区中的“默认”—“块”—“创建”图标或“插入”—“创建块”图标；

3. 在命令行中输入“BLOCK”命令或输入“B”快捷命令。

具体操作步骤如下：

(1) 在命令行输入“B”快捷命令启动“块定义”对话框(图 6–8)；

(2) 在“名称”框里输入块名；

(3) 在“对象”下选择“转换为块”；

(4) 选择“选择对象”后确定完成操作。

【注】如果需要在图形中保留用于创建块定义的原对象，需要确保未选中“删除”选项；如果选择该选项，将从图形中删除原对象。

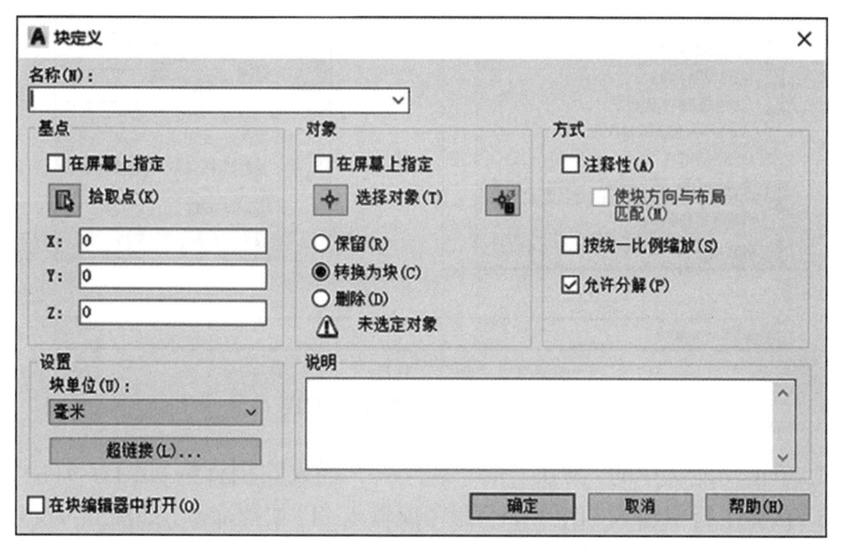


图 6–8　“块定义”对话框

“块定义”对话框中各主要选项的功能如下：

1. “名称”文本框：用于输入块的名称，最多可使用 255 个字符；

2. “基点”选项区域：用于设置块的插入基点位置；

3. “对象”选项区域：用于设置组成块的对象；

4. “预览图标”选项区域：用于设置是否根据块的定义保存预览图标。如果保存了预览图标，通过设计中心将能够预览该图标；

5. “拖放单位”下拉列表框：用于设置从设计中心拖动块时的缩放单位；

6. “说明”文本框：用于输入当前块的说明部分。

## 三、插入块命令(I)

根据需要，可以在图形中插入块或其他图形，在插入的同时还可以改变所插入块或图形的比例与旋转角度。通常，通过下列方式启动“插入块”命令：

1. 单击菜单栏中的“插入”—“块选项板”[如图 6-9(a)]；

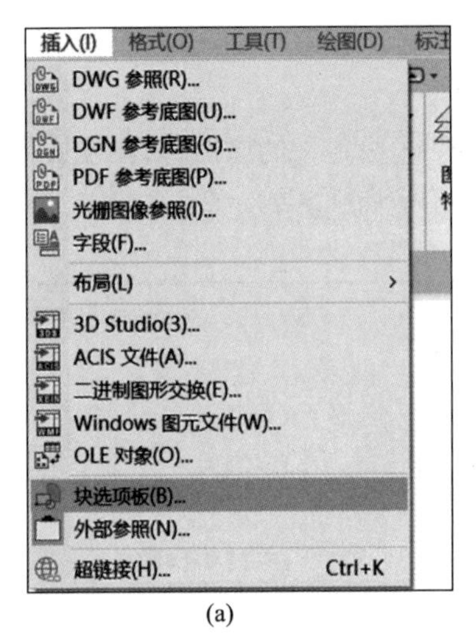


(a)

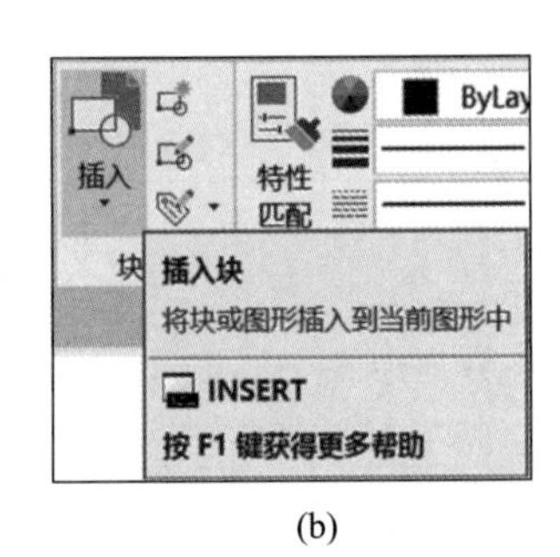


(b)

(c)

图 6-9 “插入块”启动方式

2. 单击功能区中的“默认”—“块”—“插入”图标[如图 6-9(b)]；

3. 在命令行中输入“INSERT”命令或输入“I”快捷命令[如图 6-9(c)]。

“插入块”对话框如图 6-10 所示。

“插入块”对话框中各主要选项的功能如下：

1. “名称”下拉列表框：用于选择块或图形的名称，用户也可以单击其后的“浏览”按钮，打开“选择图形文件”对话框，选择要插入的块和外部图形；

2. “插入点”选项区域：用于设置块的插入点位置；

3. “比例”选项区域：用于设置块的插入比例。可不等比例缩放图形，在 X、Y、Z 三个方向进行缩放；

4. “旋转”选项区域：用于设置块插入时的旋转角度；

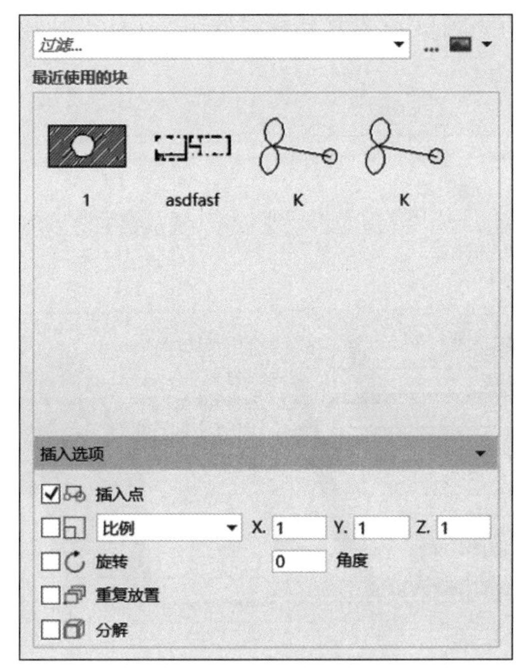


图 6-10　“插入块”对话框

5. “分解”复选框：选中该复选框，可以将插入的块分解成组成块的各基本对象。

## 四、写块命令（W）

写块命令可以将块以文件的形式存入磁盘，在命令行中输入“WBLOCK”命令或输入“W”快捷命令，可以启动“写块”命令。

“写块”对话框见图 6-11 所示。

“写块”对话框（图 6-11）中各选项的功能如下：

1. “源”选项区域：设置组成块的对象来源；
2. “块”单选按钮：可以将使用创建块命令创建的块写入磁盘；
3. “整个图形”：可以把全部图形写入磁盘；
4. “对象”：可以指定需要写入磁盘的块对象；
5. “目标”选项区域：设置块的保存名称、位置。

AutoCAD 设计中心（AutoCAD DesignCenter，ADC）为用户提供了一个直观且高效的工具，它与 Windows 资源管理器类似。其中，打开“设计中心”窗口的方法是：单击“视图”选项卡—“选项板”面板—“设计中心”按钮，或单击

“标准”工具栏中的“设计中心”按钮▦或使用“Ctrl+2”快捷键，具体如图 6–12 所示。

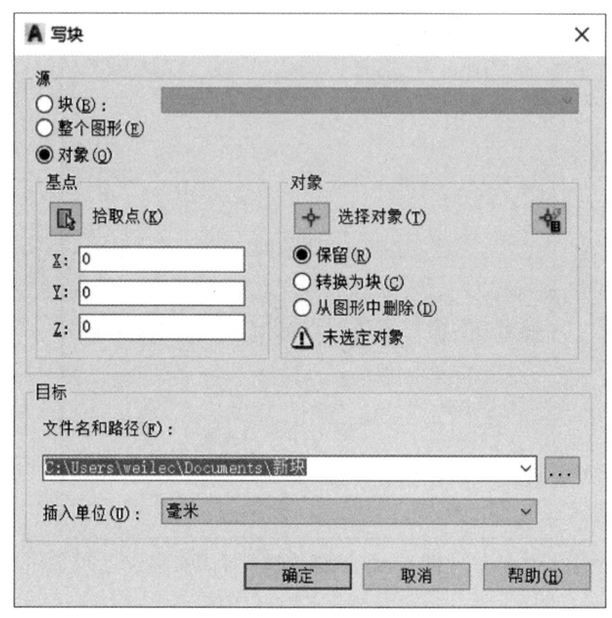


图 6–11　“写块”对话框

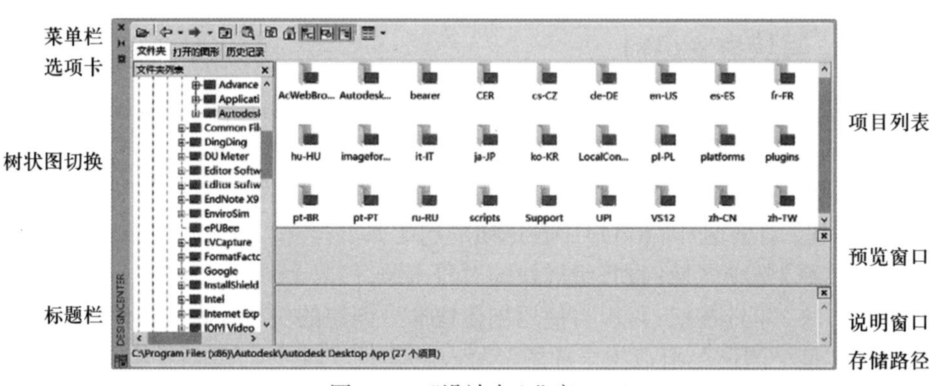


图 6–12　“设计中心”窗口

1. 文件夹选项卡：显示所有文件的名称。左栏显示文件夹名称及所在位置，右栏显示图形；

2. 打开图形选项卡：显示当前所选图形的一些属性；

3. 历史记录选项卡：记录最近打开的文件。

在 AutoCAD 中，使用设计中心可以完成如下工作：

(1) 创建对频繁访问的图形、文件夹和 Web 站点的快捷方式；

(2) 根据不同的查询条件在本地计算机和网络上查找图形文件，找到后可以将其直接加载到绘图区或设计中心；

(3) 浏览不同的图形文件，包括当前打开的图形和 Web 站点上的图形库；

(4) 查看块、图层和其他图形文件的定义并将这些图形定义插入到当前图形文件中。通过控制显示方式来控制设计中心控制板的显示效果，还可以在控制板中显示与图形文件相关的描述信息和预览图像；

(5) 使用 AutoCAD 设计中心，可以方便地在当前图形中插入块，引用光栅图像及外部参照，在图形之间复制块、图层、线型、文字样式、标注样式，以及用户定义的内容等。

### 课后习题

1. 简述创建和使用一般块的方法。

2. 利用孤岛检测绘制图案。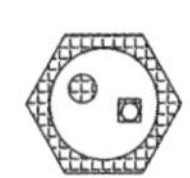

## 第二节　删除、复制、镜像与偏移命令

### 一、删除命令(E)

删除命令从当前图形中删除对象。可以通过下列方式启动“删除”命令：

1. 单击菜单栏中的“修改”—“删除”；
2. 单击功能区中的“默认”—“修改”—“删除”图标；
3. 在命令行中输入“ERASE”命令或输入“E”快捷命令；
4. 选中要删除的对象，点击键盘上的 Delete 键。

### 二、复制命令(CO)

复制命令将目标对象从初始位置点，复制到另一个目标点。可以通过下列方式启动“复制”命令：

1. 单击菜单栏中的“修改”—“复制”；
2. 单击功能区中的“默认”—“修改”—“复制”图标；
3. 在命令行中输入“COPY”命令或输入“CO”快捷命令。

具体操作步骤如下:

(1) 选择要复制的对象。

(2) 指定基点和指定位移的第二点;如需多次复制对象,在命令栏中输入 M (多个),指定基点和指定位移的第二点,指定下一个位移点,继续插入,或确定结束命令。

具体如图 6-13 所示。

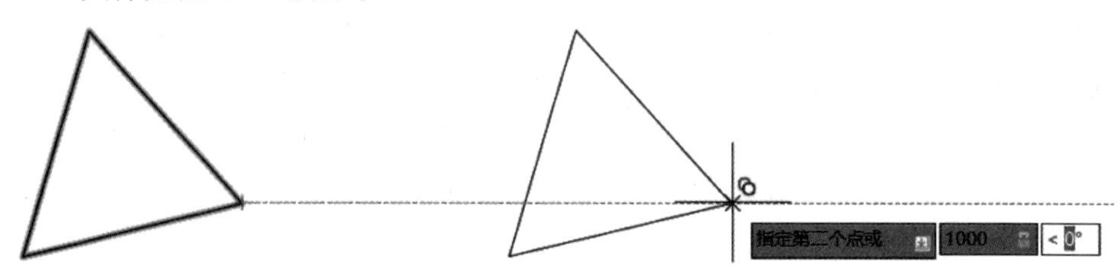


图 6-13 “多次复制对象”示意图

## 三、镜像命令(MI)

镜像命令可以使对象绕指定轴(镜像线)翻转,创建对称的“镜像”图像。可以通过下列方式启动“镜像”命令:

1. 单击菜单栏中的“修改”—“复制”;
2. 单击功能区中的“默认”—“修改”—“镜像”图标⚠;
3. 在命令行中输入“MIRROR”命令或输入“MI”快捷命令。

具体操作步骤如下:

(1) 选择要镜像的对象;

(2) 指定镜像线的第一点和第二点;

(3) 按确定键是保留对象,或者按 Y 将其删除,结果如图 6-14 所示。

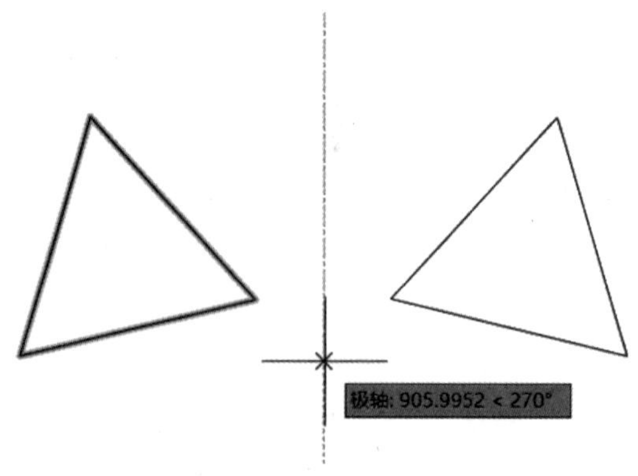


图 6-14 “镜像”示意图

## 四、偏移命令(O)

在实际应用中,常利用此命令创建平行线或等距离分布图形。块物体不能进行偏移命令。偏移命令在使用中鼠标拖动的方向就是偏移的方向。

### (一) 距离偏移

“距离偏移”命令可以使对象以指定距离进行偏移。可以通过下列方式启动“距离偏移”命令:

1. 单击菜单栏中的“修改”—“偏移”;
2. 单击功能区中的“默认”—“修改”—“偏移”图标;
3. 在命令行中输入“OFFSET”命令或输入“O”快捷命令。

具体操作步骤如下:

(1) 指定偏移距离(可以输入值),选择要偏移的对象;

(2) 指定要放置新对象的一侧上的一点;

(3) 选择另一个要偏移的对象,或按确定结束命令(图 6-15)。

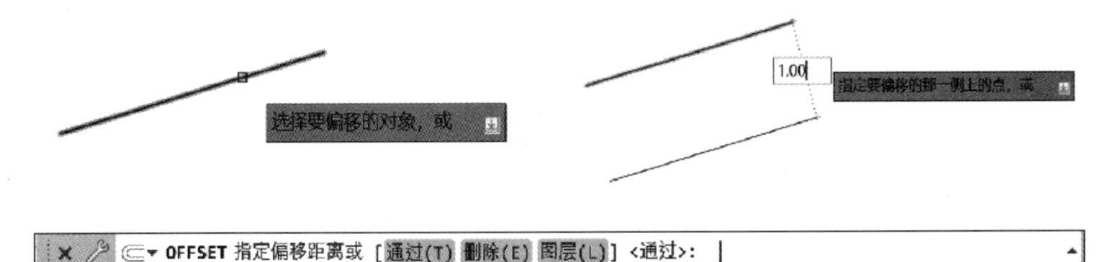


图 6-15　“距离偏移”示意图

### (二) 过点偏移

“过点偏移”命令可以使对象通过指定点进行偏移。启动方式同“距离偏移”命令。

具体操作步骤如下:

(1) 输入 T(通过点);选择要偏移的对象;

(2) 指定通过点;选择另一个要偏移的对象或按 Enter 结束命令。

## 课后习题

1. 绘制信号灯图形。

2. 绘制蒸馏塔。

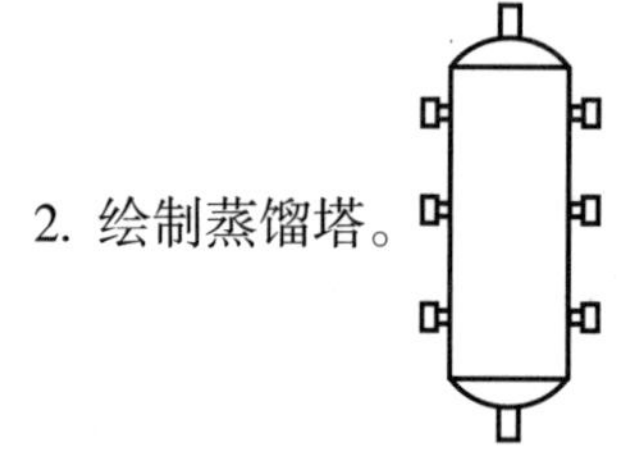

# 第七章　图层的使用与管理

图层如同含有文字和图形等元素的胶片，一张张按顺序叠放，组合形成页面的最终效果，其中可以加入文本、图片、表格、插件等。在绘图过程中时会经常遇到开关、冻结或锁定相同图层的情况，这时可利用图层状态管理器保存图层状态，避免重复设置。此外，已设置图层不仅可用于当前图纸，还可以在保存后应用于图层设置相同的其他图纸。因此，学习并掌握 AutoCAD 图层的使用和管理可实现页面元素的精确定位和高效使用。

图层是 AutoCAD 提供的一个管理图形对象的工具，用户可以根据图层对图形几何对象、文字、标注等进行归类处理，使用图层来管理，不仅能使图形的各种信息清晰、有序，便于观察，也会给图形的编辑、修改和输出带来便利。

图层特性管理器可用于生成、添加、删除和重命名图层，更改图层特性，打开和关闭图层、全局地或按视口冻结和解冻图层、锁定和解锁图层，设置布局视口中的特性替代，以及添加图层说明。可以通过下列方式打开图层特性管理器：

1. 单击菜单栏中的“格式”—“图层”[图 7-1(a)]；
2. 单击功能区中的“默认”—“图层”—“图层特性”图标[图 7-1(b)]；
3. 在命令行中输入“LAYER”命令或输入“LA”快捷命令[图 7-1(c)]。

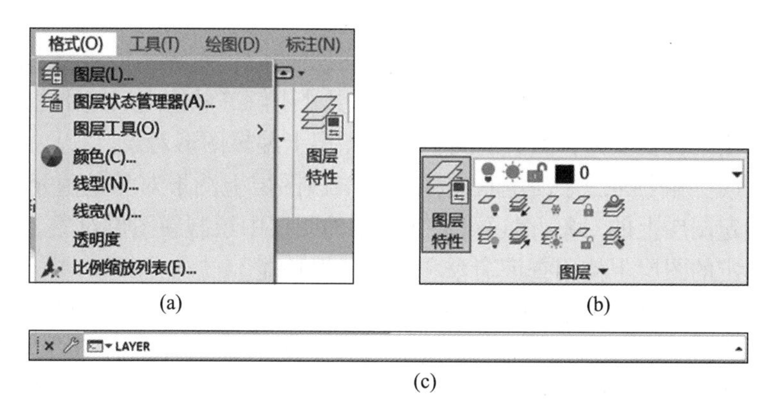

(a)　(b)　(c)

图 7-1　“图层”启动方式

“图层特性管理器”对话框见图 7-2 所示。

图层管理器中的各选项的功能如下：

1. “新建”：新建图层，可为图层起名、设置线型、颜色、线宽等。点击按钮新建图层。

2. “删除”：删除图层。点击按钮删除图层。

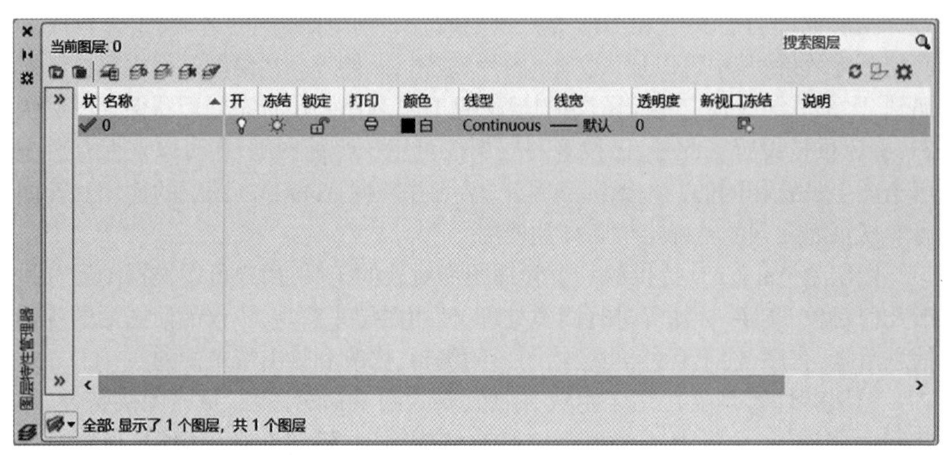


图 7–2　图层特性管理器

3. 外部参照：是指文件之间的一个链接关系，某文件依赖于外部文件的变化而变化。

4. 开关状态：图层处于打开状态时，灯泡为黄色，该图层上的图形可以在显示器上显示，也可以打印；图层处于关闭状态时，灯泡为灰色，该图层上的图形不能显示，也不能打印。

5. 冻结 / 解冻状态：图层被冻结，该图层上的图形对象不能被显示出来，也不能打印输出，而且也不能编辑或修改；图层处于解冻状态时，该图层上的图形能够显示出来，也能够打印，并且可以在该图层上编辑图形对象。

6. 锁定 / 解锁状态：锁定状态并不影响该图层上图形对象的显示，用户不能编辑锁定图层上的对象，但还可以在锁定的图层中绘制新图形对象。此外，还可以在锁定的图层上使用查询命令和对象捕捉功能。

7. 颜色、线型与线宽：单击“颜色”列中对应的图标，可以打开“选择颜色”对话框，选择图层颜色（图 7–3）；单击在“线型”列中的线型名称，可以打开“选择类型”对话框，选择所需的线型（图 7–4）；单击“线宽”列显示的线宽值，可以打开“线宽”对话框，选择所需的线宽（图 7–5）。

【注】不能冻结当前层,也不能将冻结层改为当前层。从可见性来说,冻结的图层与关闭的图层是相同的,但冻结的对象不参加处理过程中的运算,关闭的图层则要参加运算,所以在复杂的图形中冻结不需要的图层可以加快系统重新生成图形的速度。

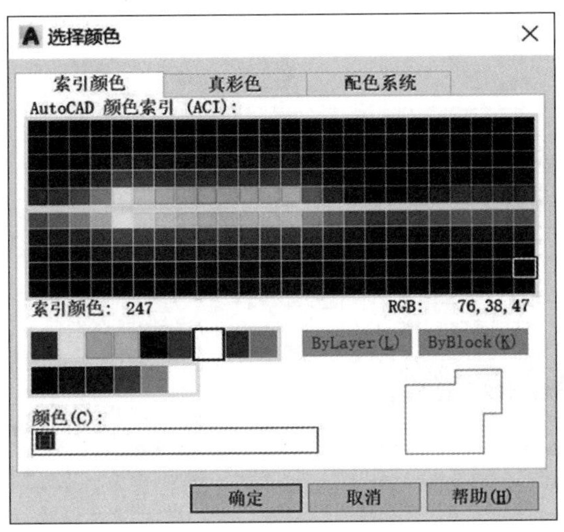


图 7-3　图层颜色修改

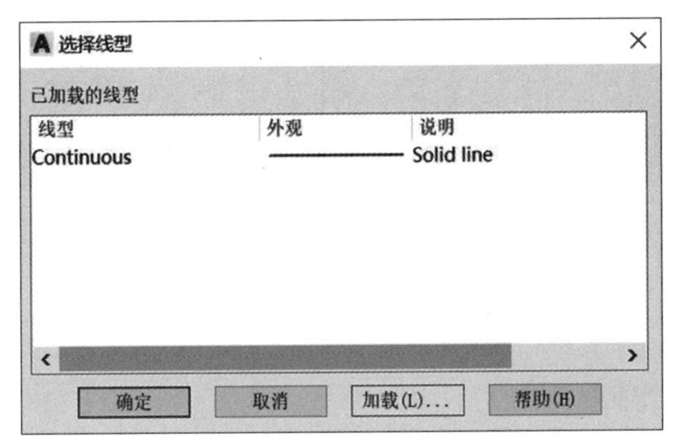


图 7-4　图层线型修改

对象特性包含一般特性和几何特性,一般特性包括对象的颜色、线型、图层及线宽等,几何特性包括对象的尺寸和位置。可以直接在界面左侧"特性"窗口中设置和修改对象的特性,特性对话框见图 7-6。在实际绘图时,为了便于操作,主要通过"图层"工具栏和"对象特性"工具栏实现图层切换,这时只需选择要将其设置为当前层的图层名称即可。

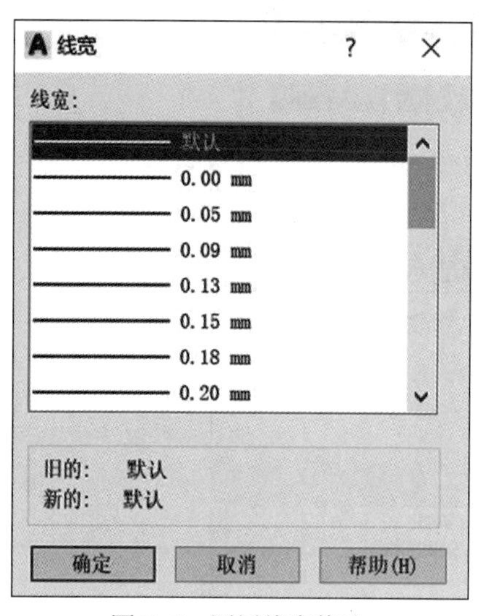


图 7-5　图层线宽修改

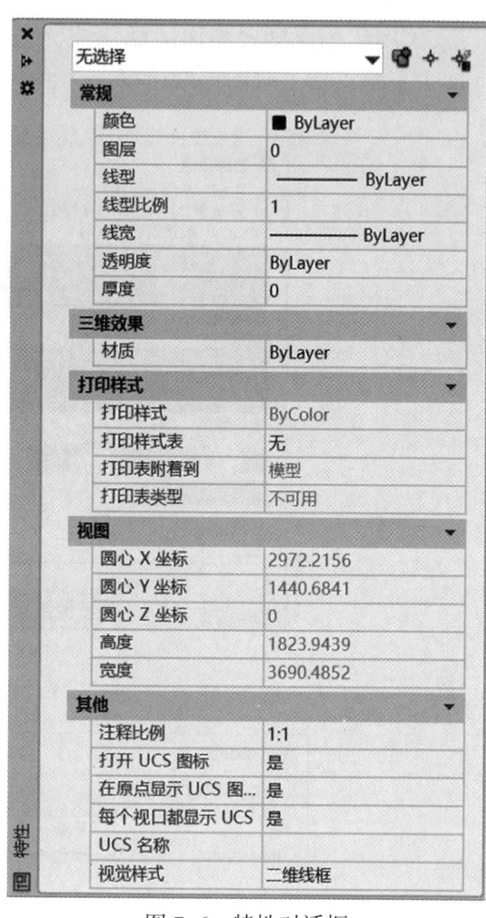


图 7-6　特性对话框

## 课后习题

1. 设置一个辅助线图层。

2. 绘制一个带填充的窗户。

# 第八章　标注的创建与编辑

为直观展现图形尺寸大小，尺寸标注是进行 CAD 图纸绘制时较常使用的功能。尺寸标注应当遵循标准、完整、合理三大原则，即必须符合国家标准；标注尺寸无遗漏；能够加工和测量。标注尺寸需为物体实际尺寸，避免因画图比例的大小而改变物体真实性。目前，AutoCAD 中除平台尺寸标注的基础功能之外，还发展了智能标注、尺寸公差标注、倒角标注、引线标注等功能，为用户提供方便、丰富、完美的尺寸标注功能。

## 第一节　尺寸标注的规则

标注由尺寸界线、尺寸线、标注文字和箭头组成（图 8–1）。在 AutoCAD 中创建标注时，应该注意以下规则：

1. 物体的真实大小应以图样上所标注的尺寸数值为依据，与图形的大小及绘图的准确度无关；

2. 图样中的尺寸以毫米为单位时，不需要标注计量单位的代号或名称；

3. 图样中所标注的尺寸为该图样所表示的物体的最后完工尺寸，否则应另加说明；

4. 物体的每一尺寸，一般只标注一次，并应标注在最后反映该结构最清晰的图形上。

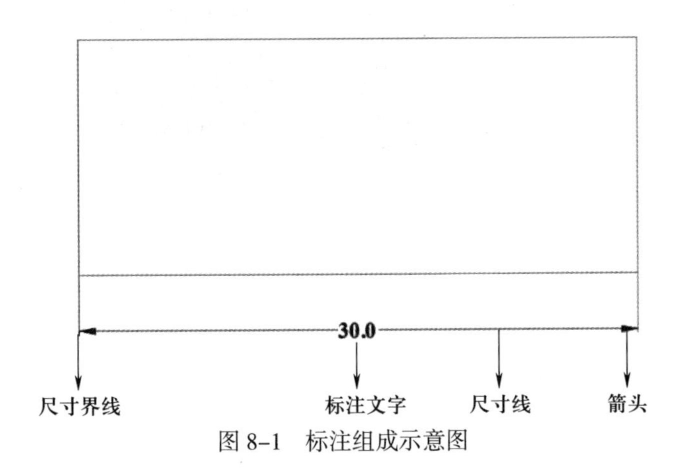


图 8–1　标注组成示意图

# 第二节　创建与设置标注样式

标注样式是标注设置的命名集合，可用来控制标注的外观，如箭头样式、文字位置和尺寸公差等。通过创建和设置标注样式，可以快速指定符合行业或工程标准的标注格式。创建标注时，标注将使用当前标注样式中的设置，标注子样式可为不同的标注类型使用指定的设置。当更改标注样式中的设置后，图形中的所有标注将自动使用更新后的样式。

## 一、标注样式管理器

在标注样式管理器中可以查看当前标注样式，新建、修改、替代、比较标注样式，图形中的所有标注样式都会在“标注样式”下拉列表中列出，可以通过下列方式打开“标注样式管理器”对话框（图 8–2）：

1. 单击菜单栏中的“格式”—“标注样式”或“标注”—“标注样式”；
2. 单击功能区中的“注释”—“标注”—“标注样式”图标；
3. 在命令行中输入“DIMSTYLE”命令或输入“D”快捷命令。

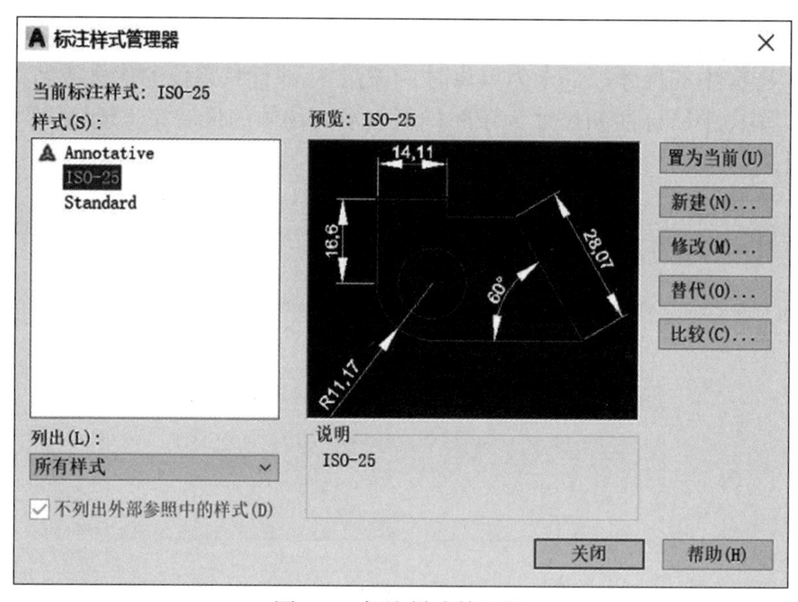


图 8–2　标注样式管理器

## 二、修改标注样式

通过设置标注样式或编辑各标注可以控制标注的外观，标注样式可以快速指定约束，并保持行业或工程标注标准，可以通过下列方式打开“修改标注样式”对话框：

单击“标注样式管理器”—“修改”按钮（图 8–3）。

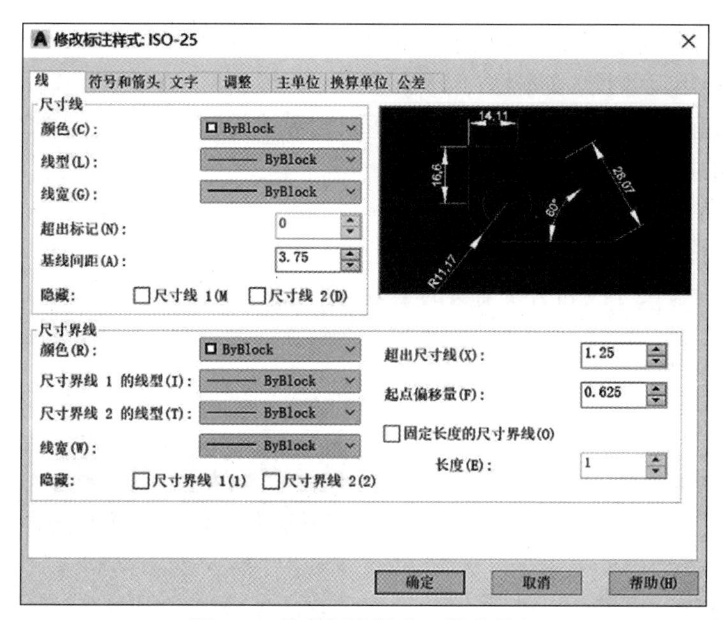


图 8–3　修改标注样式—线选项卡

### （一）尺寸线

尺寸线用细实线绘制，其终端可为箭头或斜线形式，可以设置尺寸线的颜色、线宽、超出标记以及基线间距等属性。

该选项区中各选项含义如下：

1. “颜色”下拉列表框：用于设置尺寸线的颜色；

2. “线宽”下拉列表框：用于设置尺寸线的宽度；

3. “超出标记”微调框：当尺寸线的箭头采用倾斜，建筑标记、小点、积分或无标记等样式时，使用该文体框可以设置尺寸线超出尺寸界线的长度；

4. “基线间距”文本框：进行基线尺寸标注时，可以设置各尺寸线之间的距离；

5. “隐藏”选项区：通过选择“尺寸线 1”或“尺寸线 2”复选框，可以隐藏第一段或第二段尺寸线及其相应的箭头。

### (二) 尺寸界线

尺寸界线用细实线绘制,并由图形的轮廓线、轴线或对称中心线处引出,也可利用轮廓线或中心对称线作尺寸界线,可以设置尺寸界线的颜色、线宽、超出尺寸线的长度和起点偏移量、隐藏控制等属性。

该选项区中各选项含义如下:

1. “颜色”下拉列表框:用于设置尺寸界线的颜色;
2. “线宽”下拉列表框:用于设置尺寸界线的宽度;
3. “超出尺寸线”文本框:用于设置尺寸界线超出尺寸线的距离;
4. “起点偏移量”文本框:用于设置尺寸界线的起点与标注定义的距离;
5. “隐藏”选项区:通过选择“尺寸界线 1”或“尺寸界线 2”复选框,可以隐藏尺寸界线。

### (三) 符号和箭头

可以设置尺寸线和引线箭头的类型及尺寸大小(图 8–4)。

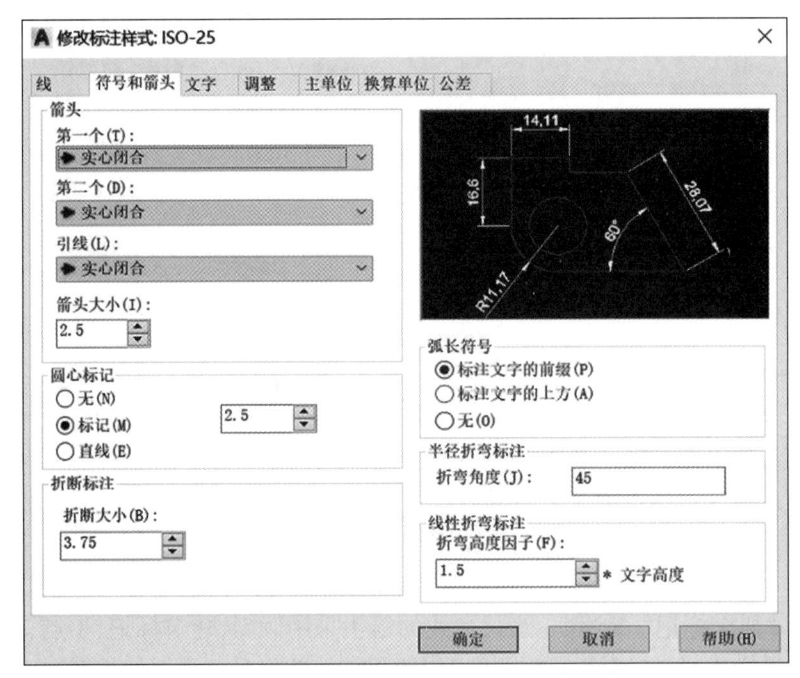


图 8–4 修改标注样式—符号和箭头选项卡

在“圆心标记”选项组中,可以设置圆或圆弧的圆心标记类型,如“标记”“直线”和“无”。其中,选择“标记”选项可对圆或圆弧绘制圆心标记;选择“直线”选项,可对圆或圆弧绘制中心线;选择“无”选项,则没有任何标记。

**(四)“文字”选项卡**

在标注中可以控制用于标注文字的文字样式和格式(图 8-5)。

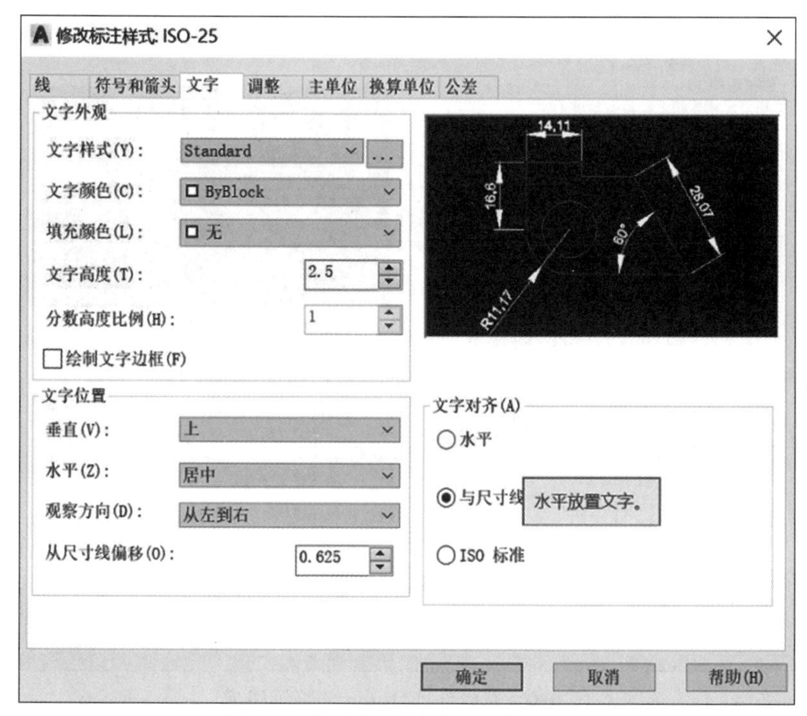


图 8-5　修改标注样式—文字选项卡

**1. 文字外观**

可以在创建标注样式的同时选择文字样式,并指定文字颜色、高度、分数高度比例,以及控制是否绘制文字边框。

该选项区中各选项含义如下:

①“文字样式”下拉列表框:用于选择标注文字的样式。

②“文字颜色”下拉列表框:用于设置标注文字的颜色。

③“文字高度”文本框:用于设置标注文字的高度。

④“绘制文本边框”复选框:用于设置是否给标注文字加边框。

**2. 文字位置**

可以设置文字的垂直、水平位置,以及距尺寸线的偏移量。

**3. 文字对齐**

可以设置标注文字是保持水平还是与尺寸线平行。

### （五）“调整”选项卡

在此选项卡中可以对标注进行调整（图 8–6）。

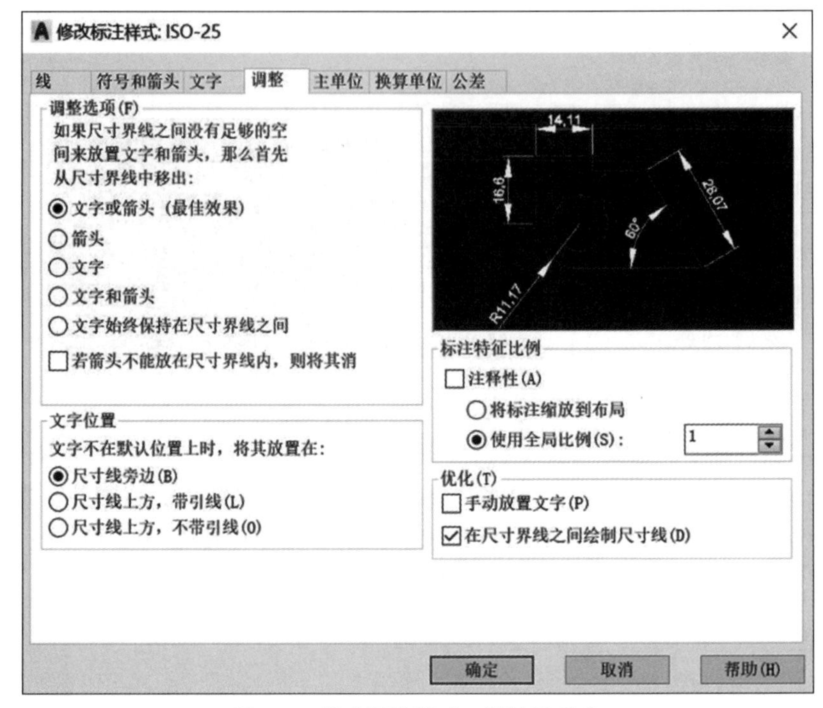


图 8–6　修改标注样式—调整选项卡

1. “调整选项”选项区：可以确定当尺寸界线之间没有足够空间同时放置标注文字和箭头时，应首先从尺寸界线之间移出的对象。

2. “文字位置”选项区：用户可以设置当文字不在默认位置时的位置。

3. “标注特征比例”选项区：可以设置标注尺寸的特征比例，以便通过设置全局比例因子来增加或减少各标注的大小。

### （六）“主单位”选项卡

在此选项卡中可以设置主单位的格式与精度等属性（图 8–7）。

### （七）“换算单位”选项卡

在此选项卡中可以设置换算单位的格式（图 8–8）。

### （八）“公差”选项卡

在此选项卡中可以设置是否标注公差，以及以何种方式进行标注（图 8–9）。

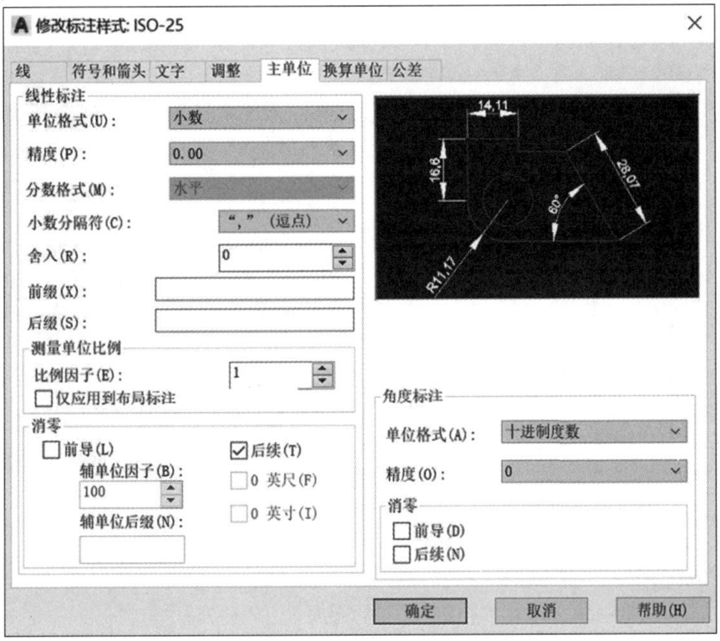

修改标注样式: ISO-25
线　符号和箭头　文字　调整　主单位　换算单位　公差
线性标注
单位格式(U): 小数
精度(P): 0.00
分数格式(M): 水平
小数分隔符(C): "," (逗点)
舍入(R): 0
前缀(X):
后缀(S):
测量单位比例
比例因子(E): 1
仅应用到布局标注
消零
前导(L)
辅单位因子(B):
100
辅单位后缀(N):
后续(T)
0 英尺(F)
0 英寸(I)
14,11
16,6
28,07
60°
R11,17
角度标注
单位格式(A): 十进制度数
精度(O): 0
消零
前导(D)
后续(N)
确定　取消　帮助(H)

图 8–7　修改标注样式—主单位选项卡

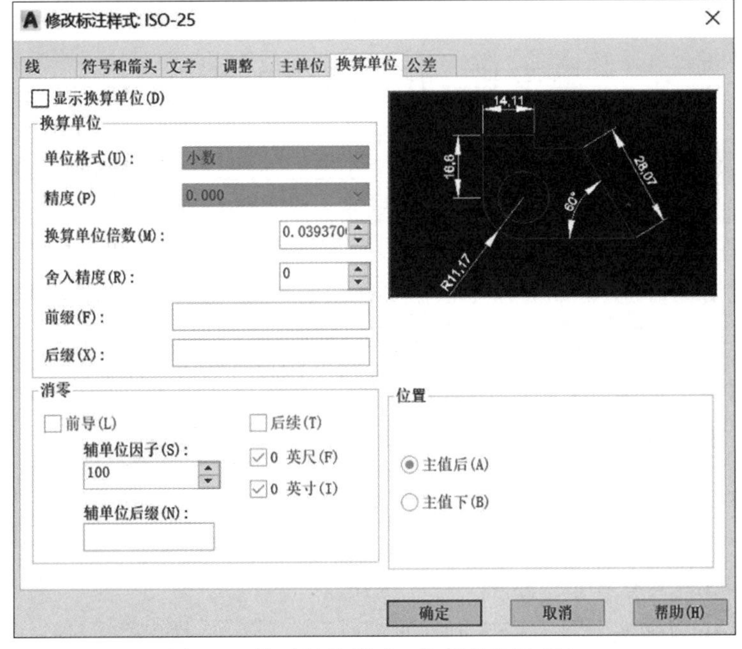


图 8–8　修改标注样式—换算单位选项卡

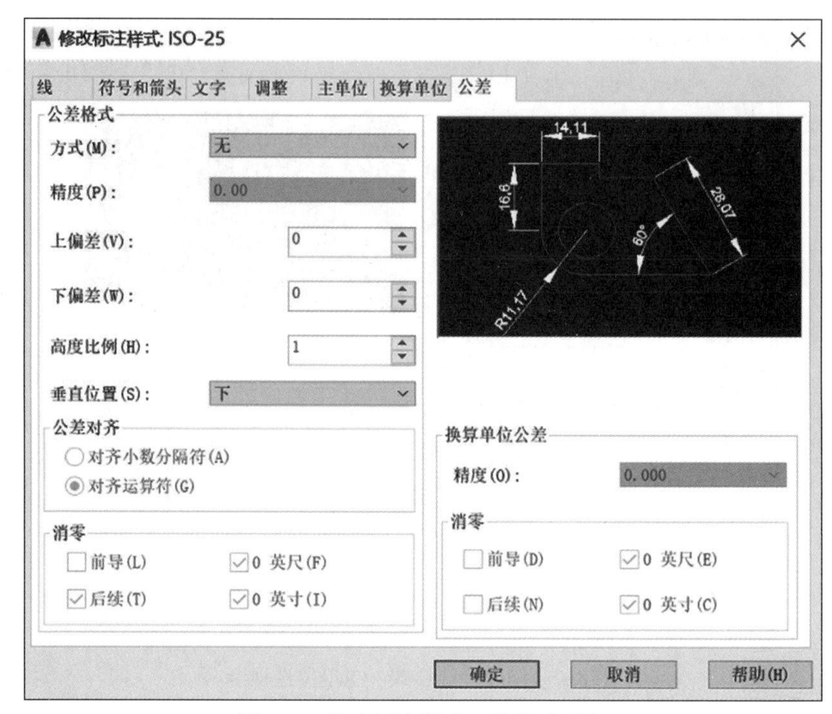


图 8-9 修改标注样式—公差选项卡

# 第三节 尺寸标注的类型

在 CAD 制图过程中,需要对图形尺寸进行标注,可以采用多个方向和对齐方式为各种对象类型创建若干类型的标注。常见的标注类型包括对齐标注、线性标注、基线标注、连续标注、直径标注、角度标注、圆心标记、坐标标注和快速标注。通常情况下,使用 BIM 命令根据要标注的对象类型自动创建标注。在特殊情况下,也可以通过设置标注样式或编辑各标注来控制标注的外观。通过设置标注样式能够快速指定约束,并保持行业或工程标注标准。

## 一、对齐标注

对齐标注为与尺寸界线的原点对齐的线性标注,可以通过下列方式创建对齐标注:

1. 单击菜单栏中的“标注”—“对齐”;

2. 单击功能区中的“注释”—“标注”—“对齐”图标;

3. 在命令行中输入“DIMALIGNED”命令或输入“DAL”快捷命令。

具体操作步骤如下：

(1) 对于指定物体，在指定尺寸位置之前，可以编辑文字或修改文字角度；

(2) 如要使用多行文字，可输入 M(多行文字)，在多行文字编辑器中修改文字然后单击确定；

(3) 如要使用单行文字，可输入 T(文字)，修改命令行上的文字，然后确定；

(4) 如要旋转文字，可输入 A(角度)，然后输入文字角度；

(5) 指定尺寸线的位置。

【注】创建线性标注的方法同创建对齐标注的方法相同。

## 二、基线标注

基线标注是自同一基线处测量的多个标注。在创建基线前，必须创建线性、对齐或角度标注，可以通过下列方式创建基线标注：

1. 单击菜单栏中的“标注”—“基线”；

2. 单击功能区中的“注释”—“标注”—“基线”图标；

3. 在命令行中输入“DIMBASELINE”命令或输入“DBA”快捷命令。

具体操作步骤如下：

(1) 使用对象捕捉选择第二条尺寸界线原点，或按 Enter 键选择任意标注作为基准标注；

(2) 使用对象捕捉指定下一个尺寸界线原点；

(3) 根据需要可继续选择尺寸界线原点；

(4) 按两次 Enter 键结束命令。

【注】基线标注必须借助于线性标注或对齐标注；连续标注必须借助于线性标注和对齐标注，不能单独使用。

## 三、连续标注

连续标注适用于对图形中首尾相接的部分或多段尺寸进行一系列尺寸标注，避免重复使用标注命令，可以通过下列方式创建连续标注：

1. 单击菜单栏中的“标注”—“连续”；

2. 单击功能区中的“注释”—“标注”—“连续”图标；

3. 在命令行中输入“DIMCONTINUE”命令或输入“DCO”快捷命令。

具体操作步骤如下：

(1) 使用现有标注的第二条尺寸界线的原点作为第一条尺寸界线的原点；

(2) 使用对象捕捉指定其他尺寸界线原点；

(3) 按两次 Enter 键结束命令。

## 四、直径标注

直径标注对圆或圆弧的直径进行标注，可以通过下列方式创建直径标注：

1. 单击菜单栏中的“标注”—“直径”；
2. 单击功能区中的“注释”—“标注”—“直径”图标；
3. 在命令行中输入“DIMDIAMETER”命令或输入“DDI”快捷命令。

具体操作步骤如下：

(1) 选择要标注的圆或圆弧；

(2) 根据需要输入选项：如要编辑标注文字内容，可输入 T(文字)或 M(多行文字)。如要改变标注文字角度，可输入 A(角度)；

(3) 指定引线的位置。

【注】创建半径标注的步骤同创建直径标注的步骤相同。

## 五、角度标注

角度标注对两个选定几何对象或三个点之间的角度进行标注，可以通过下列方式创建角度标注：

1. 单击菜单栏中的“标注”—“角度”；
2. 单击功能区中的“注释”—“标注”—“角度”图标；
3. 在命令行中输入“DIMANGULAR”命令或输入“DAN”快捷命令。

具体操作步骤如下：

(1) 如要标注圆，可在角的第一端点选择圆，然后指定角的第二端点；

(2) 如要标注其他对象，可选择第一条直线，然后选择第二条直线(图 8-10)；

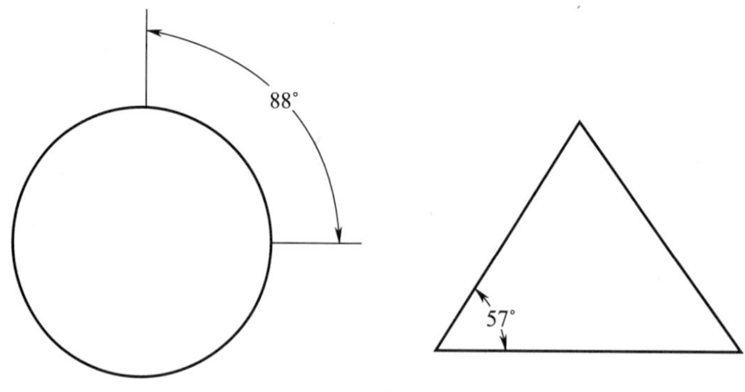


图 8-10 角度标注

(3) 如要编辑标注文字内容,可输入 T(文字)或 M(多行文字)。在括号内编辑或覆盖括号( < > )将修改或删除 AutoCAD 计算的标注值。通过在括号前后添加文字可以在标注值前后附加文字;

(4) 如要编辑标注文字角度,可输入 A(角度)。

### 六、圆心标记

圆心标记可标注圆、圆弧的圆心位置,可以通过下列方式创建圆心标注:

1. 单击菜单栏中的“标注”—“圆心标记”;
2. 单击功能区中的“注释”—“中心线”—“圆心标记”图标;
3. 在命令行中输入“DIMCENTER”命令或输入“DCE”快捷命令。

### 七、坐标标注

坐标标注可用来测量从原点(基准)到要素(例如部件上的一个孔)的水平距离和垂直距离,通过保持特征与基准点之间的精确偏移量以避免误差增大,横向标注是 Y 轴坐标值,纵向标注是 X 轴坐标值,可以通过下列方式创建坐标标注:

1. 单击菜单栏中的“标注”—“坐标标注”;
2. 单击功能区中的“注释”—“中心线”—“坐标”图标;
3. 在命令行中输入“DIMORDINATE”命令或输入“DOR”快捷命令。

### 八、快速标注

快速标注可以从选定对象中快速创建标注布局,尤其适用于创建系列基线或连续标注或为一系列圆或圆弧创建标注,可以通过下列方式创建快速标注:

1. 单击菜单栏中的“标注”—“快速标注”;
2. 单击功能区中的“注释”—“标注”—“快速”图标;
3. 在命令行中输入“QDIM”命令。

## 第四节　形 位 公 差

形位公差即形状位置公差,在机械图中极为重要。一方面,如果形位公差不能完全控制,装配件就不能装配;另一方面,过度吻合的形位公差又会由于额外的制造费用而造成浪费。但在大多数的建筑图形中,形位公差几乎不存在。

形位公差的符号如图 8-11 所示。

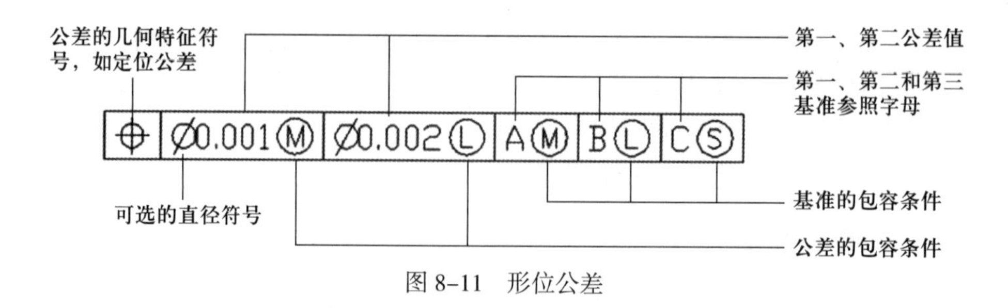


图 8-11 形位公差

形位公差表示特征的形状、轮廓、方向、位置和跳动的允许偏差，包括形状公差和位置公差。可以通过特征控制框来添加形位公差，具体可通过下列方式打开形位公差对话框：

1. 单击菜单栏中的“标注”—“公差”；
2. 单击功能区中的“注释”—“标注”—“公差”图标；
3. 在命令行中输入“TOLERANCE”命令或输入“TOL”快捷命令。

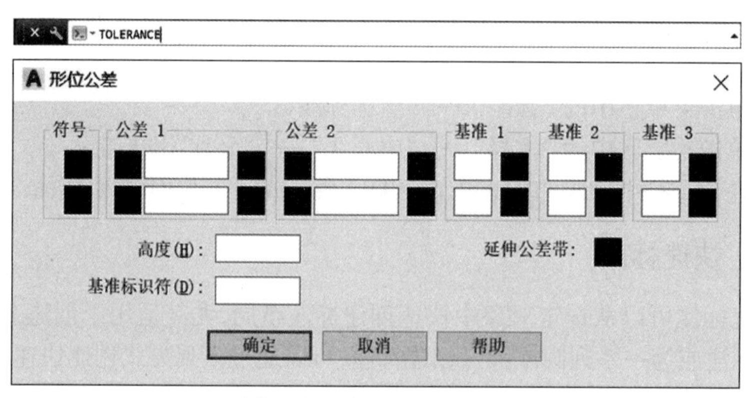


图 8-12 形位公差对话框

在形位公差中，特征控制框至少包含几何特征符号和公差值两部分，各组成部分的意义如下：

1. 几何特征：用于表明位置、同心度或共轴性、对称性、平行性、垂直性、角度、圆柱度、平直度、圆度、直度、面剖、线剖、环形偏心度及总体偏心度等。

2. 公差值：用于指定特征的整体公差的数值。

3. 包容条件：用于大小可变的几何特征，有Ⓜ、Ⓛ、Ⓢ和空白四个选择，其中Ⓜ表示最大包容条件，几何特征包含规定极限尺寸内的最大容量，Ⓛ表示最小包含条件，几何特征包含规定有限尺寸内的最小包含量，Ⓢ表示不考虑特征尺寸，这时几何特征可能是规定极限尺寸内的任意大小。

4. 基准：特征控制框中的公差值，最多可跟随三个可选的基准参照字母及其修饰符号（图 8-13）。

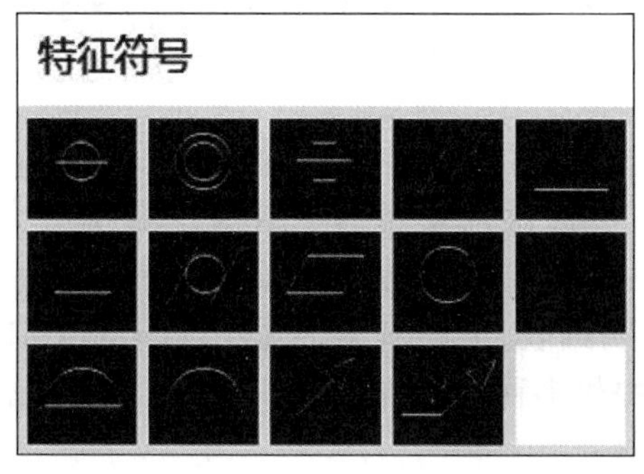


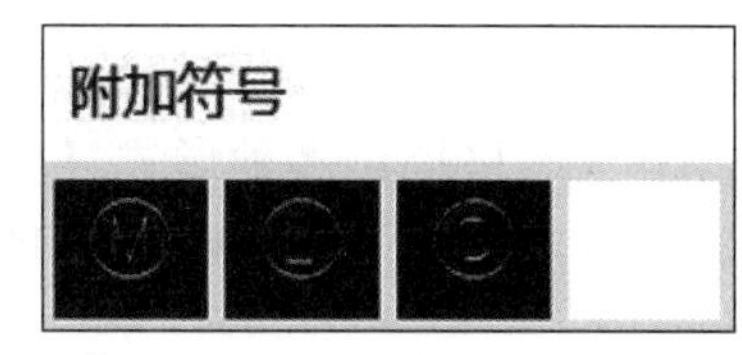


图 8-13　形位公差

5. 编辑标注：可以编辑已有标注的标注文字内容和放置位置。

（1）“默认”：选择该选项，并选择尺寸对象，可以按默认位置及方向放置尺寸文字。

（2）“新建”：可以修改尺寸对象，此时系统将显示“文字格式”工具栏和文字输入窗口，修改或输入尺寸文字后，选择需要修改的尺寸对象即可。

（3）“旋转”：可以将尺寸文字旋转一定的角度。

（4）“倾斜”：可以使非角度标注的尺寸界线倾斜一个角度。

## 课后习题

1. 绘制扳手图形并对图形进行标注。

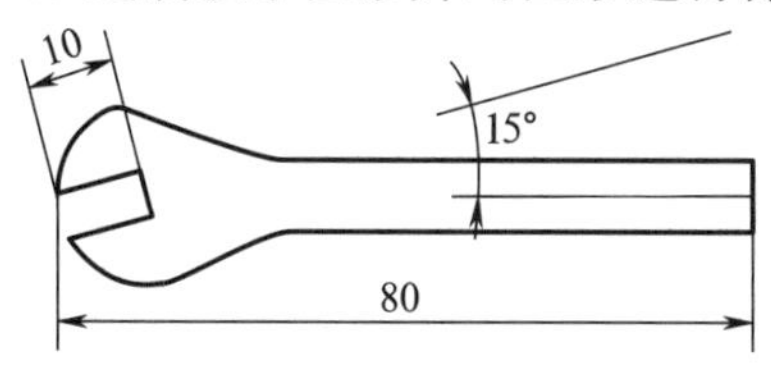


2. 在标注样式中的文字样式里，设置字体为 hztxt.shx。

# 第九章　文字、表格与打印

一张CAD图纸中，除图形外，文字是辅助图形注释的另一种基础元素。AutoCAD为文字写入提供多种方法，包括设置文字基本形状、文字显示特性等。同时，为展示图纸的相关数据以及信息，表格是CAD绘制中的常用工具，AutoCAD为表格提供多种形式，包括明细表、工序卡等。此外，打印是CAD图纸输入的基本操作，AutoCAD为打印提供多种功能，包括批量打印、打印样式设置等。

## 第一节　文　　字

图形设计中通常需要文字注释，AutoCAD为文字写入提供多种方法，其中，文字样式可控制文字基本形状，文本编辑可控制文字显示特性，可根据需要选用。

### 一、启动方式

可以通过下列方式启动“文字样式”命令：

1. 单击菜单栏中的“格式”—“文字样式”；
2. 单击功能区中的“默认”—“绘图”—“文字”—“文字样式”图标A；
3. 在命令行中输入“STYLE”命令或输入“ST”快捷命令；

可以通过下列方式启动“文字编辑”命令：

1. 单击菜单栏中的“修改”—“对象”—“文字”—“编辑”；
2. 在命令行中输入“TEXTEDIT”命令或输入“ED”快捷命令。

### 二、选项说明

1. “字体”：确定字体样式、字体文件、字体风格等；
2. “样式”：用于命名新样式或对已有样式进行相关操作；
3. “大小”：设置文字高度；
4. “效果”：将文字颠倒标注、反向标注、水平标注、垂直标注，确定文本字符的宽度因子（宽高比），确定文字的倾斜角度（图9-1）。

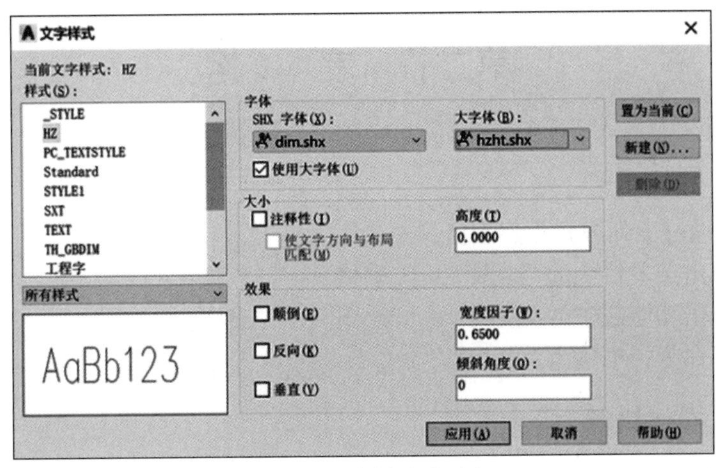


图 9–1　文字样式选项卡

## 三、操作执行

### 1. 绘制方式

(1) 直接在绘图工具栏上点击文字按纽 A；

(2) 在绘图菜单下单击文字命令；

(3) 在命令栏中直接输入快捷键 T。

### 2. 绘制文字的步骤

(1) 在命令栏中输入文字的快捷键 L；

(2) 输入文字时，要用鼠标左键画出文字所在的范围。在其对话框中可以设置字体，颜色等。

【注】修改文字的快捷键为 ED，或双击也可以对它进行修改，当文字出现“？”时，说明字体不对或者没有字体名(格式 ---- 文字样式 ----- 字体名)。要选择正确的字体，有 @ 的不可用。还可以使用文字控制符(表 9–1)。

**表 9–1　常用文字控制符**

| 控制符 | 功能 |
| --- | --- |
| %%O | 打开或关闭文字上划线 |
| %%U | 打开或关闭文字下划线 |
| %%D | 标注度(°)符号 |
| %%P | 标注正负公差(±)符号 |
| %%C | 标注直径($\varphi$)符号 |

# 第二节 表 格

## 一、启动方式

可以通过下列方式创建表格:

1. 单击菜单栏中的“绘图”—“表格”;
2. 单击功能区中的“默认”—“绘图”—“表格”图标;
3. 在命令行中输入“TABLE”命令。

## 二、操作执行

1. 创建表格:在命令栏中输入“TABLE”命令;
2. 定义表格样式:在命令栏中输入“TABLESTYLE”命令;
3. 表格文字编辑:在命令栏中输入“TABLEDIT”命令。

# 第三节 打 印

通常在 AutoCAD 中完成绘图后需要打印输出。打印的图形可以包含图形的单一视图,或者更为复杂的视图排列。根据不同的需要,可以打印一个或多个视口,或设置选项以决定打印的内容和图像在图纸上的布置。

## 一、打印样式设置

打印样式的设置可以控制颜色、线型、填充样式等打印特性。具体可通过单击菜单栏中的“文件”—“打印样式”(图 9-2)打开“打印样式管理器”。任意打开一个打印样式表文件(如 acad.ctb),弹出“打印样式表编辑器”,即可设置颜色、淡显、线型、线宽、端点、填充等特性设置(图 9-3)。

## 二、打印输出

完成打印样式设置后,即可进行打印输出设置。这一步可设置页面名称、图纸尺寸、打印区域、打印比例等。具体可通过单击菜单栏中的“文件”—“打印”(图 9-4)打开打印对话框进行设置。在打印输出图形之前可以预览输出结果,以检查设置是否正确。例如,图形是否都在有效输出区域内等。选择“文件”—“打印预览”命令(PREVIEW),或在“标准”工具栏中单击“打印预览”按钮,可以预览输出结果。

Plot Styles

| 名称 | 修改日期 | 大小 | 种类 |
|---|---|---|---|
| acad.ctb | 2021/7/20 上午9:33 | 4 KB | Plot St...File CTB |
| acad.stb | 2021/7/20 上午9:33 | 442字节 | Plot St...File STB |
| Autodesk-Color.stb | 2021/7/20 上午9:33 | 617字节 | Plot St...File STB |
| Autodesk-MONO.stb | 2021/7/20 上午9:33 | 636字节 | Plot St...File STB |
| DWF Virtual Pens.ctb | 2021/7/20 上午9:33 | 6 KB | Plot St...File CTB |
| Fill Patterns.ctb | 2021/7/20 上午9:33 | 4 KB | Plot St...File CTB |
| Grayscale.ctb | 2021/7/20 上午9:33 | 4 KB | Plot St...File CTB |
| monochrome.ctb | 2021/7/20 上午9:33 | 4 KB | Plot St...File CTB |
| monochrome.stb | 2021/7/20 上午9:33 | 455字节 | Plot St...File STB |
| Screening 25%.ctb | 2021/7/20 上午9:33 | 4 KB | Plot St...File CTB |
| Screening 50%.ctb | 2021/7/20 上午9:33 | 4 KB | Plot St...File CTB |
| Screening 75%.ctb | 2021/7/20 上午9:33 | 4 KB | Plot St...File CTB |
| Screening 100%.ctb | 2021/7/20 上午9:33 | 4 KB | Plot St...File CTB |

图 9-2　打印样式管理器

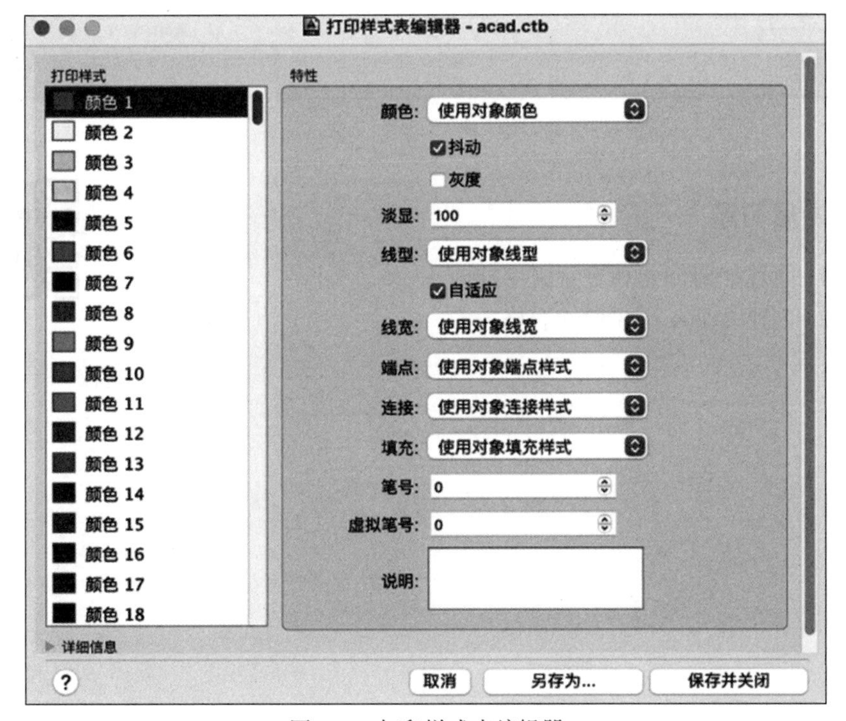


图 9-3　打印样式表编辑器

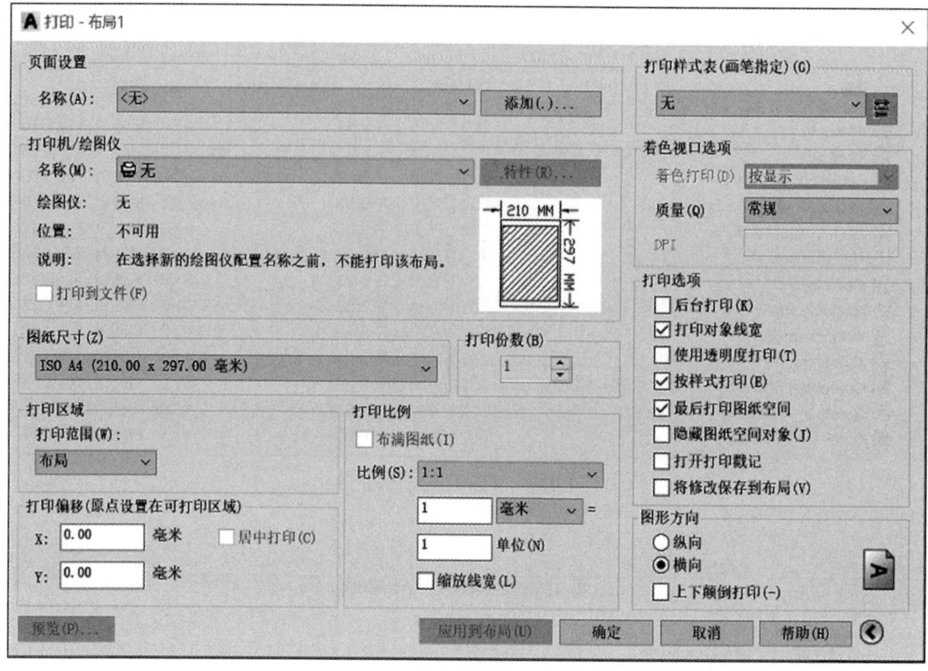


图 9–4 打印对话框

## 课后习题

1. 简述如何创建和更正文字样式。
2. 创建一个 4 行 3 列的表格。

# 第十章　三维图形绘制

在工程设计和绘图过程中，三维图形的应用越来越广泛。通过使用三维建模软件，设计师可以更加方便、快捷地创建三维模型，从而更好地理解和展示设计概念。AutoCAD 提供为创建三维模型提供了 3 种方式，包括线架模型方式、曲面模型方式和实体模型方式。本章围绕四窗口视图、消隐图形、图形着色（包括整体着色、面着色、边着色等）、三维曲面绘制（包括直接绘制、二维绘制等）、三维实体编辑等详细介绍了绘制三维图形的基本概念及操作执行。

## 第一节　四窗口视图

通过四窗口视图，可在四个相等视图内通过俯视、仰视、前视、后视、左视、右视和等轴侧等角度观察三维对象。

可通过下列方式修改视口：

1. 在功能框“模型视口”单击“视口配置”，选择四个相等视图；

2. 单击窗口左上角视口控件“-”—“视口配置列表”，选择四个相等视图（图 10-1）；

3. 点击菜单栏“视图”—“视口”，选择四个视口（图 10-2）。

单击窗口左上角视口控件“-”—“视口配置列表”—“配制”，可进行每个窗口的独立设置。

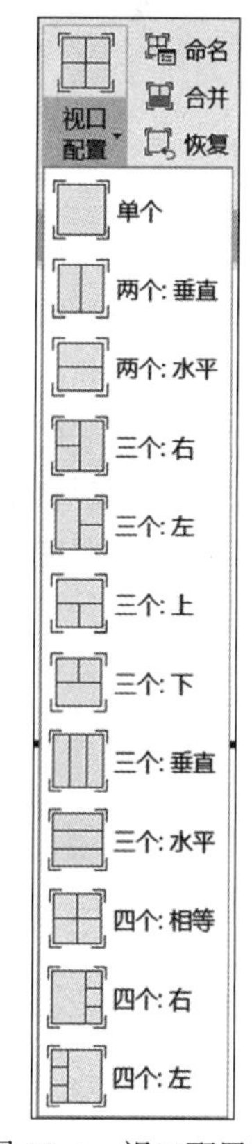


图 10-1　视口配置框

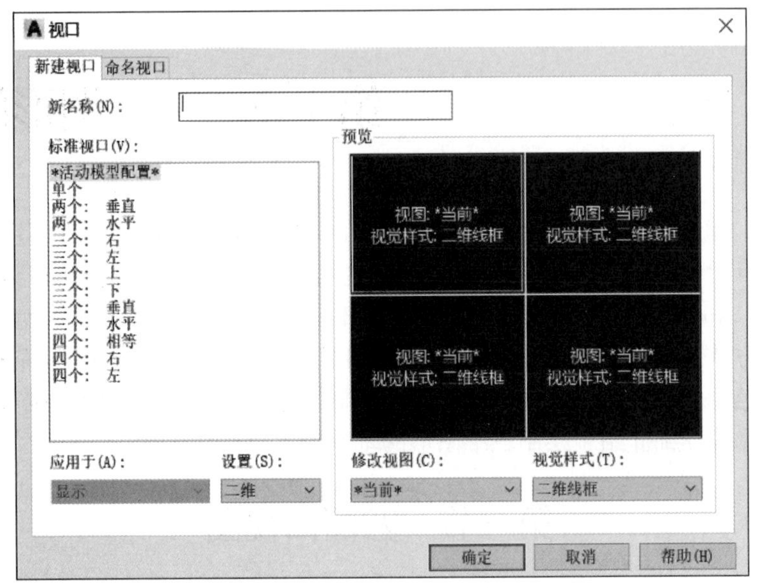


图 10-2 视口对话框

# 第二节 消隐图形

在绘制三维曲面及实体时,为了更好地观察效果,暂时隐藏位于实体背后而被遮挡的部分。

可通过下列方式消隐图形:

1. 选择菜单栏“视图”—“消隐”(HIDE);
2. 选择“可视化”—“视觉样式”—“隐藏”(图 10-3)。

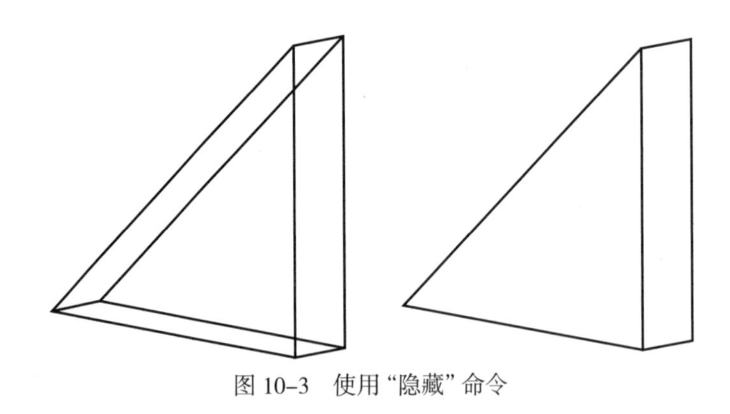

图 10-3 使用“隐藏”命令

# 第三节　图 形 着 色

在 AutoCAD 中，可对三维图形的面和边可进行自定义着色。

## 一、整体着色

双击三维图形，显示三维对象的颜色及尺寸特征，点击“颜色”按钮进行图形颜色的选择。如图 10–4 所示，以楔形三维体为例。其中，点击选项框右上角“自定义”图标，进入自定义用户界面，可进行实体常规显示设置（图 10–5）。

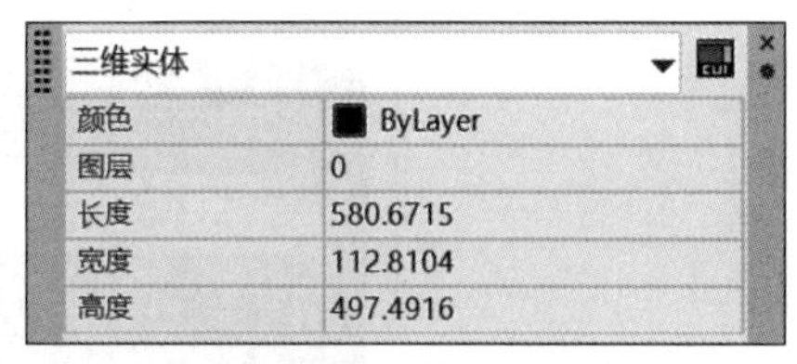


图 10–4　实体常规尺寸

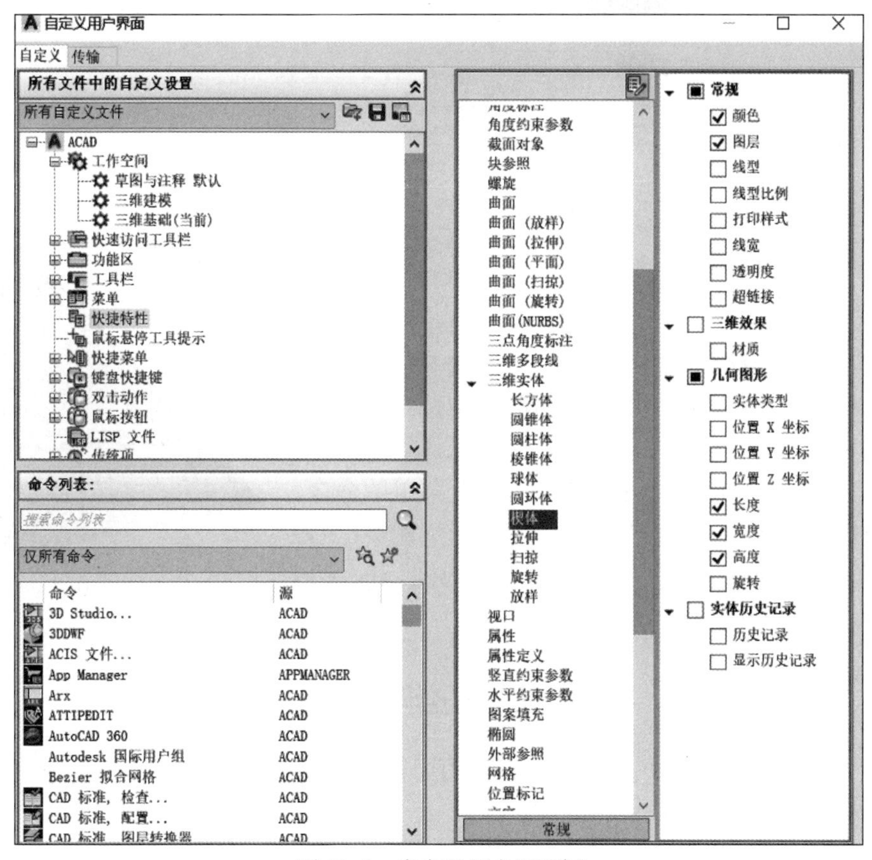


图 10–5　自定义用户界面框

## 二、面着色

单击菜单栏“修改”—“实体编辑”—“着色面”,选择三维图形需要着色的面,按 Enter 键进行确认(或右击点击确认),在索引颜色中选择颜色(图 10–6)。

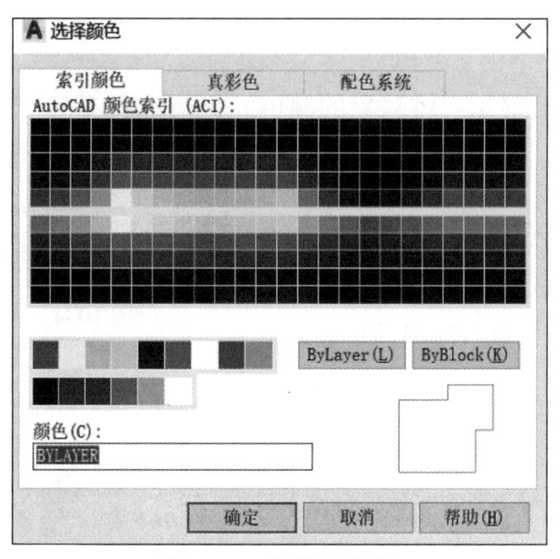


图 10–6 选择颜色框

## 三、边着色

单击菜单栏“修改”—“实体编辑”—“着色边”,选择三维图形需要着色的线条,按 Enter 键进行确认(或右击点击确认),在索引颜色中选择颜色(同面着色操作)(图 10–7)。

图 10–7 使用“着色”命令

在 AutoCAD 中,选择“视觉样式”菜单的命令,可生成“二维线框”“概念”“隐藏”“真实”“着色”“带边缘着色”“灰度”“勾画”“线框”和“X 射线”等多种视图。

# 第四节 三维曲面绘制

## 一、直接绘制

在 AutoCAD 中,使用“绘图”—“建模”子菜单中的命令,或使用菜单栏

“默认”—“创建”工具栏，可以绘制长方体、球体、圆柱体等基本实体模型（图 10–8）。

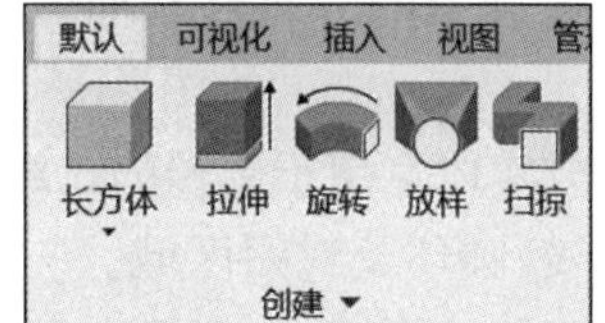

图 10–8　“创建”三维体

1. 选择“绘图”—“建模”—“长方体”命令（BOX），或在“创建”工具栏中单击“长方体”按钮，都可以绘制长方体，此时命令行显示如下提示：指定长方体的角点或［中心点（CE）］<0,0,0>，在创建长方体时，其底面应与当前坐标系的 XY 平面平行，方法主要有指定长方体角点和中心两种。

2. 选择“绘图”—“建模”—“楔体”命令（WEDGE），或在“创建”工具栏中单击“楔体”按钮，都可以绘制楔体。由于楔体是长方体沿对角线切成两半后的结果，因此可以使用与绘制长方体同样的方法来绘制楔体。

3. 选择“绘图”—“建模”—“圆柱体”命令（CYLINDER），或在“创建”工具栏中单击“圆柱体”按钮，可以绘制圆柱体或椭圆柱体。

4. 选择“绘图”—“建模”—“圆锥体”命令（CONE），或在“创建”工具栏中单击“圆锥体”按钮，即可绘制圆锥体或椭圆锥体。

5. 选择“绘图”—“建模”—“球体”命令（SPHERE），或在“创建”工具栏中单击“球体”按钮，都可以绘制球体（图 10–9）。

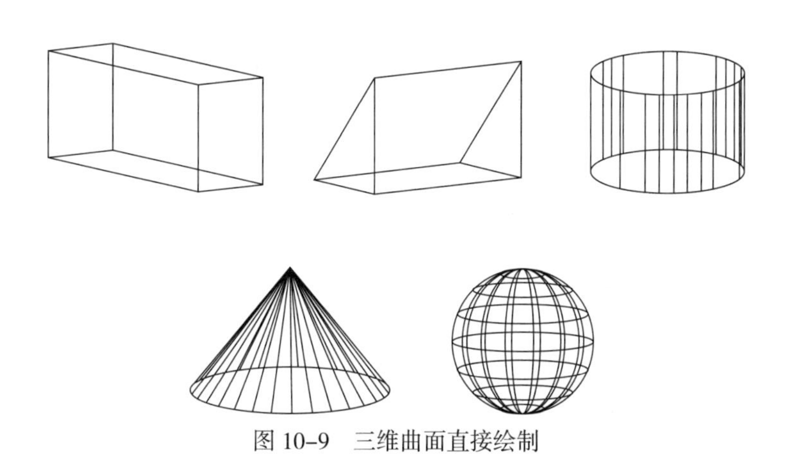
图 10–9　三维曲面直接绘制

## 二、二维绘制

在 AutoCAD 中，使用“绘图”—“建模”—“曲面”子菜单中的命令，或选择用“创建”工具栏，以二维界面创建三维实体。

1. 选择“绘图”—“建模”—“拉伸”命令，可以将 2 维对象沿 Z 轴或某个方向拉伸成实体。拉伸对象被称为断面,可以是任何 2 维封闭多段线、圆、椭圆、封闭样条曲线和面域。

2. 选择“绘图”—“建模”—“旋转”命令,将二维对象绕某一轴旋转生成实体。用于旋转的二维对象可以是封闭多段线、多边形、圆、椭圆、封闭样条曲线、圆环及封闭区域。三维对象、包含在块中的对象、有交叉或自干涉的多段线不能被旋转,而且每次只能旋转一个对象。

3. 选择“绘图”—“建模”—“扫掠”命令,通过沿路径扫掠二维或三维曲线来创建三维实体或曲面。扫掠对象会自动与路径对象对齐。使用 SURFACEMODELINGMODE 设定 SWEEP 是创建程序曲面还是 NURBS 曲面。

4. 选择“绘图”—“建模”—“放样”命令,在数个横截面之间的空间中创建三维实体或曲面。放样横截面可以是开放或闭合的平面或非平面,也可以是边子对象。开放的横截面用于创建曲面,闭合的横截面用于创建实体或曲面(具体取决于指定的模式)。

# 第五节 三维实体编辑

## 一、三维实体的布尔运算

在 AutoCAD 中,可以在“实体”—“布尔值”子菜单中对三维实体进行并集、差集、交集布尔运算来创建复杂实体(图 10-10)。

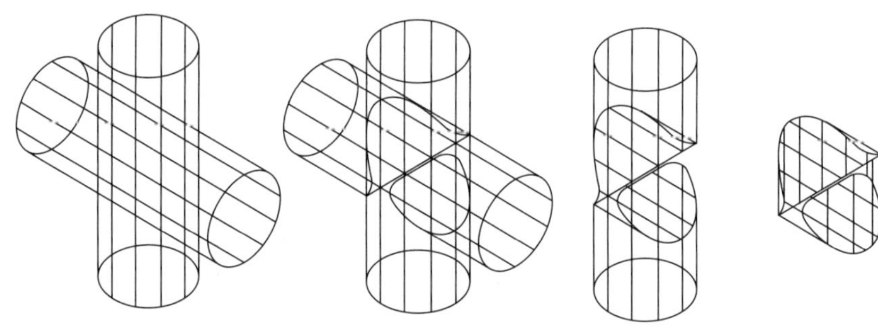

图 10-10 三维实体的布尔运算

1. 并集运算:并集是指将两个实体所占的全部空间作为新物体,可以将两个或多个三维实体、曲面或二维面域合并为一个组合三维实体、曲面或面域。且必须选择类型相同的对象进行合并。选择“修改”—“实体编辑”—“并集”命令(UNION),或在“编辑”工具栏中单击“并集”按钮,可以实现并集运算。

2. 差集运算：指 A 物体在 B 物体上所占空间部分清除，形成的新物体（A–B 或 B–A），选择要保留的对象，按 Enter 键，然后选择要减去的对象。选择“修改”—“实体编辑”—“差集”命令（SUBTRACT），或在“编辑”工具栏中单击“差集”按钮，可以实现差集运算。

3. 交集运算：通过拉伸二维轮廓后使它们相交，并把两个实体的公共部分作为新物体，从而高效地创建复杂模型。选择“修改”—“实体编辑”—“交集”命令（INTERSECT），或在“编辑”工具栏中单击“交集”按钮，可以实现交集运算。

## 二、编辑三维对象

在 AutoCAD 中，选择“修改”—“三维操作”子菜单中的命令，可以对三维空间中的对象进行阵列、镜像、旋转及对齐操作。

1. 选择“修改”—“三维操作”—“三维阵列”命令（3DARRAY），可以在三维空间中使用环形阵列或矩形阵列方式复制对象。

2. 选择“修改”—“三维操作”—“三维镜像”命令（MIRROR3D），可以在三维空间中将指定对象相对于某一平面建立镜像。执行该命令并选择需要进行镜像的对象，然后指定镜像面。镜像面可以通过三点确定，也可以是对象、最近定义的面、Z 轴、视图、XY 平面、YZ 平面和 ZX 平面。

3. 选择“修改”—“三维操作”—“三维旋转”命令（ROTATE3D），可以使对象绕三维空间中任意轴（X 轴、Y 轴或 Z 轴）、视图、对象或两点旋转，其方法与三维镜像图形的方法相似。

4. 选择“修改”—“三维操作”—“对齐”命令（ALIGN），可以对齐对象。对齐工具可以指定一对、两对或三对源点和目标点，从而使对象通过移动、旋转、倾斜或者缩放移动到目标对象上。对齐对象时需要确定三对点，每对点都包括一个源点和一个目的点。第一对点定义对象的移动，第二对点定义二维或三维变换和对象的旋转，第三对点定义对象不明确的三维变换。

5. 选择“修改”—“三维操作”—“三维移动”命令（3DMOVE），可使三维对象从原位置复制到空间任意位置。

6. 选择“修改”—“三维操作”—“三维对齐”命令（3DALIGN），三维对齐操作是指最多用三个点以定义源平面，然后指定最多三个点以定义目标平面，从而获得三维对齐效果。

# 第六节 渲染工具栏

渲染模型的步骤如下：

(1) 打开模型的三维视图。

(2) 选择“可视化”—“视觉样式”—“真实”命令或单击“视图”—“视觉样式”—“真实”,将指定对象转换成实体(图 10–11)。

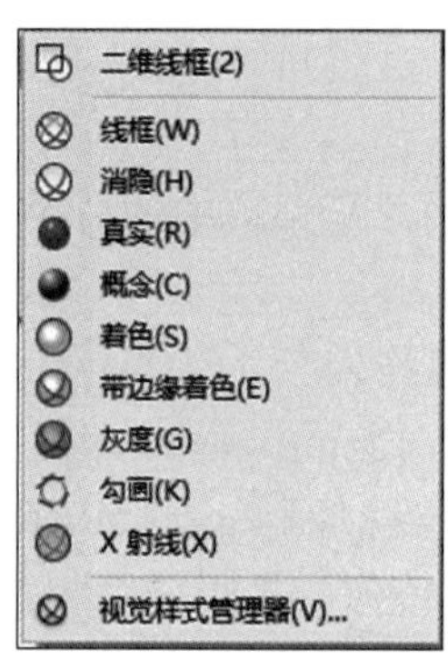


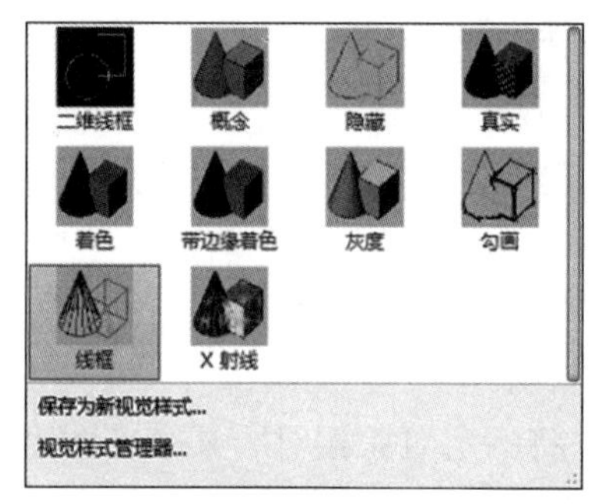


图 10–11 “视觉样式”对话框

(3) 选择菜单中“视图”—“渲染”命令或选择“可视化”—“渲染”,在对话框里对时间和光源等信息进行选择(图 10–12)。

① 点击对话框右上角“渲染”图标。

② 在渲染对象时,使用材质可以增强模型的真实感。在 AutoCAD 中,系统预定义了多种材质,可以将它们应用于三维实体模型中。要打开材质库,可选择“材质”—“材质浏览器”按钮(图 10–13)。

③ 在输入或输出材质之前,请选择“预览”以从样本图像中的小球体或立方体上查看材质的渲染情况。

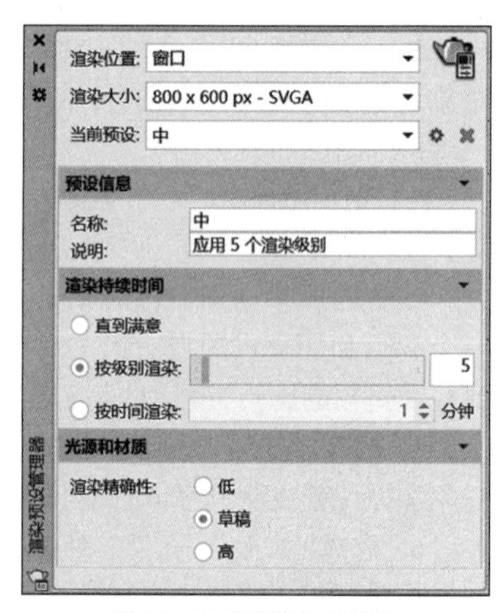


图 10–12 “渲染”对话框

④ 要向图形中的材质列表中添加材质,请在“当前库”下从材质库列表中选择一种材质,然后选择“输入”。

⑤ 要从图形中向材质浏览器输出材质,请在“当前图形”下的列表中选择一种材质,然后选择“输出”。

⑥ 要将当前图形中的材质保存到一个已命名的材质库(MLI)文件中,以便和其他图形一起使用这些材质,请在“当前库”下选择“保存”。

⑦ 选择“确定”。

【注】选择的材质将出现在“当前图形”下的列表中。输入材质可将该材质及其参数复制到图形的材质列表中,材质并不会从浏览器中删除。

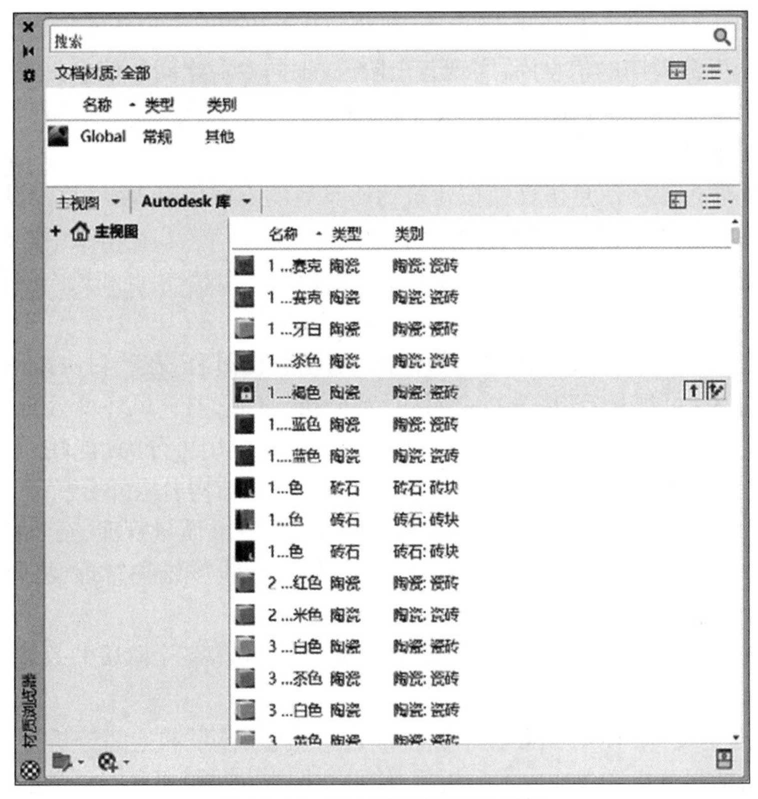


图 10-13 “材质浏览器”对话框

## 课后习题

1. 使用布尔运算设计不规则图形。

# 第十一章　BIM 技术简介

建筑信息模型(building information modeling,BIM)是 2002 年由 Autodesk 公司提出的一种应用于工程设计、建造、管理的数据化工具。BIM 通过建立涵盖建筑工程全生命周期的信息库,实现各个阶段、不同专业之间的信息集成和共享。BIM 的出现被认为是建筑工程领域继 CAD 之后的第二次革命,预示着工程建设行业从二维设计跨入三维全生命周期阶段。

BIM 通过数字信息仿真模拟建筑物所具有的真实信息,使项目建设的所有参与方都能够在数字虚拟的真实建筑物模型中操作信息和在信息中操作模型,从而实现在建筑全生命周期内提高工作效率和质量、减少错误和风险的目标,具有可视化、协调性、模拟性、优化性、可出图性等特点。

BIM 应用贯穿于项目决策、设计、施工、运营全过程,在项目决策阶段 BIM 应用可分为:可视化、环境分析(包括景观分析、日照分析、风环境分析、噪声分析)、温度分析、声学计算等;在项目设计阶段 BIM 应用可分为:能耗模拟、系统协调、规范验证、设计成果一致性检验即碰撞检查、结构有限元分析等;在施工阶段 BIM 应用可分为:视频模拟、成本预算、进度控制、质量管理、安全管理及预制件可加工性;在项目运营阶段 BIM 应用可分为:设施维护管理、物业租赁管理、设备应急管理和运营评估等。

BIM 的目的是提高建筑物方案、设计、施工、运营等各个阶段的效益,对设计者而言,BIM 主要有以下四方面作用:

1. 方案设计:使用 BIM 技术除了能进行造型、体量和空间分析外,还可以同时进行能耗分析和建造成本分析等,使得初期方案决策更具有科学性;

2. 初步设计:建筑、结构、机电各专业建立 BIM 模型,利用模型信息进行能耗、结构、声学、热工、日照等分析,再进行各种干涉检查和规范检查,以及工程量统计;

3. 施工图:各种平面、立面、剖面图纸和统计报表都从 BIM 模型中得到;

4. 设计协同:BIM 可以帮助设计师将重要工作放到方案和初步设计阶段。

# 第一节　BIM 特点

## 一、可视化

可视化即“所见所得”的形式，对于环境保护、建筑等行业来说，可视化的作用非常大，例如经常拿到的施工图纸，只是各个构件的信息在图纸上的线条绘制表达，但其真正的构造形式就需要建筑业从业人员去自行想象了。对于一般简单的事物来说，这种想象也未尝不可，但对于形式各异的复杂模型，纯粹靠人脑去想象则不太现实，所以 BIM 提供了可视化的思路，让人们将以往的线条式的构件形成一种三维的立体实物图形展示在面前；同时，BIM 提到的可视化是一种能够同构件之间形成互动和反馈的可视，在 BIM 中，由于整个过程都是可视化的，所以其结果不仅可以用于效果图的展示及报表的生成，更重要的是，项目设计、建造、运营过程中的沟通、讨论、决策都在可视化的状态下进行。

## 二、协调性

协调性是建筑、工程等行业中的重点内容，不管是施工单位还是业主及设计单位，无不在做着协调及相互配合的工作。一旦项目在实施过程中遇到了问题，就要将各有关人士组织起来开协调会，找各施工问题的发生原因与解决办法，然后作出相应的变更与补救。那么这个问题的协调真的就只能在出现问题后再进行协调吗？在设计时，往往由于各专业设计师之间的沟通不到位，容易出现各种专业之间的碰撞问题。例如，暖通等专业中的管道在进行布置时，由于施工图纸是各自绘制在各自的施工图纸上的，真正施工过程中，可能在布置管线时正好在某处有结构设计的梁等构件妨碍着管线的布置，这种就是施工中常遇到的碰撞问题。BIM 的协调性服务就可以帮助处理这种问题，也就是说 BIM 可在建筑物建造前期对各专业的碰撞问题进行协调，生成协调数据。而且 BIM 的协调作用不仅能解决各专业间的碰撞问题，还能解决电梯井布置与其他设计布置之间的协调、防火分区与其他设计布置之间的协调、地下排水布置与其他设计布置之间的协调等。

## 三、模拟性

BIM 的模拟性并不是只能模拟设计出的物体模型，还可以模拟不能在真实世界中进行操作的事物。在设计阶段，BIM 可以对设计上需要进行模拟的一些物体进行模拟实验，例如节能模拟、紧急疏散模拟、日照模拟、热能传导模拟等。

在招投标和施工阶段,可以进行四维模拟(三维模型加项目的发展时间),也就是根据施工的组织设计模拟实际施工,从而确定合理的施工方案;同时,还可以进行五维模拟(基于三维模型的造价控制),实现成本控制。后期运营阶段可以模拟日常紧急情况的处理方式,例如地震逃生人员模拟及消防人员疏散模拟等。

### 四、优化性

实际工程中设计、施工、运营的过程就是一个不断优化的过程,当然优化和BIM也没有必然联系,但在BIM的基础上可以做得更好。通常,优化受三种因素的制约:信息、复杂程度和时间。没有准确的信息做不出合理的优化结果,BIM提供了物体的实际存在的信息,包括几何信息、物理信息、规则信息,还提供了物体变化以后的实际存在。如果复杂程度高到一定程度,参与人员仅靠本身的能力就无法掌握所有的信息,必须借助一定的科学技术和设备的帮助。现代构筑物的复杂程度大多超过参与人员本身的能力极限,BIM及与其配套的各种优化工具提供了对复杂项目进行优化的可能。基于BIM的优化可以做项目方案优化和特殊项目的设计优化。

(1) 项目方案优化:把项目设计和投资回报分析结合起来,设计变化对投资回报的影响可以实时计算出来,以便客户不只停留在对形状的评价上,还可使其知道哪种项目设计方案更有利于自身的需求。

(2) 特殊项目设计优化:例如裙楼、幕墙、屋顶、大空间到处可以看到异型设计,这些看起来占整个建筑的比例不大,但是占投资和工作量的比例却往往要大得多,通常也是施工难度比较大和施工问题比较多的地方,对这些特殊项目的设计施工方案进行优化,可以显著缩短工期,降低造价。

### 五、可出图性

BIM并不是为了出日常多见的建筑设计图纸与构件加工图纸,主要通过对建筑物进行可视化展示、协调、模拟、优化,帮助业主出如下三类图纸。

1. 综合管线图(经过碰撞检查和设计修改,消除了相应错误以后);
2. 综合结构留洞图(预埋套管图);
3. 碰撞检查侦错报告和建议改进方案。

## 第二节 BIM应用优势

在图纸说明方面,BIM以三维方式构建模型,再以楼层的方式对建筑物的各层平面及立面进行分类。因此,用户可以根据需求,快速生成模型中任意位置的三维视图,无须重新绘制。此外,当设计师在修改平面时,立面或是其他视图有关联的部分也会相应完成修改。因此,如果遇到设计修改或图纸说明变更等情况,使用 BIM 会格外便捷。

在数据管理方面,BIM 在从设计到工程施工和运营的整个项目生命周期内均可实现数据共享、数据互联,极大地降低因“信息差”而造成的错误及损失。此外,BIM 可以针对不同设计人员设定浏览、编辑、删除等权限,实现多人协同作业。

在应用方面,BIM 可直接将三维模型转出至其他专业软件,也可以导入其他软件的模型,即无须导入后再重新建模,从而节省大量时间。

总体而言,BIM 是三维层次的 CAD,能将繁杂的数据统一成为兼容各大软件的模型。在缩短传统项目工期的同时,进行更加精细化的管理,符合我国数字化城市建设的发展方向,或许是更加适用未来“数据化 + 经济化”的建筑模型。

【例 11-1】使用 Revit 绘制简单建筑模型(图 11-1)。

**1. 绘制标高与轴网**

(1) 在主页选择“新建”一个“建筑样板”,在“项目浏览器”中找到“立面(建筑立面)”—“南”并双击打开(图 11-2)。

图 11-1　简单建筑模型

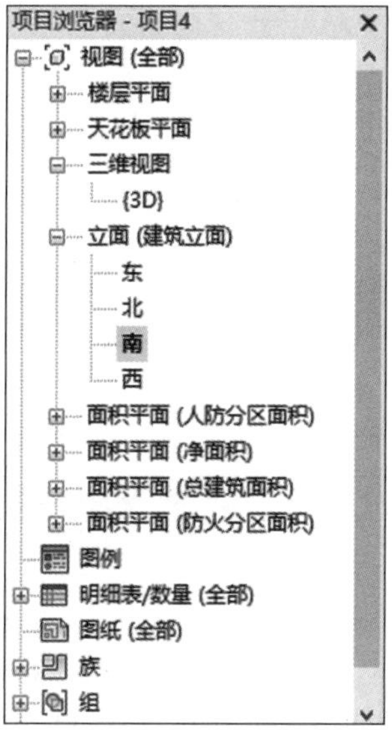

项目浏览器 - 项目4
视图 (全部)
楼层平面
天花板平面
三维视图
{3D}
立面 (建筑立面)
东
北
南
西
面积平面 (人防分区面积)
面积平面 (净面积)
面积平面 (总建筑面积)
面积平面 (防火分区面积)
图例
明细表/数量 (全部)
图纸 (全部)
族
组

图 11-2　项目浏览器

(2) 新建“标高 2”(若已有则跳过此步骤)。

(3) 返回“标高 1”,选择“建筑”—“轴网”,放置合适的柱轴线(图 11-3,

图 11-4)。

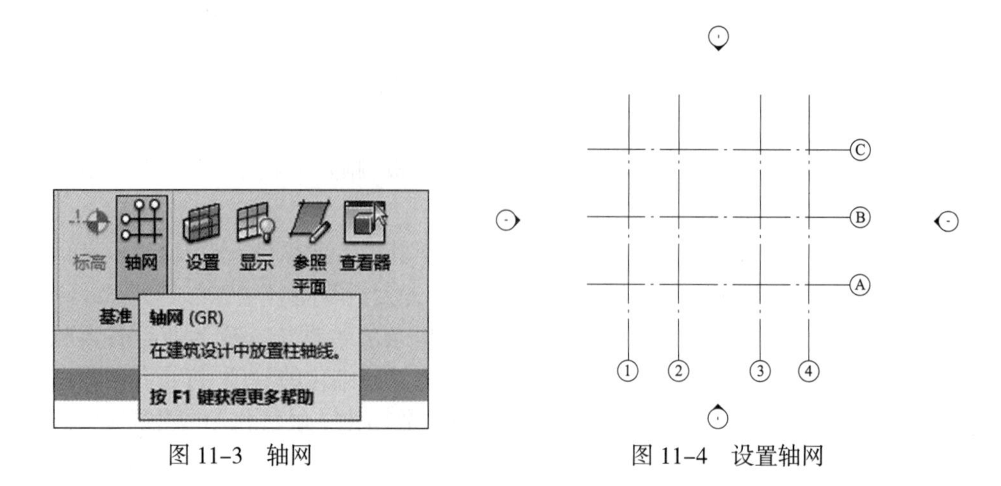


图 11-3 轴网　　图 11-4 设置轴网

## 2. 绘制墙、门、窗

(1) 选择“建筑”—“墙”,设置“高度”为“标高 2”,然后在轴线间绘制闭合图形来创建墙面(图 11-5)。

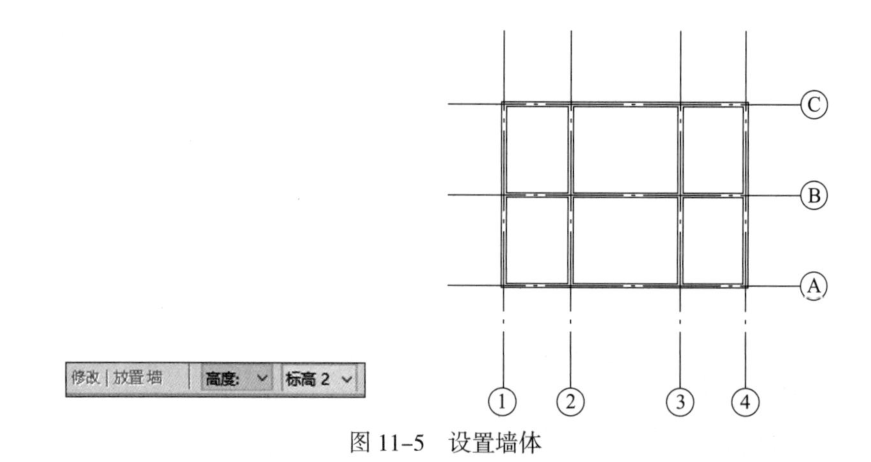


图 11-5 设置墙体

(2) 在顶部快捷栏选择“默认三维视图”切换到三维视角,并在“视图”菜单栏中选择“平铺视图”(图 11-6)。

(3) 选择“插入”—“载入族”,可选择各种“门”或“窗”族进行载入(图 11-7)。

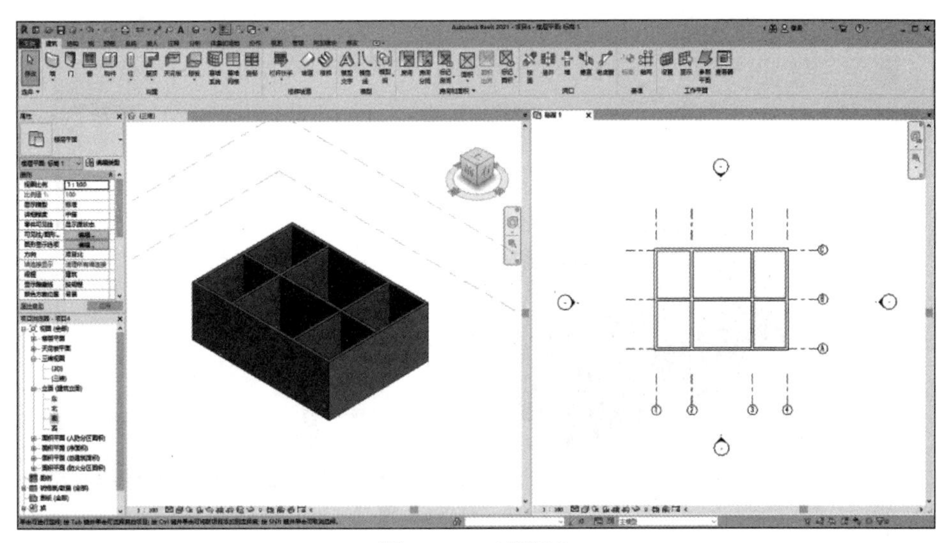

图 11-6　三维视角

图 11-7　载入门、窗族

(4) 在“标高 1”选择“建筑” — “门”,将合适的“门”族设置在墙面上,再同理设置“窗”族(图 11-8)。

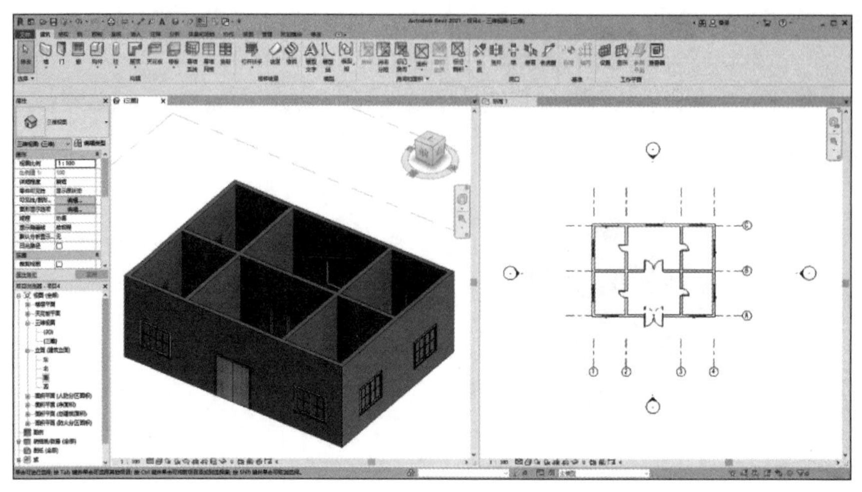

图 11-8 设置门、窗

### 3. 绘制楼板和屋顶

(1) 在“标高 1”选择“建筑”—“楼板”,用“矩形工具”绘制底板。

(2) 在“标高 1”选择“建筑”—“屋顶”—“迹线屋顶”,选择“边界线”—“拾取墙”,设置合适的“悬挑”和“坡度”,绘制建筑屋顶(图 11-9,图 11-10)。

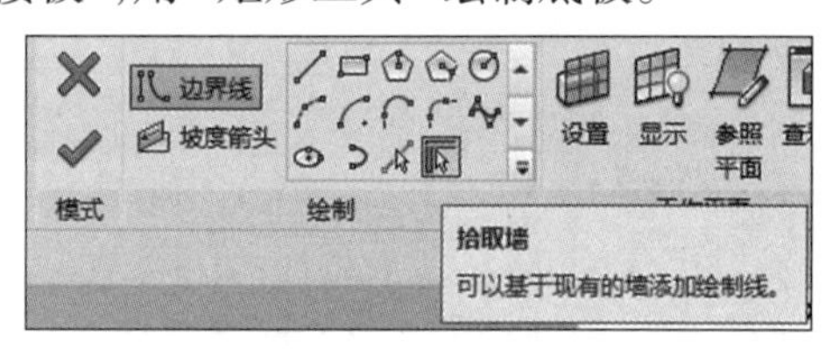


图 11-9 设置屋顶

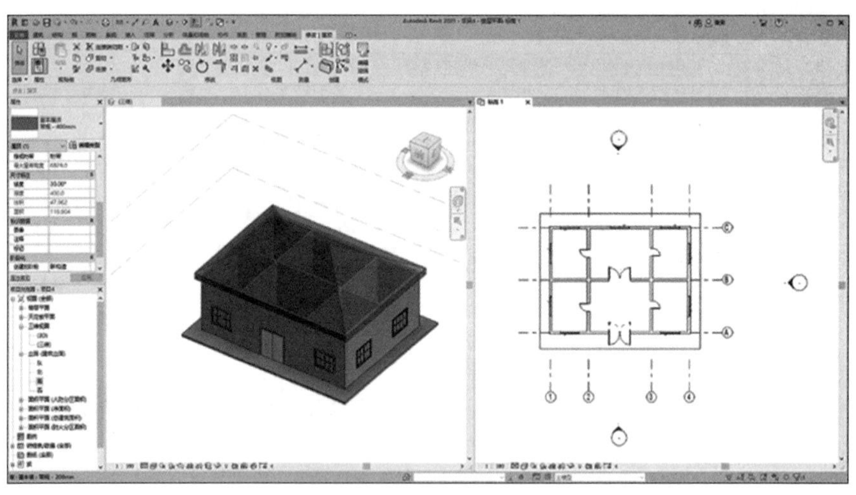

图 11-10 最终结果展示

## 课后习题

1. 创建一个“门”族。

2. 创建一个“窗”族。

# 第三篇　环境工程 CAD 设计实例

本篇基于环境工程学的基本理论，以污水处理、废气处理、土壤修复设计为例讲解环境工程设计制图的基本规则、主要流程与制图过程。介绍如何根据工程实际需求与主流工艺优缺点确定最佳工艺方案，厘清环境工程设计思路；同时，基于参数计算、图纸规范、绘制步骤，使读者实景掌握环境工程专业图纸的绘制技巧。本篇注重专业学习过程中与实际工程的紧密联系，希望读者发展设计解决方案、工程与社会、可持续发展等多维度能力，为从事环境污染治理与生态文明建设领域科学研究与工程设计奠定扎实基础。

# 第十二章　环境工程 CAD 设计概述

环境工程是运用工程技术和有关学科的原理、方法,保护和合理利用自然资源,防治环境污染,以改善环境质量的科学技术。主要包括水处理工程、大气处理工程、土壤及生态修复工程、固体废物处理处置工程、资源与能源回收工程等。环境工程设计可分为工艺流程的确定、工艺平面布置与高程设计、环保设备选型与非标设备设计、主要构筑物尺寸确定、物料管道布设等阶段。CAD 技术在环境工程设计各阶段应用越深入全面,对于提高设计效率和治理作用就越大。

本书主要以污水处理、废气处理、土壤修复设计为例,通过介绍环境工程设计流程和规则,让读者重点学习通过 CAD 绘制具体的环境工程设计实例,加深对 CAD 功能的理解与掌握,熟悉环境工程 CAD 设计的方法。本书绘图参照《市政公用工程设计文件编制深度规定》(2013 年版),污水处理厂、废气处理装置、固体废物填埋场等市政项目的设计实例均符合该规定的要求。

## 第一节　污水处理工程

污水处理工程是指用各种方法将污水中所含的污染物分离出来或将其转化为无害物,从而使污水得到净化的工程项目。处理污水的方法一般可归纳为物理法、化学法和生物法等。针对污水中存在的不溶解的悬浮物质,选择物理法处理最优;针对污水中存在的化学物质,选用化学法,通过离子、粒子等之间的化学反应达到污水处理的效果;针对污水中存在的大量溶解态与胶态有机物,选择生物法进行处理,通过人工创造微生物生长和繁殖条件,大量繁殖微生物从而提高微生物氧化和分解有机物的能力。因此,相比于物理法和化学法,生物法在处理有机碳、硫、氮、磷等污染物方面具有巨大优势。

污水处理系统要根据污水的水质、水量、回收其中有用物质的可能性和经济性、排放水体的具体规定,并通过调查、研究和经济比较后决定,必要时还应当进行一定的科学试验。调查研究和科学试验是确定处理流程的重要途径。现代污水处理技术,按处理程度划分,可分为一级、二级和三级处理,一般根据污水的利用或排放去向并考虑水体的自净能力,确定污水的处理程度及相应的处理工艺。污水处理流程的组合,应遵循先易后难、先简后繁的规律。污水一级处理应用物理方法,如筛滤、沉淀等去除污水中不溶解的悬浮固体和漂浮物质。污水二级处理为主体，通常应用生物处理方法去除易生物降解的有机污染物，通常有机污染物（BOD、COD）去除率可达90%以上，悬浮物去除率达95%，出水效果好，可达到排放标准。然而生物处理对污水水质、水温、水中的溶氧量、pH等有一定的要求。污水三级处理为深度处理，是在一、二级处理的基础上进一步处理难降解的有机物、氮和磷等能够导致水体富营养化的可溶性无机物等，主要方法有生物脱氮除磷法、混凝沉淀法、砂滤法、活性炭吸附法、离子交换法和电渗析法等。三级处理出水水质较好，甚至能达到饮用水质标准，但处理费用高，除在一些极度缺水的国家和地区外，应用较少。污水中的污染物组成一般都非常复杂，常常需要以上几种方法组合，才能达到处理要求。

污水来源的不同会导致污水水质的巨大差异，需采用不同的污水处理方案。按污水来源分类，污水处理一般分为城镇生活污水处理和工业废水处理。城镇生活污水为日常生活产生的污水，是各种形式的无机物和有机物的复杂混合物，包括漂浮和悬浮的大小固体颗粒、胶状和凝胶状扩散物、纯溶液。由于生活污水可生化性强，所以城市二级污水处理厂大多采用生化方法处理，主流工艺包括氧化塘、土地处理法、传统活性污泥法，以及在传统活性污泥工艺基础上发展起来的其他方法如AB法、A/O法、$A^2/O$法、改良$A^2/O$法、SBR法、接触氧化（浮动填料生化）法等。工业废水中的污染物成分和性质则显著区别于城镇生活污水，污染物成分复杂，$COD_{Cr}$浓度高，且含有众多难生物降解性和毒性污染物，可生化性差。目前工业废水处理一是采用以化学氧化法为主的工艺，二是通过预处理工艺如混凝、气浮等降低废水毒性与负荷、提高可生化性后再进行生化处理，并将缺氧/厌氧工艺置于好氧工艺前以进行水解酸化，提高好氧段的降解效率。因出水水质标准日益严格，其深度处理工艺日渐复杂、碳中和技术革新需求迫切。

## 第二节 废气处理工程

废气处理工程是指针对工业场所产生的工业废气诸如粉尘颗粒物、烟气烟尘、异味气体、有毒有害气体进行治理的工程项目。工业生产排放的废气，常对环境和人体健康产生有害影响，在排入大气前应采取净化措施处理，使之符合废气排放标准的要求。工业废气成分多样，主要包括无机废气、有机废气、含尘废气等。根据废气的组成成分和特性，废气处理方法主要分为物理法和化学法，一般来说，废气需要多种方法组合才能达到排放要求。

废气处理设备的设计和选择，一般根据废气的性质、处理量、处理的要求来确定，在确保达标排放的同时，回收有用物质、建立无害型清洁生产工艺是工艺设计的目的。在设计和选择处理工艺时，要做到优化组合，构成一个效率高、费用省、能耗低的处理工艺流程，设计和选型的原则应兼顾设备的技术指标和经济指标。一般设备技术指标有废气处理设备的处理气体量、设备阻力、污染物去除率等；经济指标有一次投资（设备费用）、运转管理费用（操作费用）、占地面积及使用寿命等。要求既做到技术上先进又做到经济上合理。基体考虑废气处理工艺需达到的去除效率、设备运行条件、经济性、占地面积及空间大小、设备操作要求及使用寿命等。

目前物理措施通常针对含尘废气，主流除尘方式包括机械除尘、湿式除尘、袋式除尘和静电除尘等，主要装置有重力沉降室、惯性除尘器、旋风除尘器、电除尘器、袋式除尘器等设备。无机废气中常包括 $HCl$、$H_2SO_4$、$Cl_2$、$NO_x$、$HF$、$H_2S$、$NH_3$ 等，其中 $HCl$、$H_2SO_4$、$Cl_2$、$HF$、$NH_3$ 常采用各类酸碱废气吸收塔；浓度较高的 $NOx$ 净化难度较大，湿法净化效率主要取决于 $NO_2$ 与 $NO$ 之间的比例，干法处理技术包括催化还原法和非催化还原法；$SiH_4$ 目前在太阳能行业应用较多，由于易燃易爆需采用专门的硅烷燃烧塔。有机废气中常包含石油、化工生产、沼气池与垃圾处理站等产生的挥发性有机物（volatile organic compounds，VOCs），VOCs 污染控制技术主要分为回收技术和销毁技术两类。回收技术主要包括吸收、吸附、冷凝与膜技术等，销毁技术主要包括燃烧、光催化技术、生物技术与等离子体技术等。在选用废气处理方法时，应根据具体情况选用费用低、耗能少、无二次污染的方法。

## 第三节　土壤修复工程

土壤修复工程是指利用物理、化学和生物的方法转移、吸收、降解和转化土壤中的污染物，使其浓度降低到可接受水平，或将有毒有害的污染物转化为无害物质的工程项目。土壤中的污染物主要分为无机物与有机物，无机物如汞、铬、铅、铜、锌等重金属和砷、硒等非金属，有机物如酚、有机农药、油类、苯并芘类和洗涤剂类等。土壤中的污染物主要是由污水、废气、固体废物、农药和化肥带进土壤并积累起来的。根据污染土地或污染类型的不同，我国土壤修复项目采用的处置场所与修复技术原理也有所不同。土壤修复技术按照土壤的位置可分为原位修复和异位修复两大类，按照处理原理可分为物理修复技术、化学修复技术与生物修复技术。物理修复技术和化学修复技术是利用污染物或污染介质的物理或化学特性以破坏、分离或同化污染物，具有实施周期短、可用于处理各种污染物等优点，但处理成本较高、处理工程偏大。微生物修复技术指利用微生物的代谢过程将土壤中的污染物转化为二氧化碳、水、脂肪酸和生物体等无毒物质的修复过程。植物修复技术是利用植物自身对污染物的吸收、固定、转化和积累功能,以及通过为根际微生物提供有利于修复进行的环境条件而促进污染物的微生物降解和无害化过程,可实现对污染土壤的修复。微生物修复和植物修复均具有处理费用较低、可达到较高的清洁水平等优点,但所需修复时间较长且受污染物类型限制。面对同一块土壤常遭受多种污染物污染的情况,往往采用两种或两种以上修复方式结合,以达到更高的处理效率。

根据土壤污染类型,在选择土壤污染修复技术时必须考虑修复的目的、社会经济状况、修复技术的可行性等方面。就修复的目的而言,有的是为了使污染土壤能够安全地被农业利用,而有的则是限制土壤污染物对其他环境组分(如水体和大气等)的污染,而不考虑修复后能否被农业利用。不同修复目的可选择的修复技术不同,就社会经济状况而言,有的修复工作可以在充足的经费支撑下进行,此时可供选择的修复技术比较多;有的修复工作只能在有限的经费支撑下进行,此时可供选择的修复技术就有限。土壤是一个高度复杂的体系,任何修复方案都必须根据当地的实际情况而制定,不可完全照搬其他国家、地区的做法或其他土壤的修复方案。针对受重金属、农药、石油、持久性有机污染物(POPs)等中轻度污染的农业土壤,应选择能大面积应用的、廉价的、环境友好的生物修复技术和物化稳定技术,实现边修复边生产,以保障农村生态环境、农业生产环境和农民居住环境安全;针对工业企业搬迁的化工、冶炼等各类重污染场地土壤,应选择原位或异位的物理、化学及其联合修复工程技术,选择土壤－地下水一体化修复技术与设备,形成系统的场地土壤修复标准和技术规范,以保障人居环境安全和人群健康;针对各类矿区及尾矿污染土壤,应着力选择能控制生态退化与污染物扩散的生物稳定化与生态修复技术,将矿区边际土壤开发利用为植物固碳和生物质能源生产的基地,以保障矿区及周边生态环境和饮用水源安全。

我国土壤修复技术研究起步较晚,加之区域发展不均衡性、土壤类型多样性、污染场地特征变异性、污染类型复杂性、技术需求多样性等因素,目前主要以植物修复为主,已建立许多示范基地、示范区和试验区,并取得许多植物修复技术成果,以及修复植物资源化利用技术成果。物理/化学修复技术中研究运用较多的包括固化－稳定化、淋洗、化学氧化－还原、土壤电动力学修复。目前发展趋势更趋于联合修复技术,如微生物/动物－植物修复技术对于多氯联苯的修复,化学－生物法对于多环芳烃的修复,以及物理－化学方法适用于污染土壤离位处理等。未来土壤修复技术将更关注阻断污染扩散和(或)暴露途径的安全阻控技术,异位修复技术向原位修复技术转变,应用于农田修复的可大面积规模化应用的区域适应性技术及装备,以及基于设备化的快速场地修复技术。

# 第十三章　废水处理工程设计实例

本章主要介绍污水处理厂工艺流程的选择、平面布置总图的设计，以及两种典型的废水处理技术序批式活性污泥法(SBR)与膜生物反应器(MBR)的单体构筑物。根据调研设计背景选择合适的工艺方案，据此确定工艺流程，依照实际情况选择主要构筑物，最后进行图纸绘制。从基础的图层、字体、标注、管线等图纸设置开始，以 $A^2/O$ 生化池为例绘制单体构筑物，以系统学习废水处理工程的设计。之后详细介绍了 SBR 反应池和 MBR 反应池的绘制步骤，以加深认识与理解。

## 第一节　污水处理厂设计实例

### 一、设计背景

本设计某污水处理厂工程处理规模为 2.5 万 $m^3/d$，出水水质拟达到《城镇污水处理厂污染物排放标准》(GB 18918—2002)中的一级 A 标准，总出水拟排入《地表水环境质量标准》(GB 3838—2002)中规定的地表水Ⅲ类功能水域(划定的饮用水水源保护区和游泳区除外)。根据《市政公用工程设计文件编制深度规定》(2013 年版)，污水处理厂扩建工程工艺方案设计应当包括平面布置、工艺流程、水力流程、厂外工程主要内容(如道路、通信、供电、供水、供气、供暖等外部条件)、各处理建(构)筑物单体工艺设计、办公及附属设施配备。

工艺设计应首先说明位置的选择，选定厂址考虑的因素，如地理位置、地形、地质条件、防洪标准、地质灾害的影响、厂外配套条件(交通、通信、供电、供水等)、卫生防护距离与城镇布局关系、占地面积等。根据进厂的污水量、污水水质、处理程度、用地形状及面积等情况，经多方案比较，论述污水处理、深度处理、再生水处理、污泥处理和处置、消毒、除臭等采用的工艺或方法，预计处理后达到的标准等。

对总平面布置进行说明，主要包括：布置原则、功能区的划分及相互关系、竖向设计、土方、防洪、退水、厂区道路、绿化、主要技术指标等。对水力流程进行说明，主要包括：受纳水体的各种水位、出水压力要求、水力高程的分析确定、各构筑物之间的水头损失及流程的总水头损失等。说明厂外工程的主要内容，如供水、供电、供气、供暖等外部条件。按流程顺序说明各构筑物的方案比较或选型,主要设计数据、尺寸、构造材料及其所需设备选型、台数与性能,采用新技术的工艺原理特点。说明管线综合的设计原则、管沟种类、材质、管径范围、长度等。对有除臭要求的部位进行说明,主要包括:达到的标准、采取的封闭措施、换气次数、除臭风量、设备性能及参数、台数、除臭风管的材质、数量等。说明采用的污水消毒方法、主要设计参数、设备性能及参数、台数等。根据情况说明处理、处置后的污水、污泥的综合利用。简要说明厂内主要生产、生活建筑物的建筑面积及其使用功能。说明厂内给水管及消火栓的布置,排水管布置及雨水排除措施、道路标准、绿化设计。

### (一) 厂址及地形资料

该污水处理厂拟建厂址所处地势较为平坦。该地区海拔高度为 100~200 m,多为冲积平原。地貌概括为“五山一水三分田,一分道路和庄园”。地震较少,且级数较低,最高级数 3 级。地下水离地表一般为 1.6~3.5 m。

### (二) 气象及水文资料

某市属温带半湿润季风型大陆性气候,气象灾害主要是低温、霜冻、干旱、洪涝、冰雹和大风。低温分为春寒、倒春寒和秋季低温。

## 二、污水处理厂工艺方案确定

污水处理厂主要进、出水水质指标如表 13-1 所示。

**表 13-1 主要进、出水水质指标**

| 污染物指标 | 设计进水水质 | 设计出水水质 |
|---|---|---|
| $COD_{Cr}$(mg/L) | 380 | 50 |
| $BOD_5$(mg/L) | 150 | 10 |
| SS(mg/L) | 200 | 10 |
| $NH_3$-N(mg/L)(以 N 计) | 25 | 5(8) |
| TN(mg/L)(以 N 计) | 35 | 15 |
| TP(mg/L)(以 P 计) | 4 | 0.5 |
| pH | 6~9 | 6~9 |
| 粪大肠杆菌 | / | 1 000 个 /L |

注:括号外数字为水温 > 12℃时的控制指标,括号内的数字为水温 ≤ 12℃时的控制指标。

根据《城镇污水处理厂污染物排放标准》(GB 18918—2002),污水处理厂出水水质要求达到一级 A 排放标准，处理工艺对 COD、$BOD_5$、SS、N、P 等指标均须有效地去除。因此，本污水处理厂的污水处理工艺应具有除磷脱氮功能。污水处理工艺能否采用生化处理，特别是污水水质能否适用于生物除磷脱氮工艺，取决于污水中各种营养成分的含量及其比例能否满足微生物生长的需要，因此首先应判断相关的指标能否满足要求。该污水处理厂污水中的 $BOD_5$/COD 为 0.40，可生化性较好，适宜采用生物处理工艺。进水水质 C/N = 4.29，可满足生物脱氮要求。$BOD_5$/TP ≈ 37.5，比值较高，可以采用生物除磷工艺。因此，本污水处理厂进水水质在去除污水中有机污染物的同时可以采用生物脱氮除磷工艺。

根据本工程的进出水水质要求，污水处理厂对氨氮去除和除磷的要求，最终选用的污水处理工艺包括预处理、一级处理、二级处理和深度处理。其中，二级处理作为中心环节，污水中大部分污染物在二级处理中得到降解和去除，从而使出厂污水基本达到排放标准。本污水处理工程二级处理以活性污泥法为基础的两种工艺流程即改良型厌氧 - 缺氧 - 好氧活性污泥法（即改良型 $A^2/O$ 法）和恒水位序批式反应器进行技术经济比较。

为克服传统 $A^2/O$ 工艺由于厌氧区居前，回流污泥中的硝酸盐对厌氧区产生不利影响的缺点，改良 $A^2/O$ 工艺在厌氧池之前增设厌氧 / 缺氧调节池，来自二沉池的回流污泥和 10% 左右的进水进入调节池，停留时间为 20~30 min，微生物利用约 10% 进水中有机物去除回流硝态氮，消除硝态氮对厌氧池的不利影响，从而保证厌氧池的稳定性。污水经旋流沉砂池进入厌氧 / 缺氧调节池后进入厌氧—缺氧—好氧生化池，该生化池前段为厌氧 / 缺氧段，后段为好氧段，生化池之后为辐流式二沉池，二沉池出水进入三级深度处理设施。改良型 $A^2/O$ 法具有净化效果佳、投资经济、运行费用低廉、生化脱氮除磷效果良好、维护管理简单方便、整个系统抗负荷冲击能力强的工艺特点，使其在国内的应用情况极好，非常适合国内中小城市。预计此方案出水 $BOD_5 \leq 10$ mg/L，SS ≤ 10 mg/L。

CWSBR（constant waterlevel sequencing batch reactors）即恒水位序批式反应器，是 SBR 反应器的一种。CWSBR 工艺通过柔性水帆的往复运动调节反应池三个区域的体积，保持池内液面不变，在 CWSBR 单池内连续进水、连续出水，周期性地完成 SBR 工艺的充水、搅拌、曝气，即缺氧、厌氧、好氧，三个基本控制功能块的任意组合，以及随后的沉淀、滗水过程。可以根据进水水质情况，单个周期实现反应池的多次进水，并按照脱氮除磷各过程对有机底物、DO 的不同要求，最大限度满足微生物的需求。同时使用恒水位滗水器进行滗水，在整个运行过程中，生化池内水面保持不变。CWSBR 法土建、管道阀门与仪表单元简单，操作维护简单，管道沿程损失极小，出水水质稳定，且具备依据进水水量变化自动调节的功能，同时可以按照标准模块设计，易于扩容。污泥处理及三级深度处理的工艺设计与第一方案基本相同，预计此方案出水 $BOD_5 \leq 10$ mg/L，SS ≤ 10 mg/L。

两种方案都能实现要求的处理出水水质标准，通过经济技术比较，两种方案的预处理工艺、三级深度处理、污泥处理工艺都是相同的，其主要区别在于：

① 生物处理处理系统的运行机理不同；

② 生物处理构筑物的构造形式和运行方式不同；

③ 工程投资及运行费用不同；

④ 占地面积不同。

第一方案"改良厌氧 – 缺氧 – 好氧活性污泥法（即改良 $A^2/O$ 法）"，厌氧 / 缺氧与好氧状况在生化池内同时存在，可有效地改善传统活性污泥法的运行工况，可使二级处理出水水质更加稳定，提高 BOD 的去除率，同时能有效防止二沉池污泥上浮，并能脱掉污水中的氮和磷，可为后续处理提供可靠保证，同时工程投资相对较少，故本工程的污水处理工艺推荐采用第一方案，即"改良厌氧 – 缺氧 – 好氧活性污泥法（即改良 $A^2/O$ 法）"。

## 三、污水处理厂工艺流程确定

### （一）污水工艺流程

污水工艺流程的确定主要依据污水水量、水质及变化规律，以及对出水水质和对污泥的处理要求来确定。本着上述原则，本设计改良厌氧 – 缺氧 – 好氧活性污泥法作为污水处理工艺，工艺流程图如图 13–1 所示。

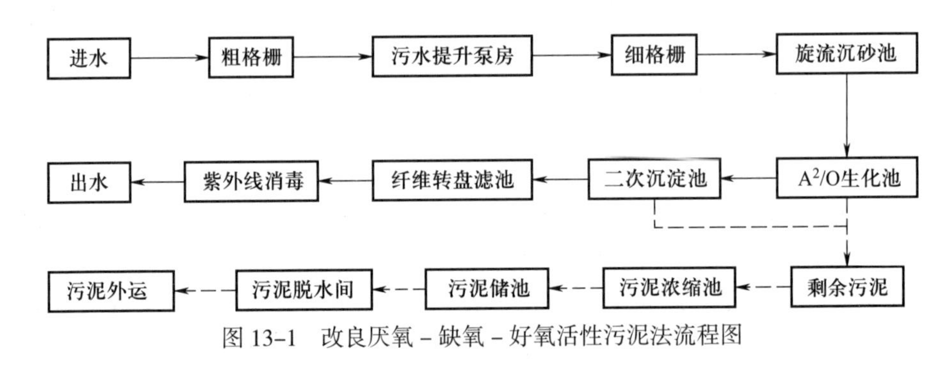


图 13–1 改良厌氧 – 缺氧 – 好氧活性污泥法流程图

### （二）污泥工艺流程

目前，污泥的最终处置有污泥填埋，污泥焚烧，污泥堆肥和污泥工业利用四种途径。由于消化池沼气量少，其能源不能维持消化池正常运行，建消化池要增加日常维护费用，取消污泥厌氧消化可以节省大量的基建投资。考虑到本地区的实际情况，采用污泥浓缩→机械脱水→城市垃圾填埋场卫生填埋、肥料的污泥处理工艺路线。本工程设污泥浓缩池（池顶加盖保温，浓缩池中考虑加石灰，防止释磷），浓缩后污泥经脱水后送至城市垃圾填埋场进行填埋处理。工艺流程图如图 13-1 所示。

## 四、主要构筑物的选择

### （一）粗格栅、污水提升泵房

格栅用以去除废水中较大的悬浮物、漂浮物、纤维物质和固体颗粒物质，防止阻塞排泥管道，减轻后续处理单元的负荷，保证其正常运行。

本设计进水设有回转式机械格栅除污机 2 台。栅条间隙 20 mm，格栅安装角度为 75°，过栅流速 0.75 m/s，栅前水深 0.9 m。格栅渠道宽度为 0.8 m，深为 8.15 m。粗格栅出渣采用活动运渣小车外运。

污水经粗格栅进入污水提升泵房，该泵房为完全地下式，采用 4 用 1 备形式。

格栅前后安装差压液位计，泵房集水池内安装液位计，分别指示不同水位，以上仪表均通过 PLC 按预定程序自控运行，并将有关运行数据传送到中控室。

### （二）细格栅、旋流沉砂池

污水提升泵房提升污水，首先进入细格栅和旋流沉砂池。

细格栅间平面尺寸为 26.15 m × 12 m，设计采用孔板式细格栅机台 3 台，2 用 1 备，栅条间隙 3 mm，格栅宽度为 2 000 mm，格栅渠道宽度为 2 000 mm。格栅间内设置无轴螺旋输送压榨机将栅渣送至位于一层的栅渣间，转运后与污泥一起外运处理。由栅前后水位差控制除污机自动除渣，也可以通过 PLC 自动控制。

细格栅出水进入旋流沉砂池，沉在池底的砂砾经气提砂式除砂机抽吸至砂水分离器进行砂水分离，砂外运，分离液排入下水道。

旋流沉砂池主要设计参数为：

① 设计流量为 0.425 3 $m^3/s$；

② 设计流量时的停留时间 43 s；

③ 旋流速度 0.3 m/s；

④ 旋流沉砂池设计水力表面负荷为 108 $m^3/(m^2·h)$；

⑤ 旋流沉砂池设置为双系列，数量 2 座，直径为 3 m。

### （三）生化池

改良型 $A^2/O$ 生化池 2 座，单座容积为 9 859.96 $m^3$，有效水深为 5.9 m，超高 0.8 m，设计停留时间为 17.88 h。设计生化池内混合液浓度为 3 000 mg/L，好氧段 BOD 污泥负荷为 0.088 kg $BOD_5$/(kg MLSS·d)，总生化池 BOD 污泥负荷为 0.067 kg·$BOD_5$/(kg·MLSS·d)。设计水温为 12℃，污泥龄为 15.3 d。

生化池由生物预缺氧段、厌氧段、缺氧段、好氧段四部分组成，各段停留时间分别为 0.34 h、1.6 h、3.27 h、12.67 h，剩余污泥干重为 5 400 kg/d，含水率为 99.2%，生化池总用气量为 130 $m^3$/min，气水比为 6.24 : 1。每个曝气头的最大供气量为 5.0 $m^3$/h，好氧段曝气头数量为 2 550 个。

预缺氧段内为防止混合液沉淀，设混合搅拌器 2 台，单台功率为 4 kW。厌氧段为防止混合液沉淀，设潜水搅拌器 6 台，单台功率为 4 kW。缺氧段内为防止混合液沉淀，设潜水推进器 4 台，单台功率为 5.5 kW。好氧段为了使污泥能够更好地回流，设潜水推进器 6 台，单台功率为 5.5 kW。

每座生化池内设置内回流泵 3 台，内回流比为 100%~200%，单台流量为 625 $m^3$/h，扬程为 0.6 m，单台功率为 3 kW，2 用 1 备。主要是将好氧段末端的污水回流至缺氧段，以达到脱氮的目的。

**(四) 二沉池、回流污泥泵房**

二沉池是对生化处理后的混合液进行固液分离的设施。二沉池共设置 2 座，单池直径为 32 m，周边水深 3.9 m，超高 0.5 m。停留时间为 4.09 h，表面负荷取 0.95 $m^3$/($m^2$·h)，设计采用周边进水周边出水的二沉池，用中心传动刮泥机进行排泥，刮泥机功率为 0.37 kW。

回流污泥泵房平面尺寸为 5 m × 4.8 m，有效水深为 6.05 m。

污泥最大回流量为 1 250 $m^3$/d。内设污泥回流泵 3 台，2 用 1 备，全部变频运行，单台参数为 $Q$=625 $m^3$/h、$H$=8 m、$N$=22 kW；设剩余污泥泵 2 台，1 用 1 备，变频运行，单台参数为 $Q$=32 $m^3$/h、$H$=10 m、$N$=2.2 kW。

**(五) 过滤消毒间**

本工程设过滤消毒间一座，车间内设纤维转盘滤池、紫外线消毒渠、加药间等工艺单元。为了进一步优化出水水质，本工程设计增加深度处理，二沉池出水直接进入转盘滤池通过转盘滤池过滤后直接排放。纤维转盘安装在特别设计的混凝土滤池内，它的作用在于去除污水中以悬浮状态存在的各种杂质，提高污水处理厂出水水质，使处理出水达到一级 A 或更高标准。

设计流量为 $Q$=1 531.25 $m^3$/h，滤速 ≤ 12 $m^3$/(h·$m^2$)，滤盘直径为 3 m，滤盘数量为 6 个，有效过滤面积为 75.6 $m^2$。

主要构筑物有：转盘滤池 2 座，单座尺寸为：8 m × 4 m × 4.7 m，钢筋混凝土结构；车间 1 座，平面尺寸为 14.1 m × 13.5 m，一层，框架结构。

主要设备有：型号 NTHB-16 的纤维转盘过滤设备 2 套，直径 3 m；反洗水泵

4 台，$Q$=50 $m^3$/h，$H$=7 m，$N$=2.2 kW。

深度处理车间内设置紫外线消毒渠，纤维转盘滤池出水进入紫外线消毒渠后排放。紫外线消毒渠设计规模为 2.5 万 $m^3$/d，总变化系数为 1.47，设计流量为 1 531.25 $m^3$/h。紫外线消毒渠设工作渠道 1 条，平面尺寸为 13.7 m × 2 m，池总深度为 3 m，内设紫外消毒灯管 1 套，系统功率为 30.94 kW，为保证消毒效果，避免水流短路，出水采用堰出水。同时设旁通渠道 1 条，平面尺寸为 13.7 m × 1 m，池总深度为 3 m，过滤消毒间设水源热泵取水泵 3 台，2 用 1 备，技术参数为 $Q$=60 $m^3$/h，$H$=33.5 m，$N$=15 kW；设回用水泵 2 台，1 用 1 备，技术参数为 $Q$=35 $m^3$/h，$H$=17 m，$N$=4 kW。

### （六）鼓风机房

鼓风机房平面尺寸为 12 m × 9.3 m，与变电所合建。

设计风机参数为：3 台，2 用 1 备，单台供气量为 65 $m^3$/min，出口风压 68.8 kPa，电机功率 110 kW。

### （七）加药间、水源热泵机房

本工程加药间与水源热泵机房合建，其中加药间平面尺寸为 7.8 m × 6 m。

投加聚合氯化铝，主要是为了去除生化部分难以去除的磷，最大投加量为 15 mg/L，平均投加量为 10 mg/L。投加药剂浓度为 10%。

主要设备为干粉投加一体化装置 1 套，装置上部溶解罐有效容积 2.0 $m^3$，下部储存罐有效容积 3.0 $m^3$，总功率 3 kW；计量泵 2 台，技术参数为 $Q$=0~800 L/h，$H$=40 m，$N$=0.55 kW，1 用 1 备。

### （八）污泥处理系统

#### 1. 污泥浓缩池

本工程设计采用污泥重力浓缩工艺对剩余污泥进行浓缩处理。同时为了防止磷的释出，在污泥浓缩池中考虑进行投加石灰，石灰投加量根据国内相关经验，大约在 150 mg/L，具体准确投加量需在初步设计前根据实际实验数据确定。

本工程设两座污泥浓缩池，污泥浓缩池设排泥泵。每座污泥浓缩池各设 1 台桥式栅耙浓缩机。

设计干污泥量为 5.4 t/d，浓缩前污泥体积为 675 $m^3$/d（平均含水率为 99.2%），浓缩后污泥体积为 180 $m^3$/d（含水率为 97%），固体负荷为 42.4 kg/($m^2$·d)，直径 $D$=9 m，有效池深 $h$=4 m，停留时间 $t$=18 h。

在浓缩池旁设有排泥泵，排泥泵安装在单独的泵池内，泵池平面尺寸为 3 m × 3 m，采用 3 台螺杆泵，2 用 1 备，单泵性能为：$Q$=4.2 $m^3$/h；$P$=0.6 MPa；$N$=3 kW。

**2. 污泥储池**

本工程设矩形污泥储池 1 座，用于贮存污泥浓缩池排放的浓缩污泥。污泥调节池平面尺寸为 8 m × 4 m，分两格，单格尺寸 4 m × 4 m，有效水深为 3 m。每格均设潜水搅拌机 1 台，单台功率为 5.5 kW。

**3. 污泥脱水间**

本工程剩余污泥干重为 5.4 t/d，污泥经浓缩池浓缩后进入污泥脱水系统，污泥浓缩后的污泥浓度为 97%，体积为 180 $m^3$/d。

污泥脱水选用板框式隔膜压滤机系统 2 套，单台压滤机过滤面积为 250 $m^2$。板框式隔膜压滤机每个压榨周期为 4 h，每天工作 5 个周期。脱水后污泥含水率降至 60% 以下，送入城市垃圾填埋场进行卫生填埋。

污泥脱水加药按投加聚丙烯酰胺（PAM）设计，投加量按污泥干重的 0.5% 投加，每天投加量为 27 kg。

污泥脱水间设活性氧废气净化装置 1 套，用于去除污泥脱水间的臭气。

## 五、图纸绘制

污水处理厂总平面图如图 13-2 所示，包括厂区主要建筑物（污水处理区域、办公区域、绿化区域）、污水及气体管线布置、构筑物一览表、图例等。

### （一）设置图层

通过点击“工具栏”中“图层特性”按钮或使用 layer 命令调出“图形特性”对话框，如图 13-3 所示。点击对话框中的“名称”，根据绘图特性设置相应图层名称，并依次点击“颜色”“线型”“线宽”，设置图层参数。

### （二）设置字体

通过点击“注释”工具栏“文字”右下方箭头，弹出“文字样式”对话框，如图 13-4 所示，对字体样式、高度进行相应设置。

### （三）设置标注样式

通过点击“注释”工具栏“标注”右下方箭头，弹出“标注样式”对话框，如图 13-5 所示。

选中对话框左侧的一个样式，点击“新建”，以此样式为基础新建标注样式，如图 13-6 所示，相应修改尺寸线、尺寸界线、箭头、文字等参数并保存。

### （四）管线布置

**1. 图例设置**

污水处理厂平面图管线主要包括污水管线、污泥管线、沼气管线、空气管线等，通过常用工具栏“特性 - 线型”下拉菜单中的“其他”，得到“线型管理器”，如图 13-7 所示，点击“加载”选择相应线型，本实例所用线型图例如图 13-8 所示。

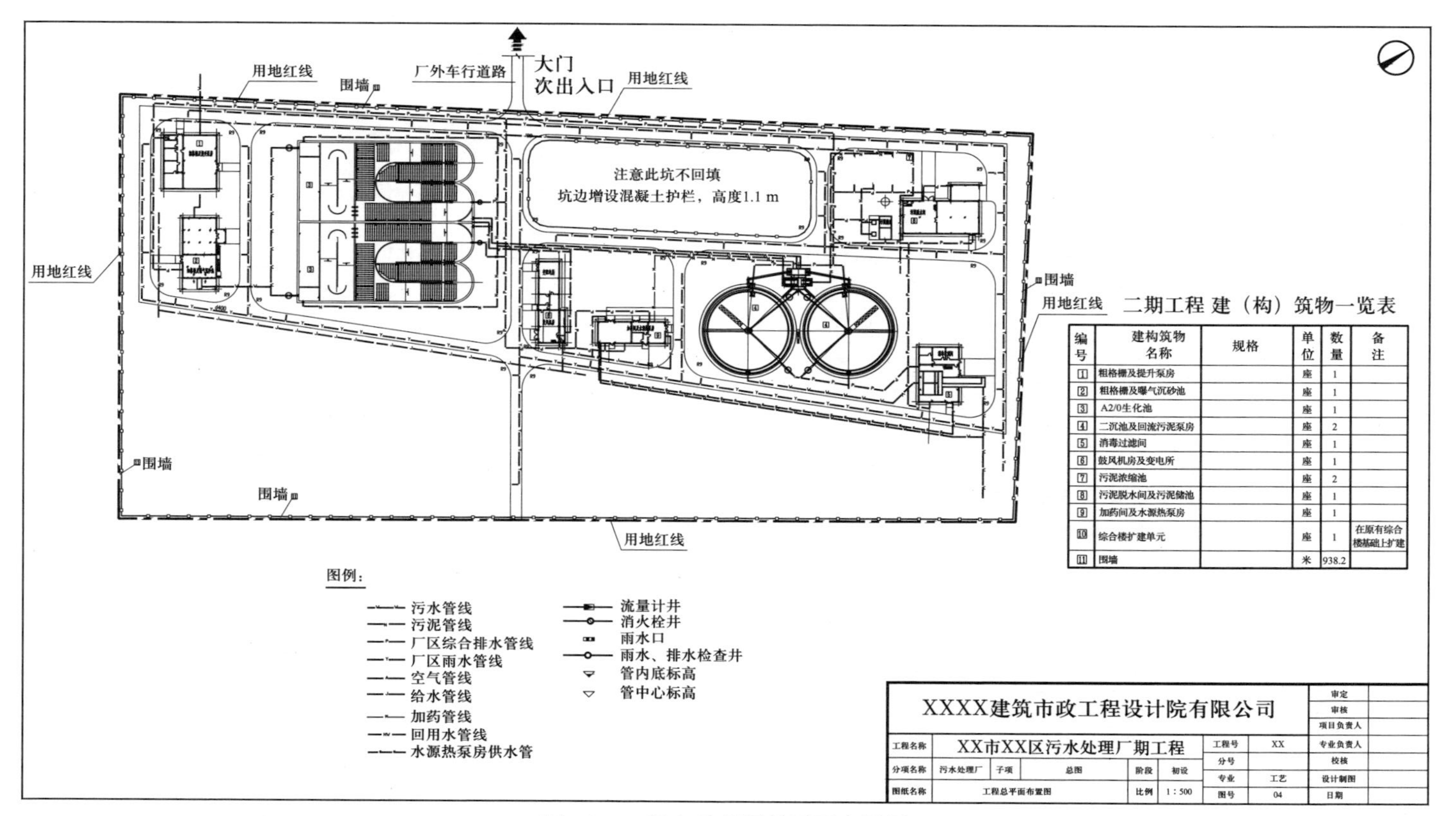

图 13-2　污水处理厂总平面布置图

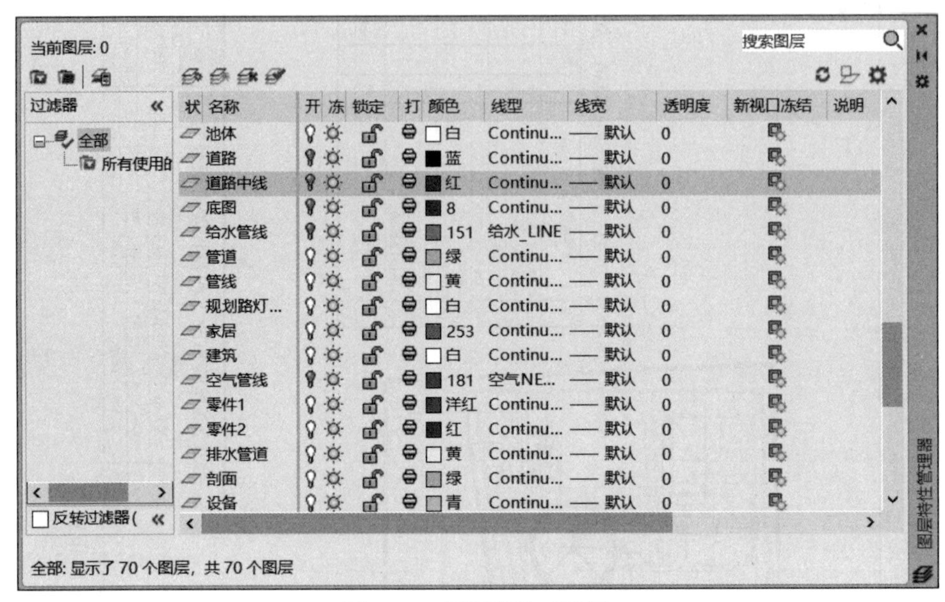


图 13-3 图层特性对话框

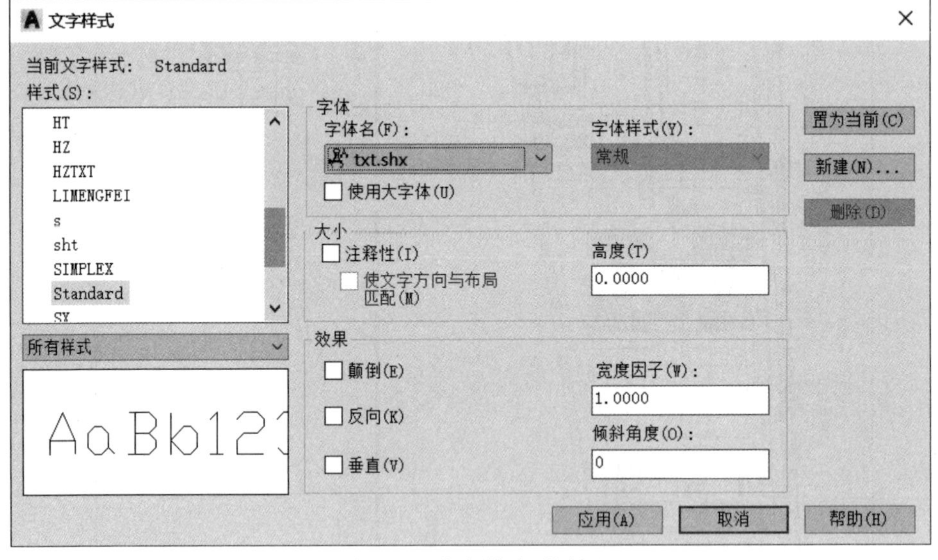


图 13-4 文字样式对话框

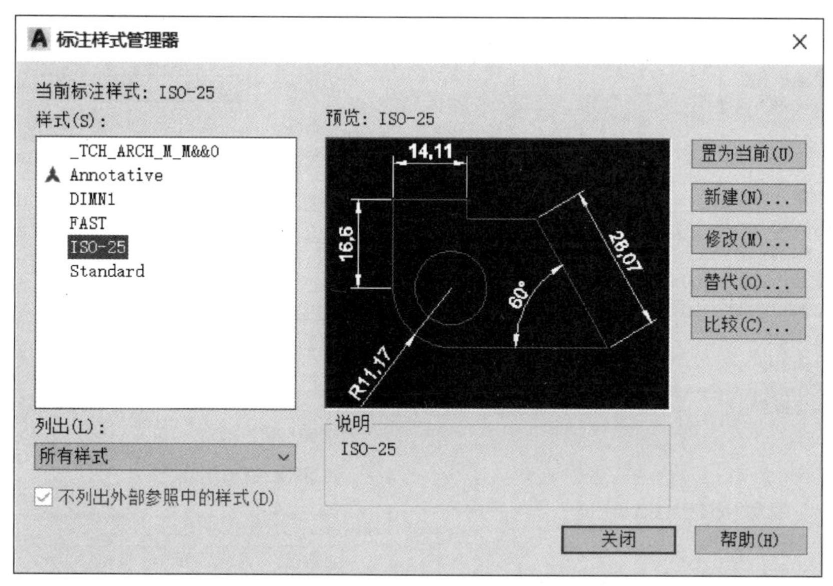


图 13–5　标注样式管理器对话框

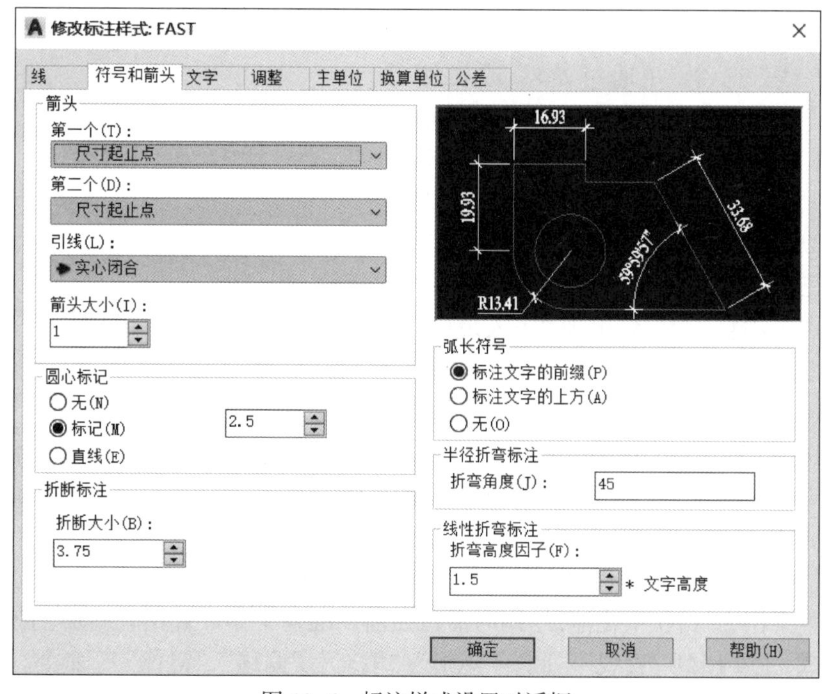


图 13–6　标注样式设置对话框

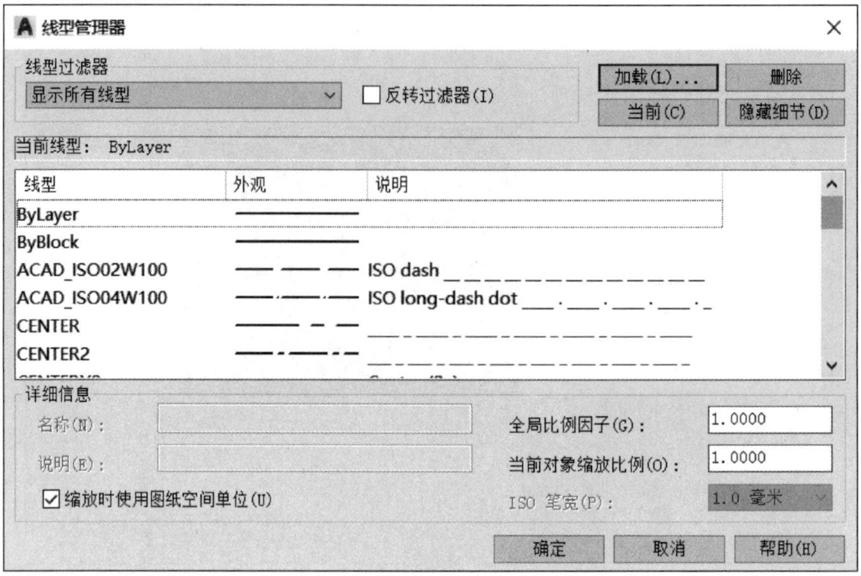

图 13-7 线型管理器

## 2. 管线绘制

选择相应图层，通过“常用”工具栏“直线”命令，并通过“F8”或长按“Shift”健选择直线正交与非正交。右击状态栏，点击设置弹出“草图设置”对话框(图 13-9)，改变“对象捕捉”的参数以便管线图与构筑物图位置协调。

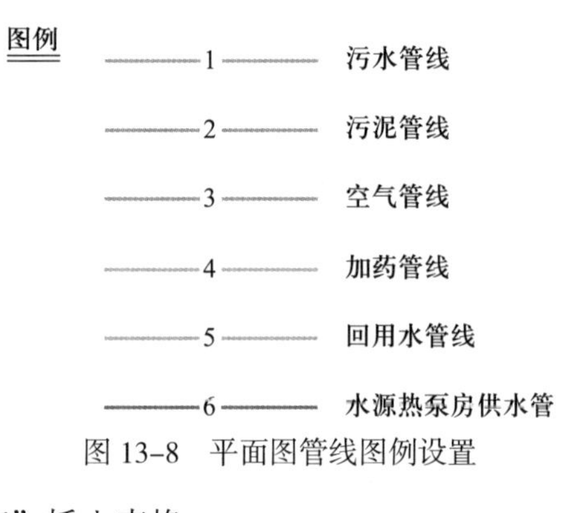


图 13-8 平面图管线图例设置

## (五) 构筑物一览表绘制

点击注释 - 表格，出现“插入表格”对话框，如图 13-10 所示，设置相应行列、数、行高、列宽、单元格样式，点击“确定”，插入表格。

选择前期设置完成的文字格式，双击相应表格输入各构筑物对应编号和名称。

点击注释 - 多行文字，选择前期设置完成的文字格式，输入表头，完成表格设置。

## (六) 处理设施单体绘制(以 $A^2/O$ 生化池为例)

本案例为 $A^2/O$ 生化池，绘制时需按照前期准备工作设置相应图层、字体、标注样式，主要用到“直线”“圆”“矩形”“填充”“偏移”“镜像”等命令。生化池俯视图如图 13-11 所示。

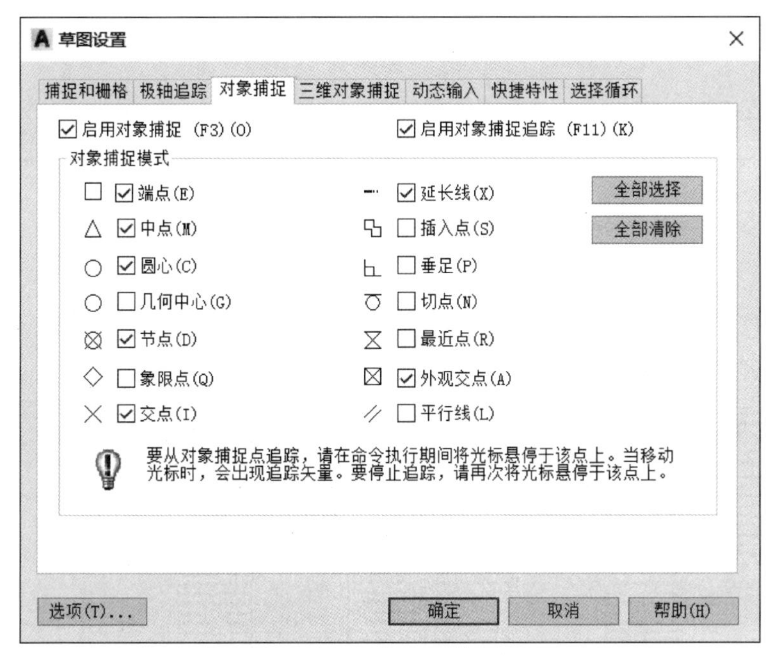


图 13-9　草图设置对话框

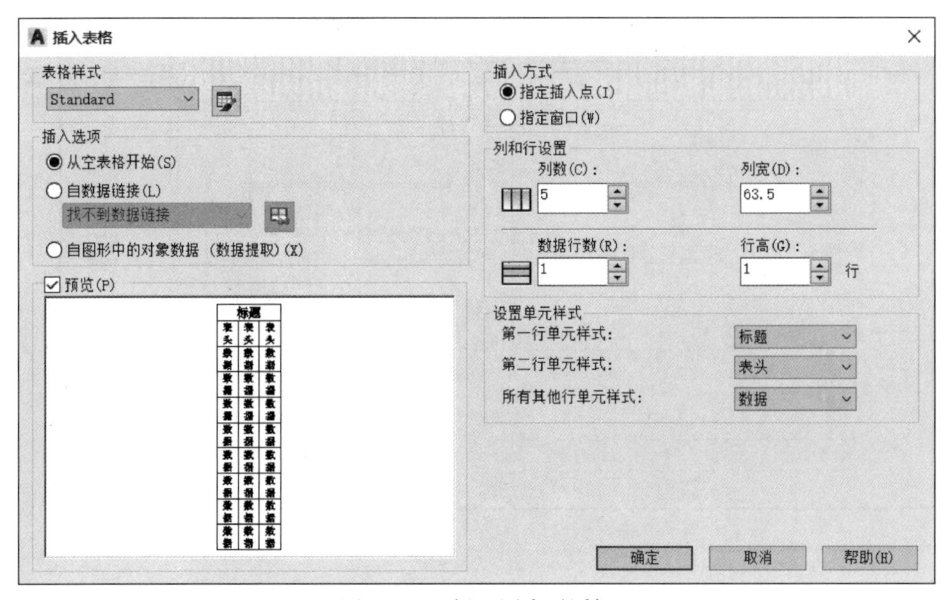


图 13-10　插入图表对话框

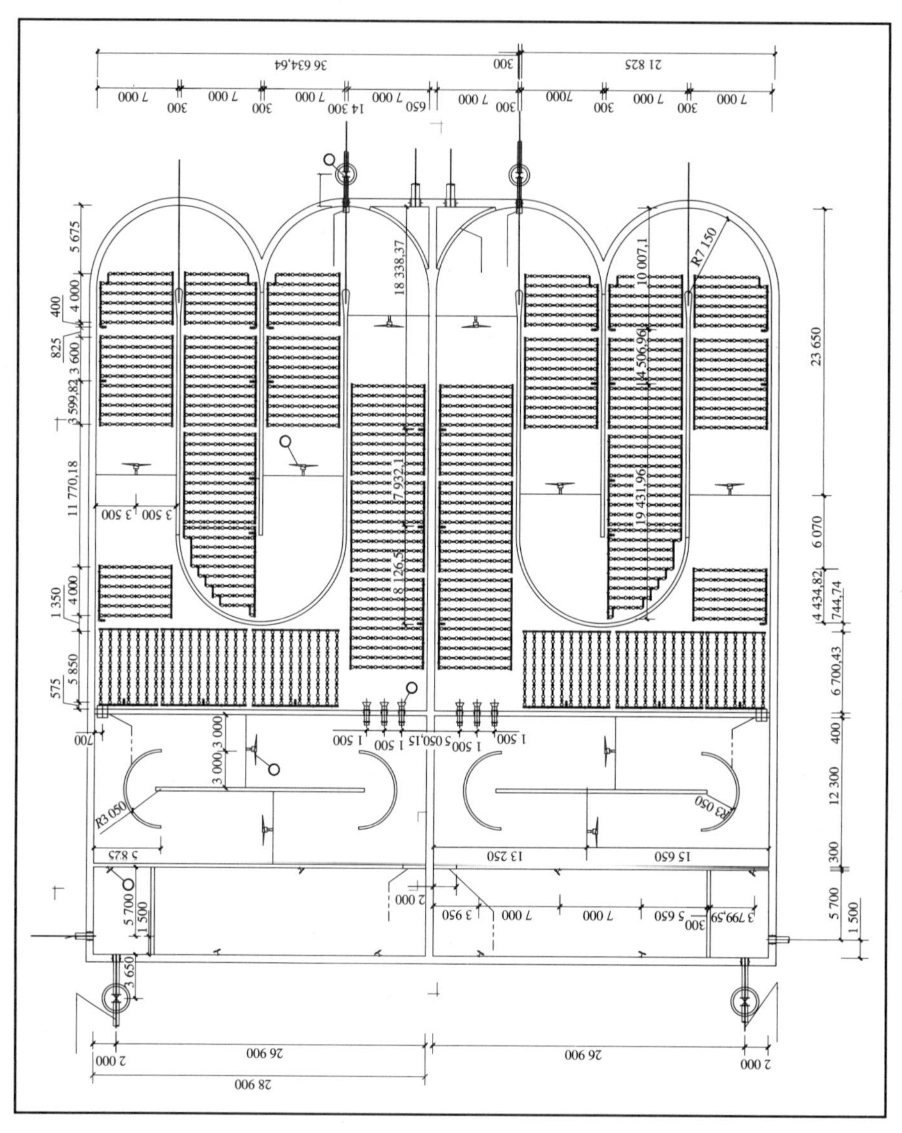

图 13-11 A²/O 生化池俯视图

### 1. 单体轮廓绘制

$A^2/O$ 生化池整体呈长方形，共有 2 座，池体厚度为 0.5 m。生化池轮廓绘制过程如下：

(1) 利用“直线”工具和“圆弧”工具绘制根据设计尺寸绘制各个廊道轮廓，通过“偏移”工具绘制生化池池体。

(2) 通过设置“对象捕捉”绘制单廊道中心线并利用“偏移”工具绘制廊道进水管和空气管放置台。

(3) 选中上半部分生化池，以下边界线为轴复制，得到下半部分池体，最终得到如图 13-12 所示图形，记为生化池轮廓图。

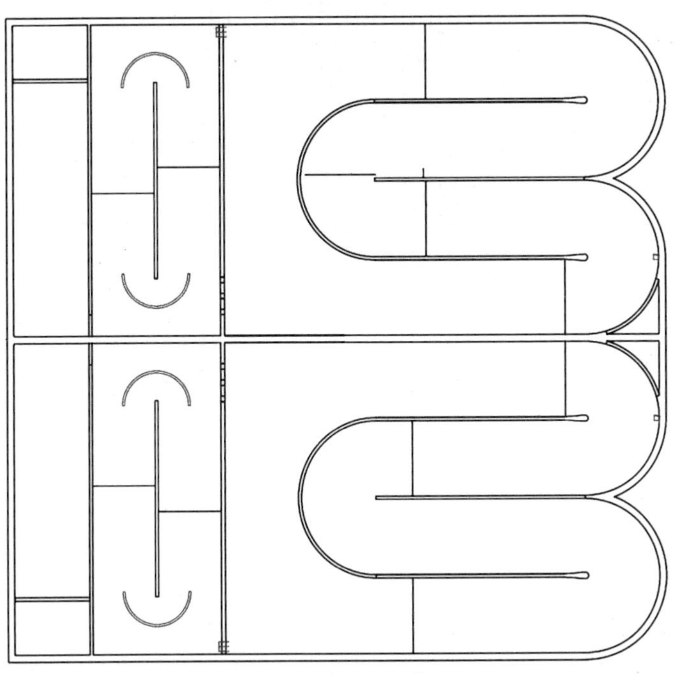

图 13-12　生化池轮廓图 1

### 2. 曝气装置布置

(1) 利用“圆”工具和“多线”工具，绘制单个曝气头和空气管道。

(2) 选中(1) 中绘制的曝气头，利用“阵列”工具，调整行间距为 650，列间距为 800，结果见图 13-13 所示。

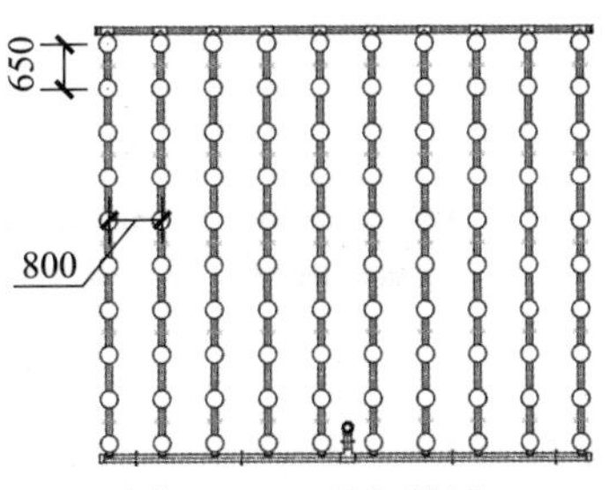


图 13-13　曝气装置

(3) 选中(2)绘制的曝气头模块，按照设计要求，依次复制即可，见图 13-14 所示。

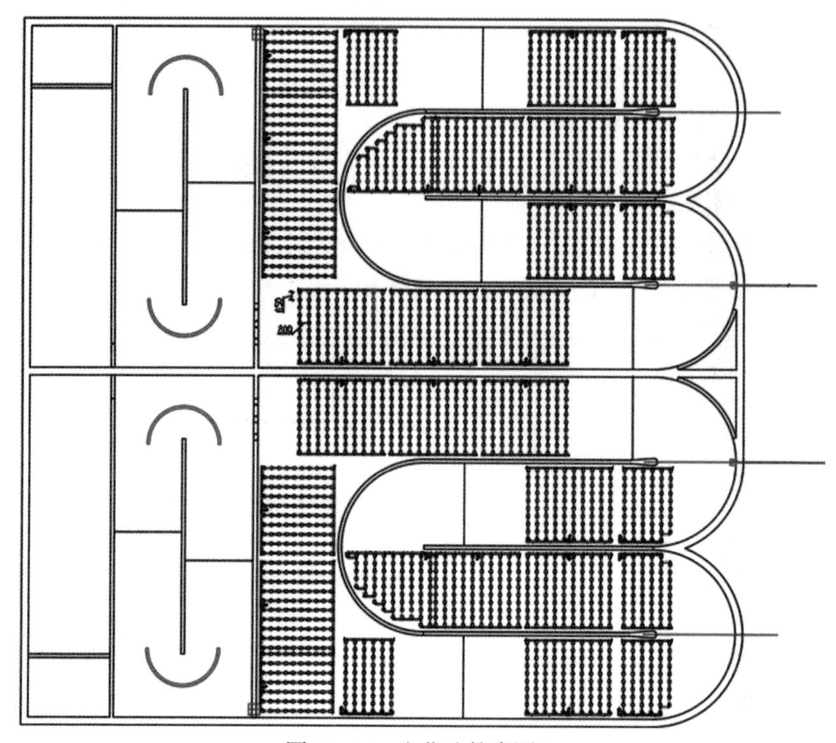

图 13-14　生化池轮廓图 2

3. **曝气池设备安装**

(1) 闸阀安装。选择相应图层，在空白处绘制单个闸阀模块。按照设计要求确定闸阀的尺寸，确定各个部件之间的距离，利用“偏移”“打断”“等分”“圆”等工具，完成闸阀示意图的绘制，结果见图 13-15 所示。

(2) 搅拌头绘制。利用“直线”“矩形”“打断”等工具，得到图 13-16，于曝气池各个廊道绘制多组搅拌头。

图 13-15　闸阀　　　　图 13-16　搅拌头

4. **标注**

(1) 尺寸标注：点击"注释"-"标注"，选择"线型"或"连续"，标注池体关键尺寸。

(2) 部件注释：点击"注释"-"多重引线"，对池体主要零部件编号，并于表格中汇总，最终得到如图 13-11 所示的生化池俯视图。

在本节中已经介绍了污水处理厂工艺流程的选择、平面布置总图的设计，并描述了二级处理构筑物 $A^2/O$ 生化池的具体绘制步骤，在接下来的两节中，我们将介绍另外两种典型的废水处理技术序批式活性污泥法（SBR）与膜生物反应器（MBR）的单体构筑物。

## 第二节　污水处理单体构筑物——SBR 单元

序批式活性污泥法（sequencing batch reactor activated sludge process，SBR），又称间歇式活性污泥法，是一种按间歇曝气方式来运行的活性污泥污水处理技术。SBR 反应池集均化、初沉、生物降解、二沉等功能于一体，无污泥回流系统。由于间歇运行方式与许多行业废水产生的周期比较一致，同时工艺占地小，平面布置紧凑，因此在工业污水处理与城镇污水处理中应用广泛。

本节将详细介绍某污水处理厂二级处理 SBR 生化池平面图（如图 13-17）的绘制步骤。

### 一、设置绘图环境

1. **创建图形文件**

同本章第一节所述。

2. **命名图形**

单击快速访问工具栏中的"保存"按钮，打开"图形另存为"对话框。在"文件名"下拉列表框中输入图形名称"SBR 生化池平面图 .dwg"，如图 13-18 所示。单击"保存"按钮，建立图形文件。

### 二、设置图层

单击"默认"选项卡"图层"面板中的"图层特性"按钮，打开图层特性管理器，一次创建平面图中的基本图层，如墙体、管道、设施、标注、编号、文字等，如图 13-19 所示。

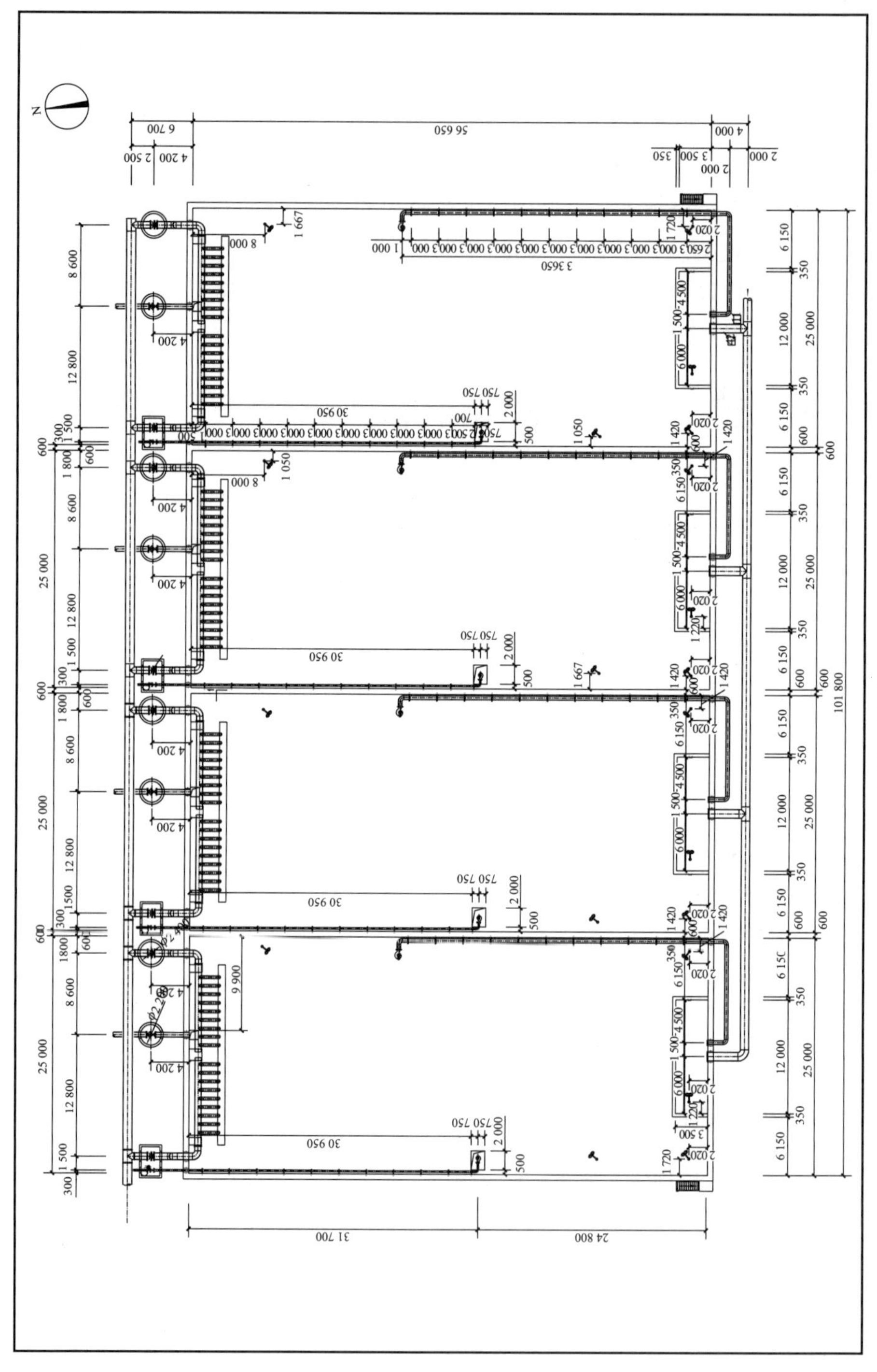

图 13-17 某污水处理厂 SBR 生化池平面图

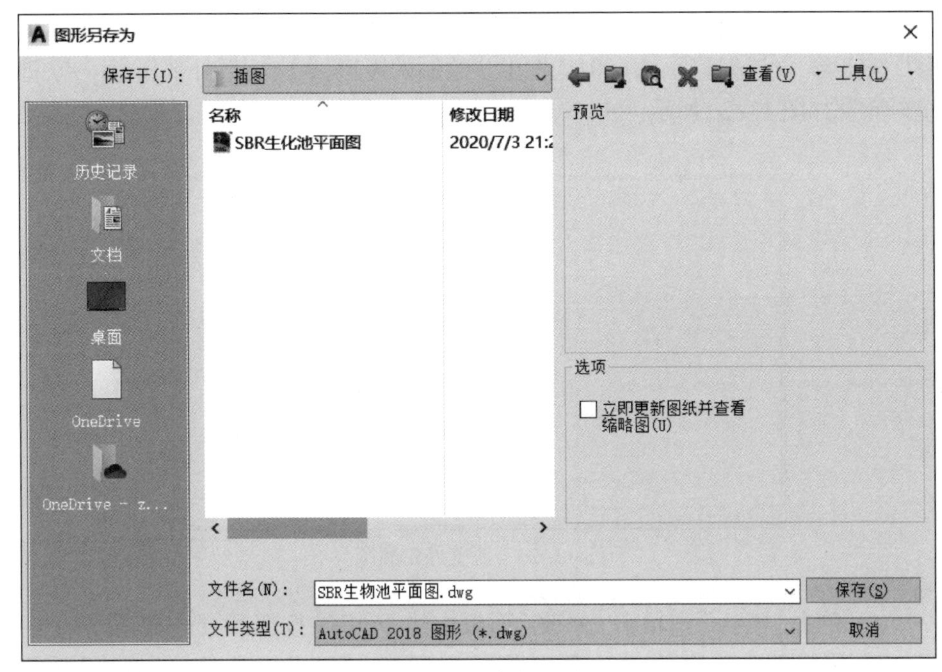


图 13-18　命名图形

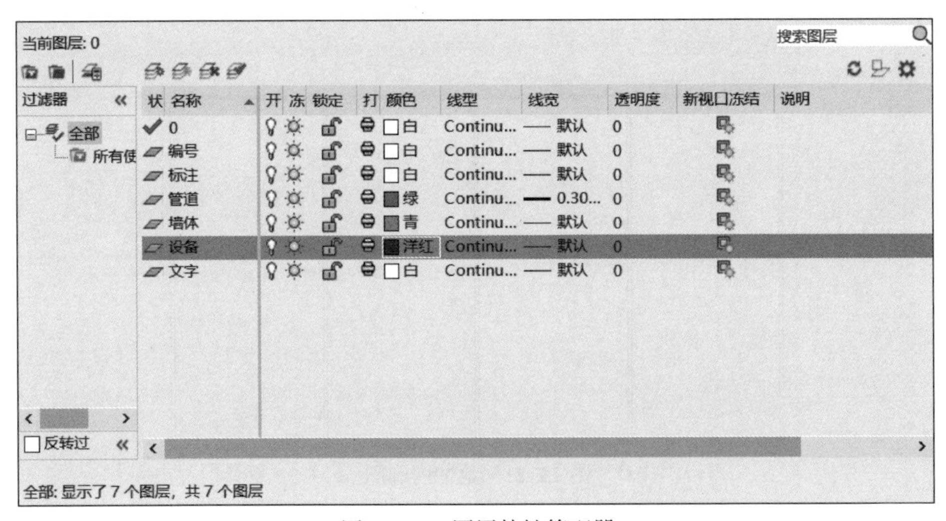


图 13-19　图层特性管理器

## 三、绘制墙体平面轮廓

(1) 将“墙体”图层设置为当前图层，单击“默认”选项卡“绘图”面板中的

“矩形”按钮□,绘制一个长 101 800,宽 56 500 的矩形,单击“修改”面板中的“偏移”按钮⊆,设置偏移距离 600,选取上步绘制的矩形,点击矩形外部任意一点,池壁外轮廓如图 13-20 所示。

图 13-20 池壁外轮廓图

(2) 单击“默认”选项卡“修改”面板中的“分解”按钮,选中内外两个矩形,将矩形分解为线段,选中左侧内壁线段,单击“修改”面板中的“偏移”按钮⊆,依次向右偏移 25 000、25 600、50 600、51 200、76 200、76 800,结果如图 13-21 所示。

图 13-21 池壁内廓图

(3) 单击“默认”选项卡“修改”面板中的“修剪”按钮,将内廓中多余的线删除,如图 13-22 所示。

(4) 接下来绘制池中的集水坑,继续采用偏移 + 修剪的方法来绘制,单击“默认”选项卡“修改”面板中的“偏移”按钮⊆,选取附近的已有线段,根据设计结果设置偏移距离：竖直线偏移 6 150，水平线 3 500，集水坑壁厚 350，结果见图 13–23。

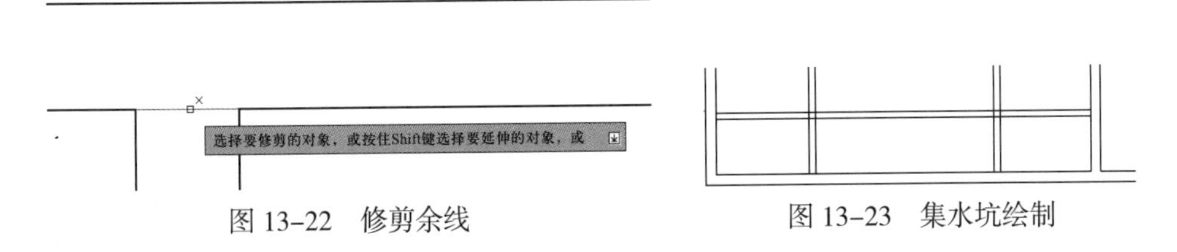


图 13–22　修剪余线　　图 13–23　集水坑绘制

(5) 单击“默认”选项卡“修改”面板中的“修剪”按钮，将多余的线删除，其他集水坑的绘制方法与此一致，绘制完成的结果见图 13–24。

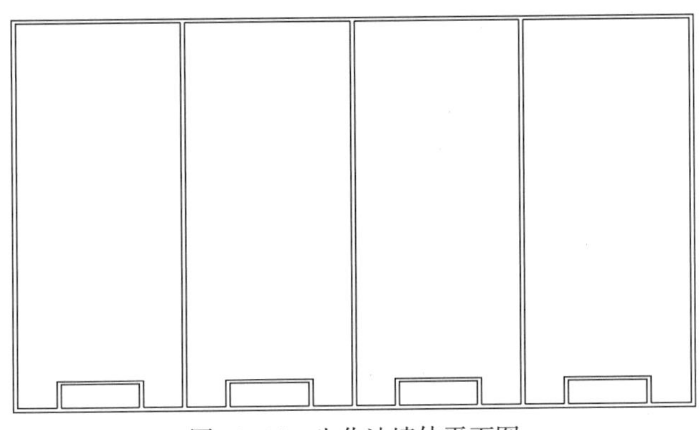

图 13–24　生化池墙体平面图

## 四、绘制管道

本例中所涉及管道共有四种型号：进水管 D920、内回流管 D426、剩余污泥管 D219、出水管 D1020。

(1) 将“管道”图层设置为当前图层，单击“格式”菜单栏中的“多线样式”，新建多线样式 D920，将“图元”选项中的“偏移”分别设施为“460”、“-460”，线型和颜色都设置为“Bylayer”，结果见图 13–25，以同样的方法分别新建多线样式 D426、D219、D1020，偏移分别设置为 ± 213、± 109.5、± 510。

(2) 首先绘制进水管，击“格式”菜单栏中的“多线样式”，将 D920 设置为“置为当前”。开启“捕捉”模式，将下内廓线向下偏移 4 000 得到直线 1，单击“绘图”菜单栏“多线”选项，沿直线 1 绘制横向进水管 D920，结果如图 13–26 所示。

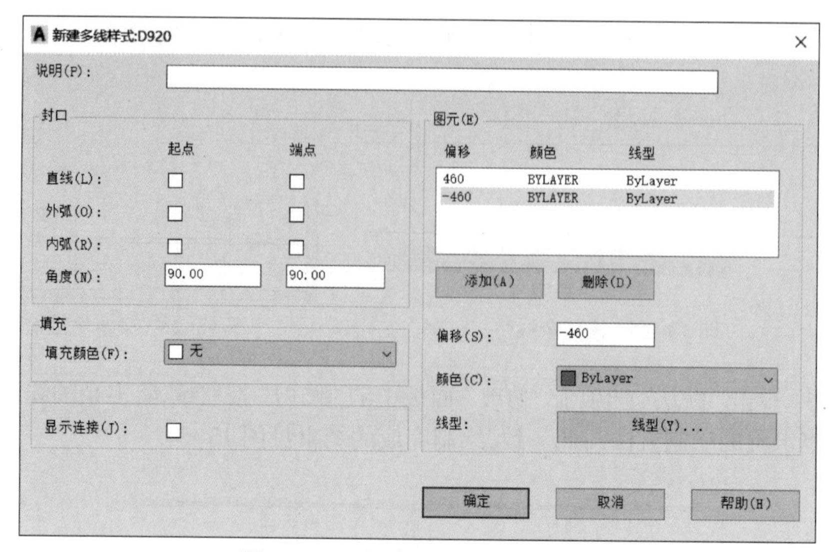


图 13-25 “新建多线样式”对话框

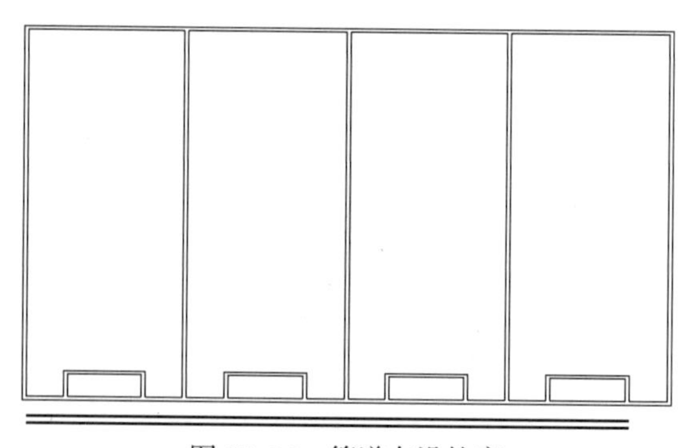

图 13-26 管道布设轮廓

(3) 用同样的方法(墙体线偏移)分别定位进水管其他支管,采用“默认”选项卡“绘图”面板中的“修剪”命令修剪掉多余的直线,采用“圆角”命令处理管道弯曲处,结果见图 13-27 所示。

(4) 用同样的方法绘制其他管道,注意在使用“多线”命令时,将多线比例设置为 1,“对正方式”设施为“无”,管道绘制的结果见图 13-28 所示。

## 五、绘制滗水器

(1) 首先定位滗水器的位置:单击“默认”选项卡“修改”面板中的“偏移”命令,分别输入偏移距离 2 200、1 000,取两条偏移线的交点为矩形的左上顶点绘制长 19 000、宽 800 的矩形框,结果见图 13-29 所示。

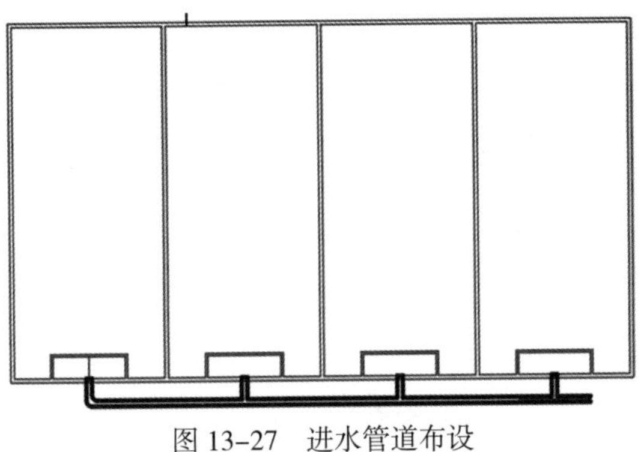

图 13-27　进水管道布设

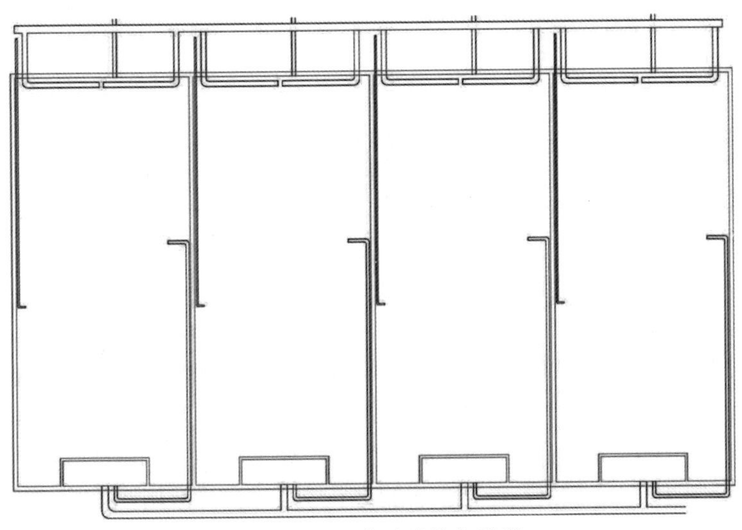

图 13-28　生化池墙体与管道

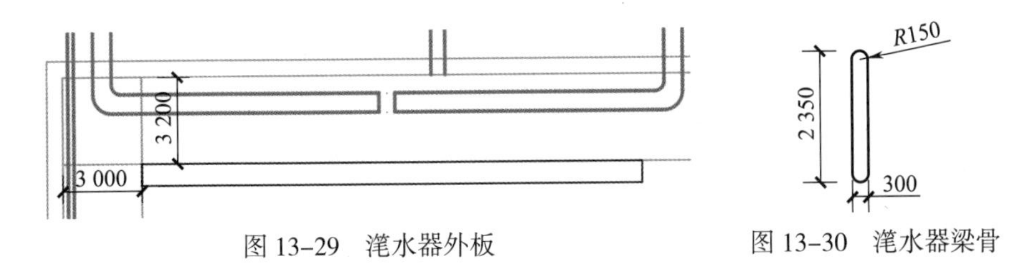


图 13-29　滗水器外板　　图 13-30　滗水器梁骨

(2) 接下来绘制滗水器的梁骨：首先绘制 2 350 × 300 的矩形，单击“默认”选项卡“修改”面板的“倒角”命令，输入半径 150，对矩形的四个直角倒圆角，结果见图 13-30 所示。

(3) 定位第一根梁骨的位置：方法参考(1)中定位滗水器的方法，结果见图 13-31 所示。选中第一根梁骨，单击“默认”选项卡“修改”面板“阵列”命令，设置 9 列、1 行，列间距为 900，完成左半部分梁骨绘制，选中左半部分梁骨，单击“镜像”命令，以滗水器矩形中线为轴，完成另一半绘制，结果见图 13-32 所示。其他池子中的滗水器由第一个复制过来即可，结果见图 13-33 所示。

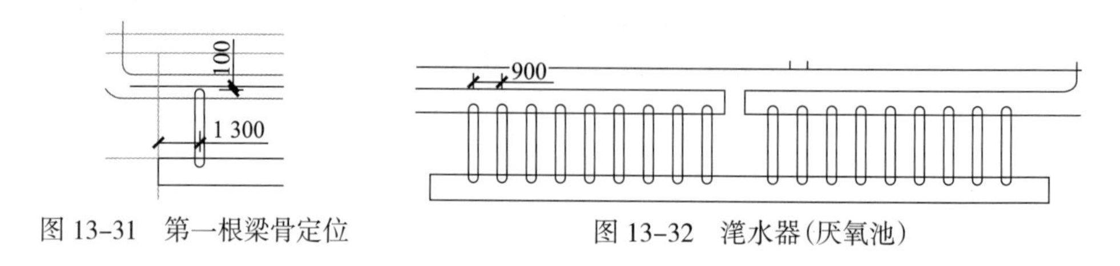


图 13-31 第一根梁骨定位

图 13-32 滗水器(厌氧池)

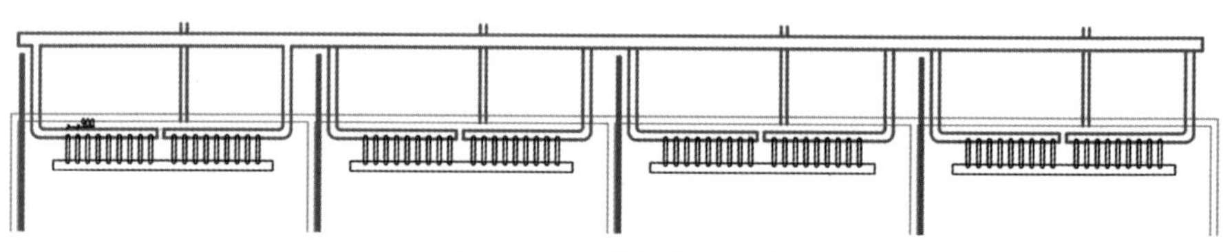

图 13-33 滗水器(四池)

(4) 阀门、接头、闸门井的绘制：① 绘制三条长 500、间距 40 的线段，单击“修改”面板中的阵列命令，设置 1 列、3 行，间距为 400。选中三组线段，单击“修改”面板中的“分解命令”，选中 3 号、4 号线三等分，用“直线”命令连接三等分点，绘制半径 150 和字高为 200 的多行文字“M”，运用“矩形”和“图案填充”命令完成剩余部分的绘制，结果图 13-34 见所示。② 其他阀门的绘制方法与此相同，结果见图 13-35 所示。

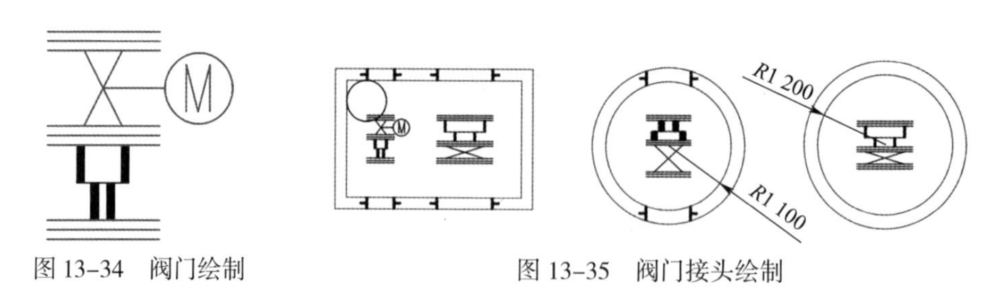


图 13-34 阀门绘制

图 13-35 阀门接头绘制

(5) 将绘制好的阀门模型置入池中:定位方法见(1)滗水器的定位方法,并调整管道线,结果见图 13-36 池体管道设备所示。

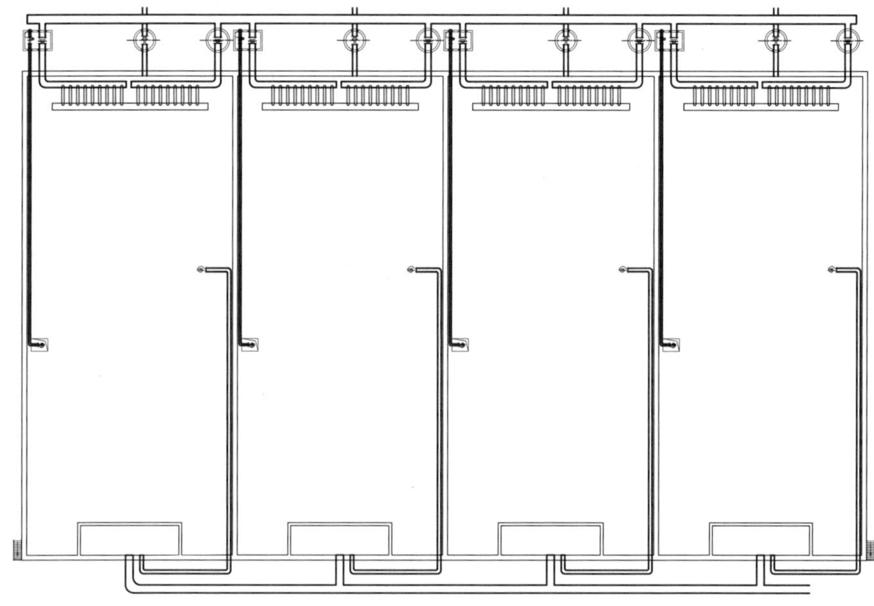

图 13-36　池体管道设备

## 六、添加标注

(1) 新建文字样式和标注样式,单击“格式”菜单栏中的“文字样式”,新建“文字样式”“标注文字”,设置字体为“romans.shx”,“字高”为 600,点击“置为当前”,如图 13-37 所示。新建“标注样式”,具体设置参照之前样式设置,文字样式设置为“标注文字”,结果见图 13-38 所示。

(2) 依照设计尺寸依次标注,结果见图 13-39 所示。

## 七、添加文字

将建立的文字样式“标注文字”置为当前,依次添加文字注释,结果见图 13-40 所示。

至此,污水厂生化池基本绘制完成。

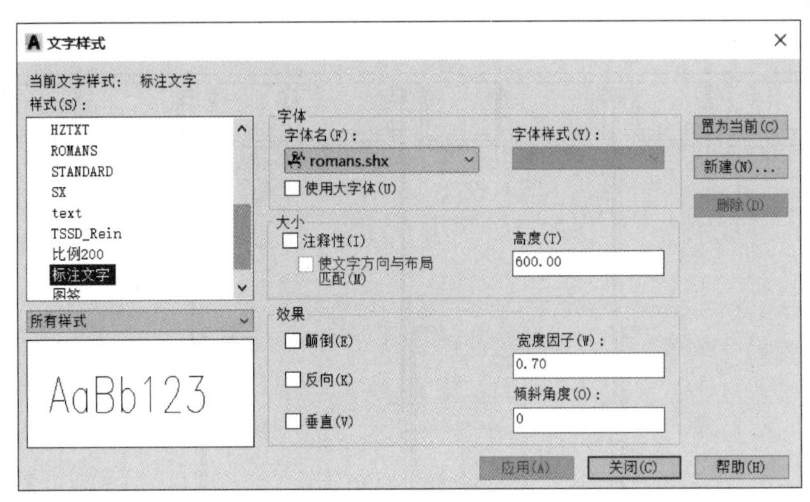


图 13-37 文字样式

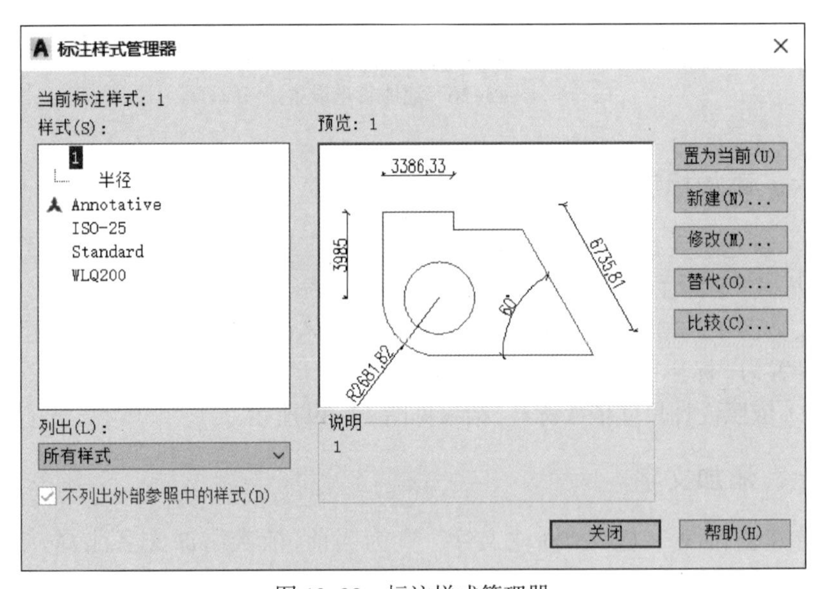


图 13-38 标注样式管理器

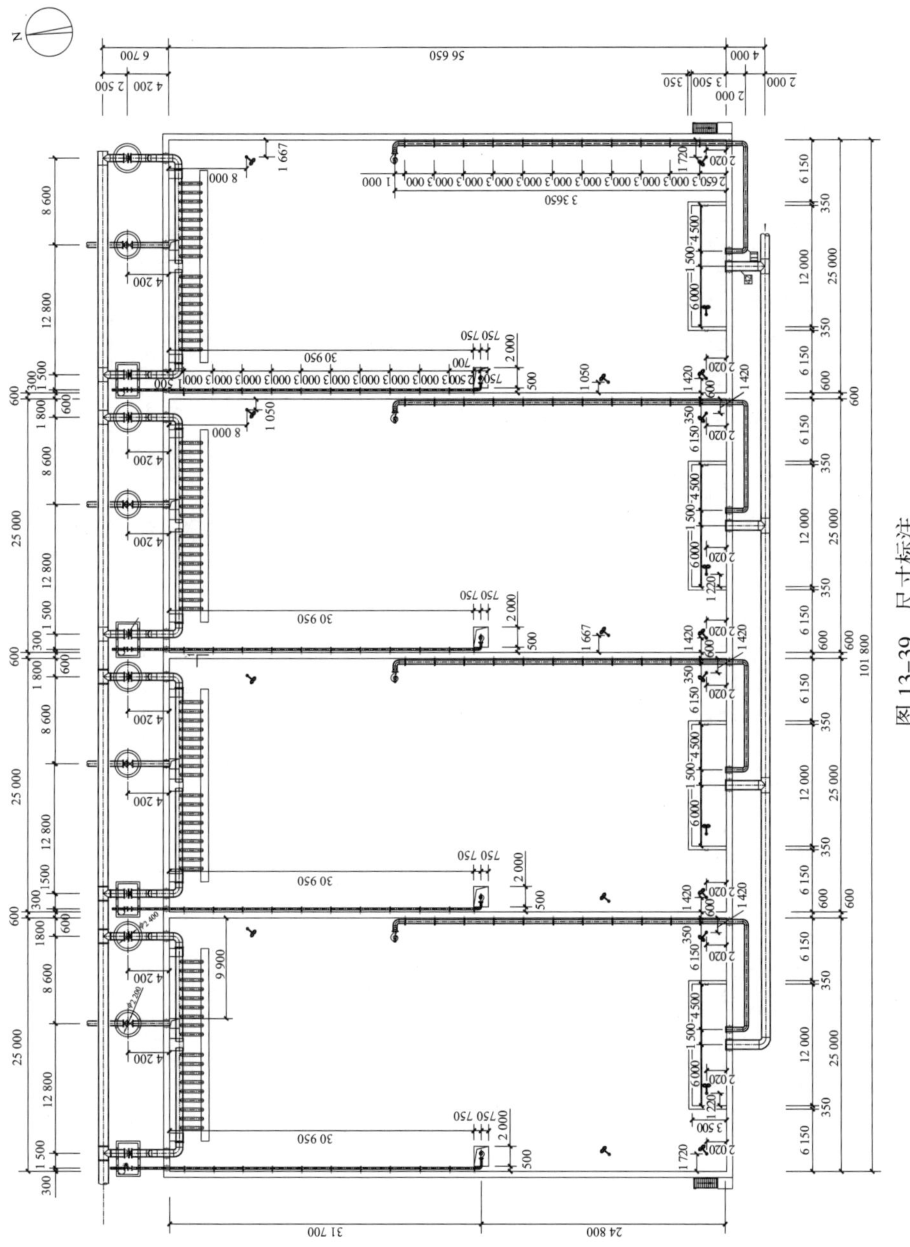

图 13-39　尺寸标注

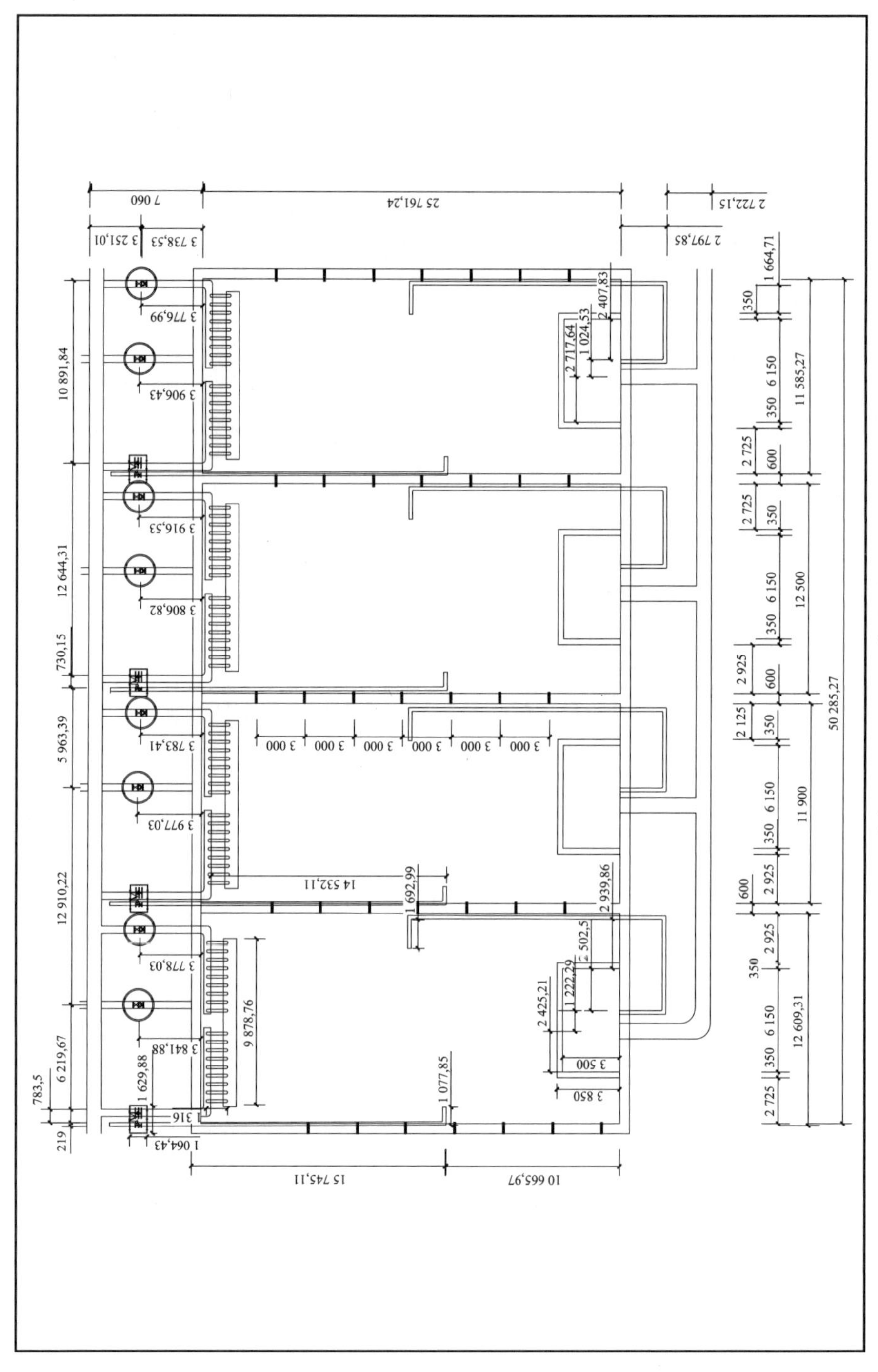

图 13-40 SBR 生化池平面图

# 第三节　污水处理单体构筑物——MBR 单元

膜生物反应器(membrane bioreactor,MBR)是一种将膜分离技术与传统污水生物处理工艺有机结合的新型高效污水处理工艺。在活性污泥法等传统的生化水处理工艺中,泥水分离是在二沉池中依靠重力作用完成的,其分离效率活性污泥的沉降特性影响;并且基于固液分离要求,曝气池的污泥不能维持高浓度,使得生化反应受限。MBR 将分离工程中的膜技术应用于废水处理系统,提高了泥水分离效率,同时曝气池中活性污泥浓度的增大提高了生化反应速率。此外,通过降低 F/M 值极大减少剩余污泥产生量,从而基本解决了传统活性污泥法存在的突出问题。与传统工艺相比,MBR 具有固液分离率高、出水水质好、处理效率高、占地空间小、运行管理简单、应用范围广等优点。

MBR 工艺可应用于很多情况,例如现有城市污水处理厂的更新升级,特别是出水水质难以达标或处理流量剧增而占地面积无法扩大的水厂;也可以作为传统污水处理工艺的深度处理单元,在城市二级污水处理厂出水深度处理(从而实现城市污水的大量回用)等领域有着广阔的应用前景。

本节所讲解的实例为某地区再生水厂深度处理工艺段 MBR 膜池平面图(图 13-41)的绘制步骤。

## 一、设置绘图环境

### 1. 创建图形文件

同本章第一节所述。

### 2. 命名图形

单击快速访问工具栏中的“保存”按钮,打开“图形另存为”对话框。在“文件名”下拉列表框中输入图形名称“MBR 膜池平面图”,保存为“*.dwg”格式,如图 13-42 所示。单击“保存”按钮,建立图形文件。

### 3. 设置图层

单击“默认”选项卡“图层”面板中的“图层特性”按钮,打开图层特性管理器,一次创建平面图中的基本图层,如标注、池壁、膜组器、文字、中心线等,如图 13-43 所示。

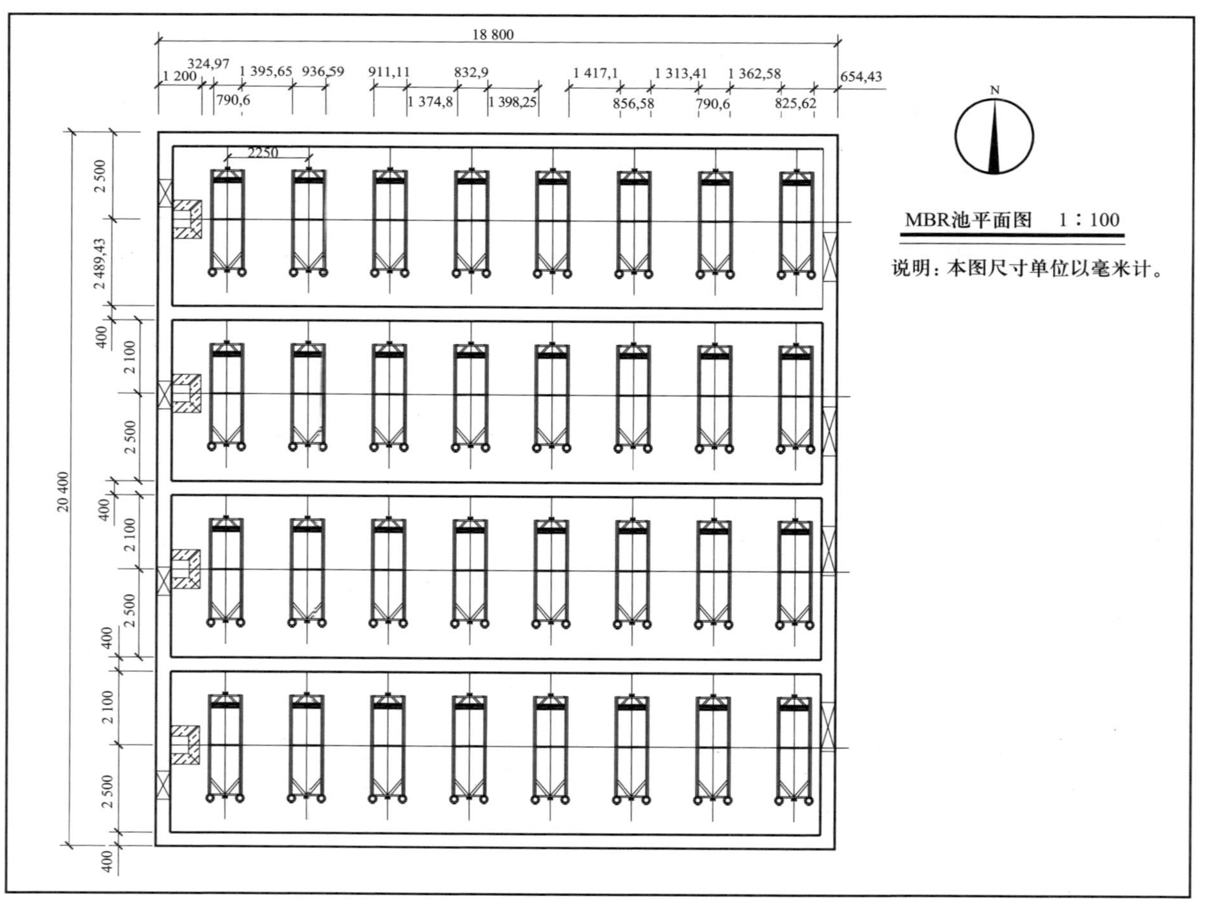

图 13-41 某地区再生水厂 MBR 膜池平面图

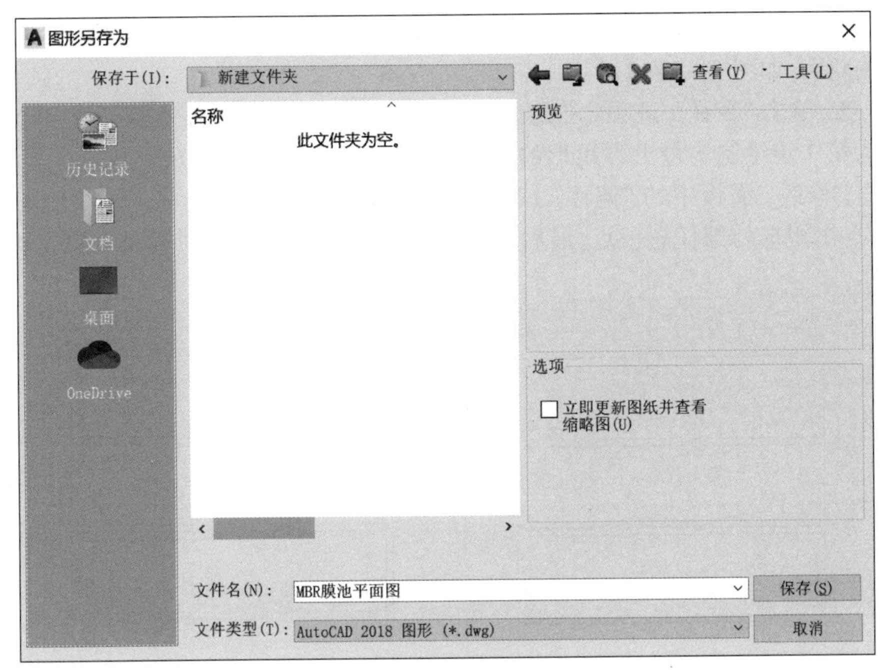


图 13-42 命名图形

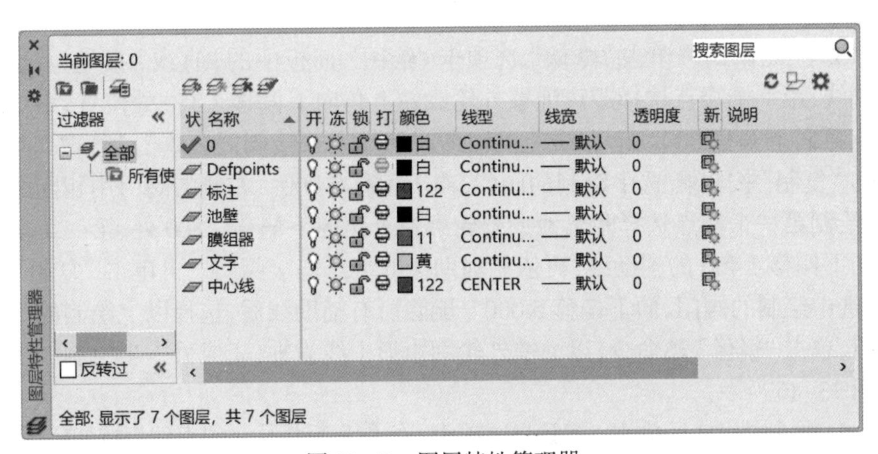


图 13-43 图层特性管理器

## 二、绘制池壁平面轮廓

1. 将“池壁”图层设置为当前图层,单击“默认”选项卡“绘图”面板中的“矩形”按钮▭,绘制一个长 18 000,宽 4 600 的矩形,选中这个矩形,单击“默认”选项卡“修改”面板“阵列”命令,设置 1 列、4 行,列间距为 5 000,绘制池壁内轮廓,如图 13-44 所示。

2. 单击“默认”选项卡“绘图”面板中的“矩形”按钮,指定第一个端点为第 1 步绘制的最上方矩形的左上角,第二个端点为最下方矩形的右下角。单击“修改”面板中的“偏移”按钮,设置偏移距离 400,选取上步绘制的矩形,点击矩形外部任意一点,最后删除上步绘制的矩形,池体外轮廓如图 13-45 所示。

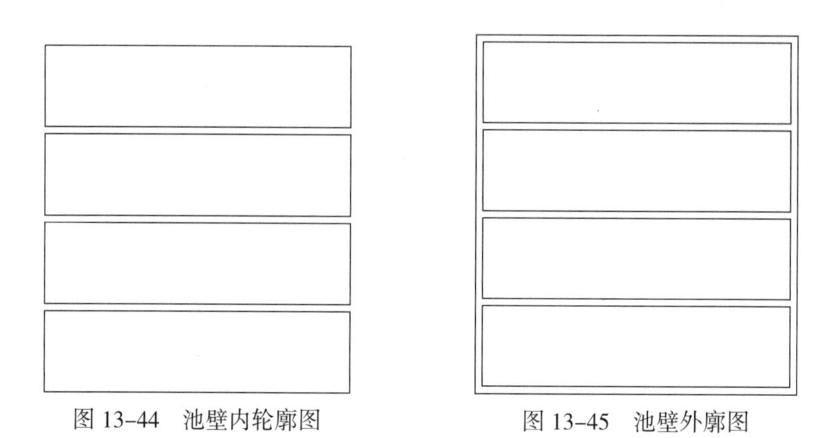

图 13-44 池壁内轮廓图　　图 13-45 池壁外廓图

3. 绘制阀门。单击“默认”选项卡“绘图”面板中的“直线”按钮,绘制辅助线,第一个端点选择距离池壁外轮廓左上角向下偏移 1 350 处位置,第二个端点再向下偏移 800。依靠第二段辅助线的端点连接阀门。单击“修改”面板中的“复制”按钮,选中绘制的阀门,向下偏移 5 000。右侧的阀门用相同的方法,绘制第一个端点选择距离池壁外轮廓左上角向下偏移 2 800 处、第二个端点再向下偏移 1 400 的辅助线,再依靠辅助线的端点连接阀门。再单击“复制”按钮,选中绘制的阀门,向下偏移 5 000。删除所有辅助线后,选择以上绘制的所有阀门,单击“镜像”命令,以池壁外轮廓矩形中线为轴,完成另一半绘制。结果见图 13-46 所示。

4. 绘制排泥口,单击“默认”选项卡“绘图”面板中的“直线”按钮,以左上角阀门的右下角为端点,第二个端点向右偏移 800；再向下偏移 1 100 绘制第二段线;再向左偏移 800 绘制第三段线,绘制好外侧矩形。以第一段线左端点向下偏移 300 处为第一端点、再向右偏移 500 为第二端点绘制第四段线;再向下偏移 500 绘制第五段线;再向左偏移 500 绘制第六段线,绘制好内侧矩形。用直线连接绘制好的两个矩形框的右侧端点。在内矩形对角线为轴绘制多段线,在内外侧矩形之间绘制用直线填充图纹。完成一个排泥口绘制后,单击“默认”选项卡“修改”面板“阵列”命令,设置 1 列、4 行,列间距为 5 000,完成排泥口绘制,如图 13-47 所示。

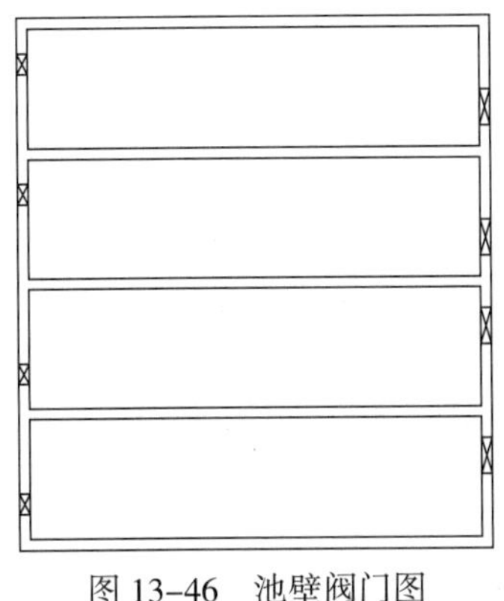

图 13-46　池壁阀门图

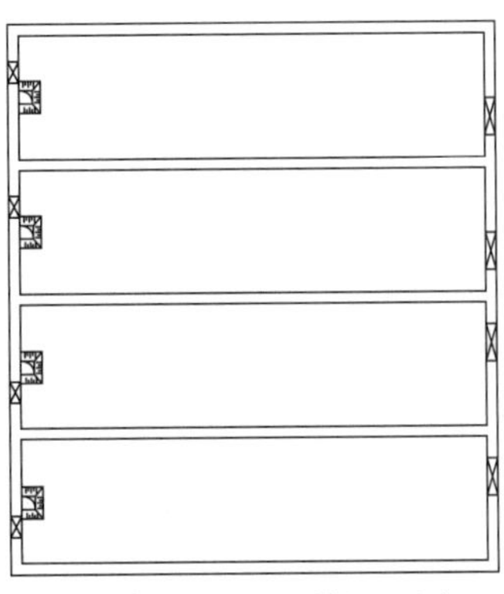

图 13-47　池壁排泥口图

## 三、绘制膜组器

1. 将“膜组器”图层设置为当前图层,首先绘制膜组器内侧矩形轮廓,单击“默认”选项卡“绘图”面板中的“矩形”按钮,绘制一个长 1 058,宽 2 900 的矩形。

2. 将“标注”图层设置为当前图层,绘制第 1 步矩形的两条轴线。

3. 单击“默认”选项卡“绘图”面板中的“直线”按钮,绘制出左上部分外轮廓。单击“修改”面板中的“镜像”命令,以第 2 步绘制的两条轴线为镜像轴线,结果如图 13-48 所示。

4. 单击“默认”选项卡“绘图”面板中的“圆”按钮,设定圆心与半径长度。采用“默认”选项卡“绘图”面板中的“修剪”命令修剪掉多余的直线,结果如图 13-49 所示。

5. 选择“默认”选项卡“特性”面板中线型为“Hidden”后,使用“直线”和“圆”命令绘制左上部分内轮廓。之后选择“镜像”命令利用第 2 步绘制的两条轴线为镜像轴线,如图 13-50 所示。

6. 单击“默认”选项卡“绘图”面板中的“直线”按钮绘制内轮廓左下方零件,单击“默认”选项卡“修改”面板“阵列”命令,设置 1 列、9 行,列间距为 44,如图 13-51 所示。

7. 单击“插入”选项卡“块定义”面板中的“创建块”按钮,如图 13-52 所示,名称设置为“膜组件”,“基点”点击“拾取点”为膜组件两条轴线中心点,

“对象”点击“选择对象”选择第 6 步绘制好的膜组件。

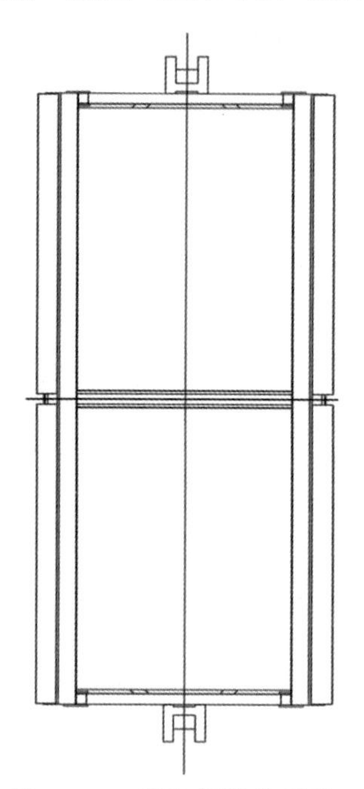

图 13-48 膜组器外轮廓图 1

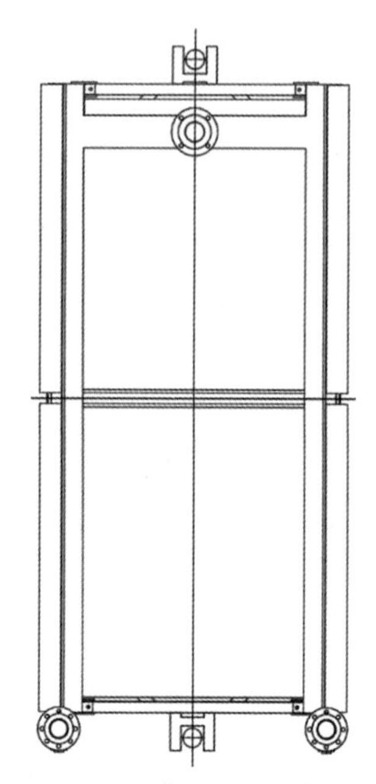

图 13-49 膜组器外轮廓图 2

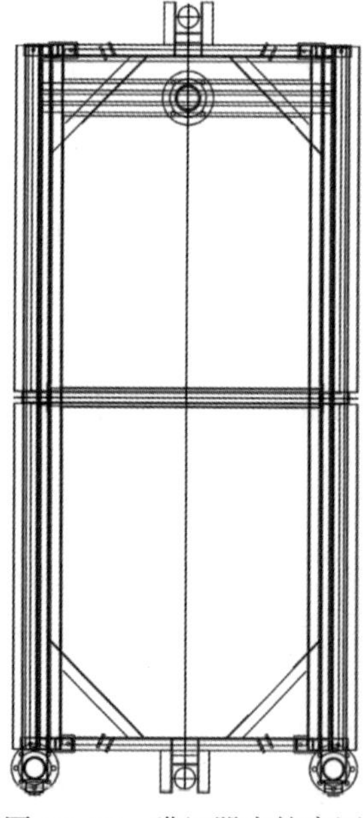

图 13-50 膜组器内轮廓图

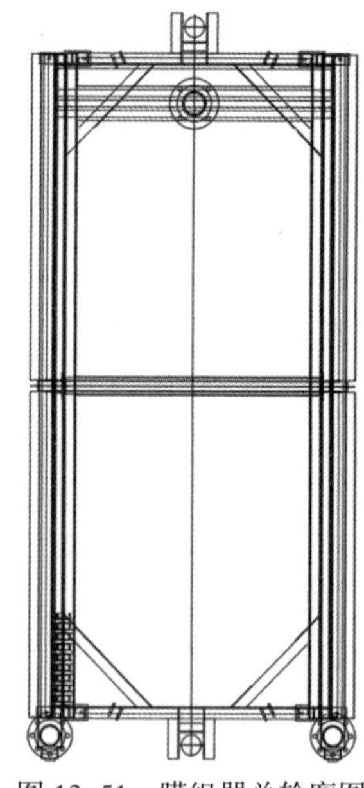

图 13-51 膜组器总轮廓图

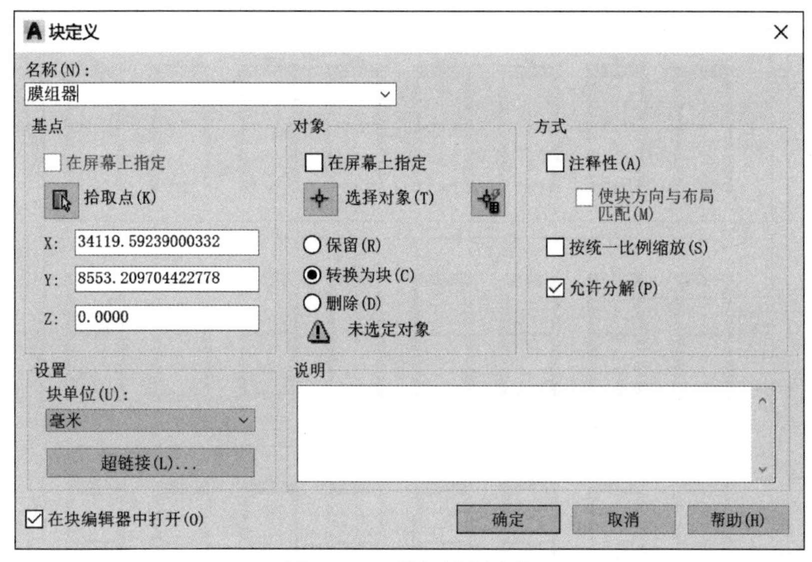


图 13-52　膜组器创建块

## 四、绘制 MBR 膜池

1. 首先定位膜组器在池中的位置，单击“默认”选项卡“绘图”面板中的“直线”按钮绘制辅助线，以池内轮廓矩形左下角向右偏移 1 700 为第一个端点，再向上偏移 2 300 为第二个端点。单击“插入”选项卡“块”面板中的“插入”下拉选择“绘制膜组件”一节中绘制好的“膜组器”块，插入点为辅助线第二个端点。

2. 选中插入好的“膜组器”块，单击“默认”选项卡“修改”面板“阵列”命令，设置 8 列且列距离为 2 250，4 行且行间距为 5 000，如图 13-53 所示。

## 五、添加标注

1. 将“标注”图层设置为当前图层，新建文字样式和标注样式，单击“格式”菜单栏中的“文字样式”，新建“文字样式”、“标注文字”，设置字体为“roman.shx”，大字体为“hztxt.shx”，勾选“使用大字体”，“字高”为 250，点击“置为当前”，如图 13-54 所示。新建“标注样式”、“标注”，文字样式设置为“标注文字”，结果如图 13-55 所示。

2. 依照设计尺寸依次标注，结果如图 13-56 所示。

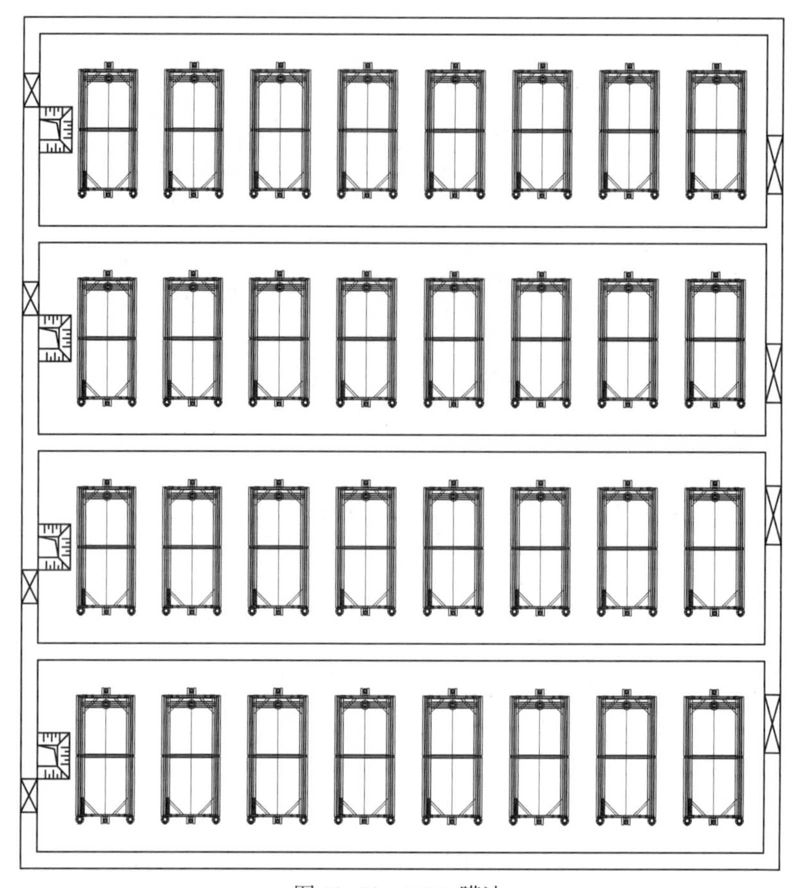

图 13-53 MBR 膜池

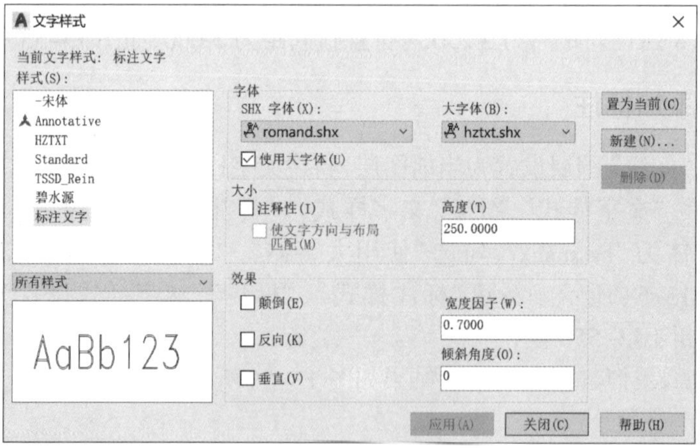

A 文字样式

当前文字样式：标注文字

样式(S)：

-宋体
Annotative
HZTXT
Standard
TSSD_Rein
碧水源
标注文字

所有样式

AaBb123

字体

SHX 字体(X)：romand.shx

大字体(B)：hztxt.shx

☑ 使用大字体(U)

大小

☐ 注释性(I)

☐ 使文字方向与布局匹配(M)

高度(T) 250.0000

效果

☐ 颠倒(E)

☐ 反向(K)

☐ 垂直(V)

宽度因子(W)：0.7000

倾斜角度(O)：0

置为当前(C)

新建(N)...

删除(D)

应用(A) 关闭(C) 帮助(H)

图 13-54 文字样式

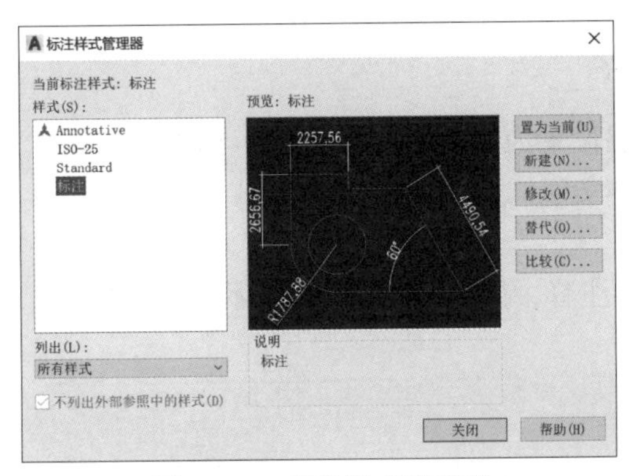


图 13-55 标注样式管理器

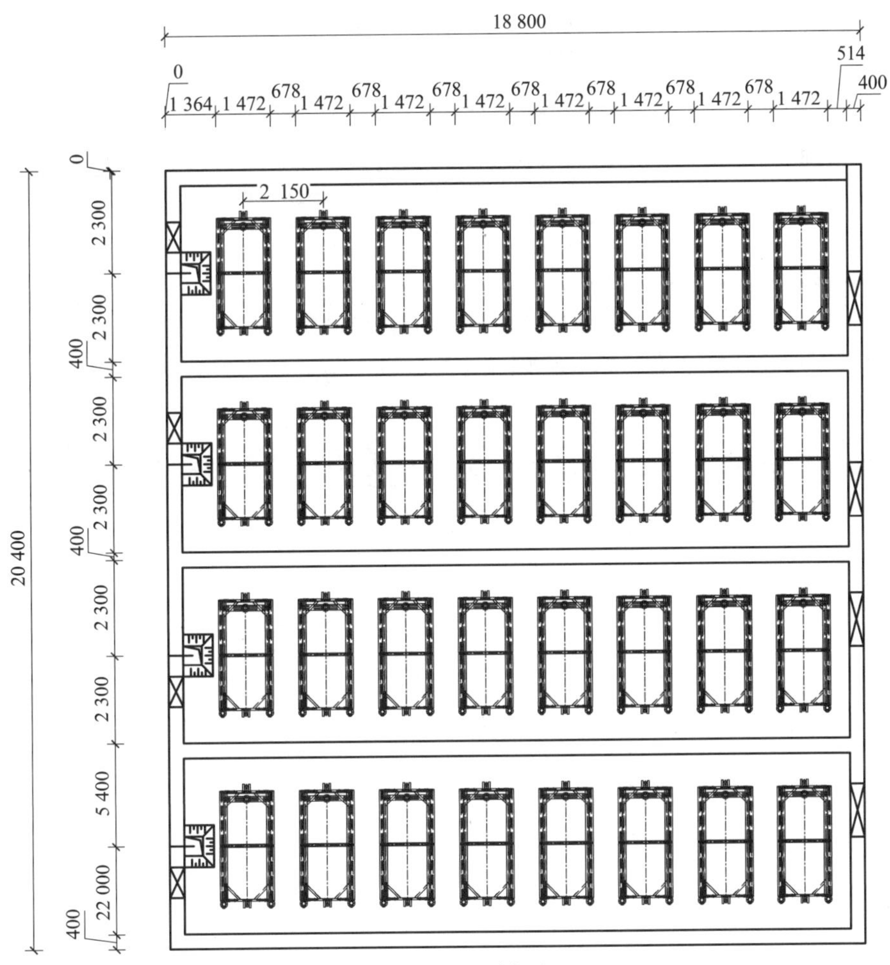


图 13-56 尺寸标注

## 六、添加文字

将“文字”图层设置为当前图层，如图 13–57 所示，单击“格式”菜单栏中的“文字样式”，选择“文字样式”为“标注文字”，“字高”设置为 550，点击“置为当前”。

依次添加文字注释，结果见图 13–58 所示。至此，污水厂生化池基本绘制完成。

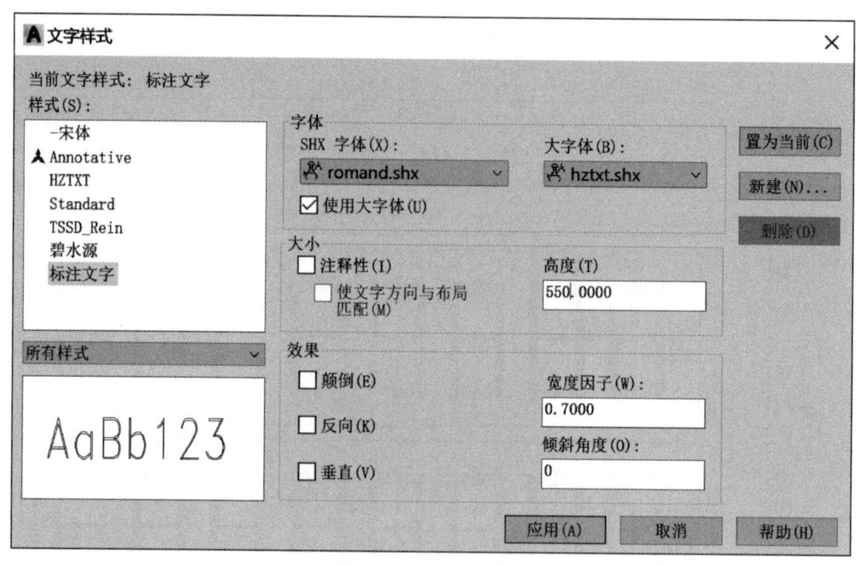


图 13–57 文字样式

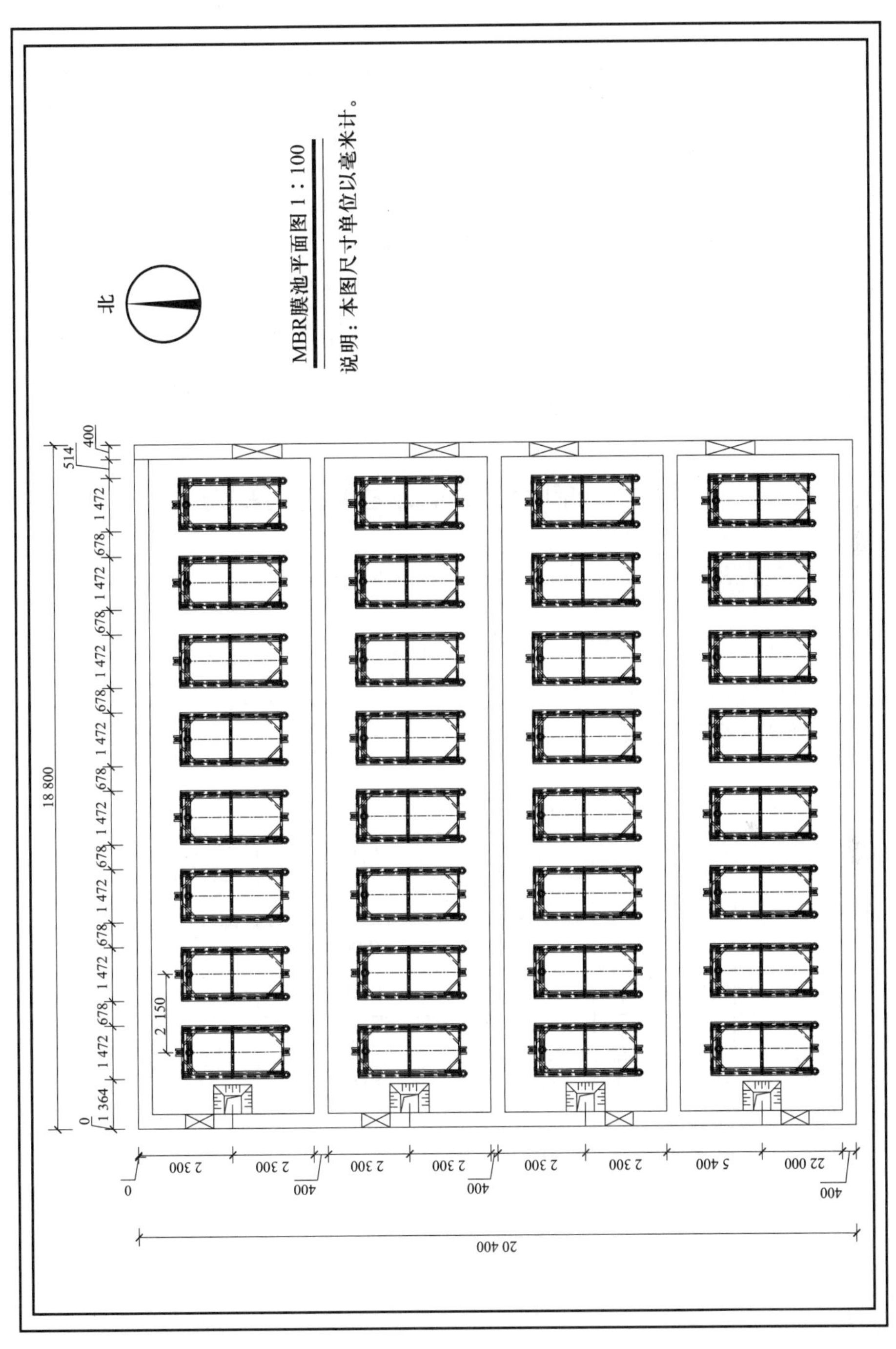

图 13-58　MBR 膜池平面图

# 第十四章　废气处理工程设计实例

除了废水处理与人们的生活和生产息息相关,废气处理同样至关重要。废气处理的工艺以及所需主要构筑物均不同于水体处理,更多的设计细节也有所不同。本章以某电厂烟气脱硫工艺提标改造项目为例,详细介绍了废气处理工程的设计过程。主要设计流程包括了解工艺设计背景,确定烟气脱硫工艺设计思路,以此选定具体技术路线以及计算相关设计参数,最后具体介绍了吸收塔与袋式除尘器工艺设计图纸的绘制过程。

## 第一节　烟气脱硫工艺设计实例

### 一、工艺设计背景

随着环保部门对锅炉脱硫排放标准的提高,某电厂对现有的 3 台 20 t/h 锅炉进行炉外脱硫污染治理。

废气具体参数如表 14–1 所示。

**表 14–1　废气主要参数**

| 序号 | 项目 | 单位 | 指标 | 备注 |
|---|---|---|---|---|
| 1 | 锅炉数量 | 台 | 3 | |
| 2 | 单台烟气量 | $m^3/h$ | 60 000 | 设计工况 |
| 3 | 烟气压力 | Pa | 1 500 | |
| 4 | 烟气温度 | ℃ | 160 | |
| 5 | $SO_2$ 浓度 | $mg/m^3$ | 4 590 | 含硫以 3% 计 |
| 6 | 烟尘浓度 | $mg/Nm^3$ | ≤ 50 | |
| 7 | 水分含量 | vol% | 9 | |

现阶段,适用于锅炉脱硫的工艺很多,本方案应技术规范要求采用双碱法工艺进行设计,保证实际工况条件下,系统出口 $SO_2$ 小于 200 $mg/Nm^3$,脱硫效率的计算界面为脱硫塔入口及出口。

## 二、烟气脱硫工艺确定

### （一）设计思路

1. 在锅炉烟气经过除尘后由引风机送入，脱硫系统进行烟气脱硫，确保烟气中 $SO_2$ 达标排放；

2. 脱硫工艺采用成熟的双碱法工艺，采用石灰石作为主要脱硫剂；

3. 脱硫系统配置 pH、压力、温度、密度、流量等参数的监测；

4. 设计液气比 1.5–2 L/Nm$^3$，五层喷淋，两级折板除雾器；

5. 脱硫塔进口允许粉尘浓度 ≤ 100 mg/m$^3$；

6. 脱硫塔正压操作，设计旁路烟道，保证脱硫系统故障时锅炉能通过旁路正常运行；

7. 吸收塔设计阻力 ≤ 1 200 Pa，脱硫系统压降由原有锅炉引风机提供；

8. 脱硫塔采用一炉一塔配置；

9. 每套系统循环泵 2 台，一用一备；

10. 脱硫后烟气温度一般为 50~60℃；

11. 经脱硫副产品浆液经沉淀后，由机械或人工清理与锅炉灰渣一起排放；

12. 脱硫系统年运行时间 8 000 h，系统可用率 ≥99%，与锅炉同步率 100%；

13. 脱硫系统所需水、电由甲方提供；

14. 系统管理和维护方便，开停车快捷。

### （二）工艺技术路线确定

#### 1. 工艺流程概述

锅炉烟气首先经过除尘装置去除粉尘，进入脱硫塔吸收区域，在上升过程中与脱硫液中的碱性脱硫浆液逆流接触反应，烟气中所含的污染气体绝大部分因此被清洗入浆液，$SO_2$ 与浆液中的 NaOH 发生化学反应而被脱除，处理后的净烟气经过除雾器除去水滴后进入净烟道。另外在脱硫过程中由于气、液、固三相间的充分接触和强大的离心作用，烟气中所含的少量烟尘也将被除雾器折板分离下来，使烟尘的排放浓度低于排放指标，脱硫后烟气进入烟道达标排放。

#### 2. 设计参数

针对现有锅炉系统的现状，并结合已有锅炉烟气脱硫工程和烟气脱硫治理经验，决定采用双碱法进行脱硫工艺设计。工艺参数计算如表 14–2 所示。

**表 14–2 工艺参数计算(单台)**

| 序号 | 工艺参数 | 单位 | 参数 | 备注 |
|---|---|---|---|---|
| 1 | 烟气工况温度 | ℃ | 160 | |
| 2 | 单台锅炉工况烟气流量 | $m^3/h$ | 60 000 | |
| 3 | 吸收塔入口烟气流量 | $m^3/h$ | 60 000 | |
| 4 | 锅炉年运行时间 | h | 7 200 | |
| 5 | 烟气 $SO_2$ 进口浓度 | $mg/Nm^3$ | 4 600 | |
| 6 | 烟气 $SO_2$ 排放浓度 | $mg/Nm^3$ | 200 | |

塔体内径设计 3 m,空塔流速在 2.5 m/s 左右,塔内喷淋反应时间设计一般为 3~5 s,满足反应要求。

喷淋层覆盖率从第一层到第五层,设计覆盖率为 200%。

烟气塔内的流速,根据进塔工况流速经过一层喷淋后,烟气温度急剧下降,使烟气体积大大减小,降低了烟气在塔内的流速,经过二层喷淋后,温度进一步降低,进一步降低了烟气在塔内的流速,再同时通过喷淋层覆盖率的增加,实现最终的精脱硫目的。

另外,烟气的侧向进气,使烟气在塔内的旋流上升,在停留时间一定的前提条件下,增长了烟气运行轨道,增加了与塔内液雾的接触机会。大大提升塔内气液传质反应的几率,有利于提高脱硫塔的脱硫效率。

经过计算核实烟气的流速、塔内反应时间,以及合理的布置喷淋层的高度和雾化装置的覆盖密度等多重要素相作用,有效保证了脱硫塔满足 95% 以上的脱硫效率,同时在塔内顶部设置两级折板式除雾器,有效降低了烟气的含湿量,满足国家最新排放标准的要求。

我们将以除尘装置和脱硫塔为例,讲解废气处理工程废气单体构筑物的绘制过程。

## 第二节 废气处理单体构筑物——吸收塔

本节详细介绍环境工程构筑物等相关保护设施施工图 CAD 绘制方法,所讲解的实例为某废气处理厂吸收塔平面图(如图 14–1 所示)施工图,其他环境工程施工图绘制方法类似。

吸收塔是实现吸收操作的设备,按气液相接触形态分为三类。第一类是气体以气泡形态分散在液相中的板式塔、鼓泡吸收塔、搅拌鼓泡吸收塔;第二类是

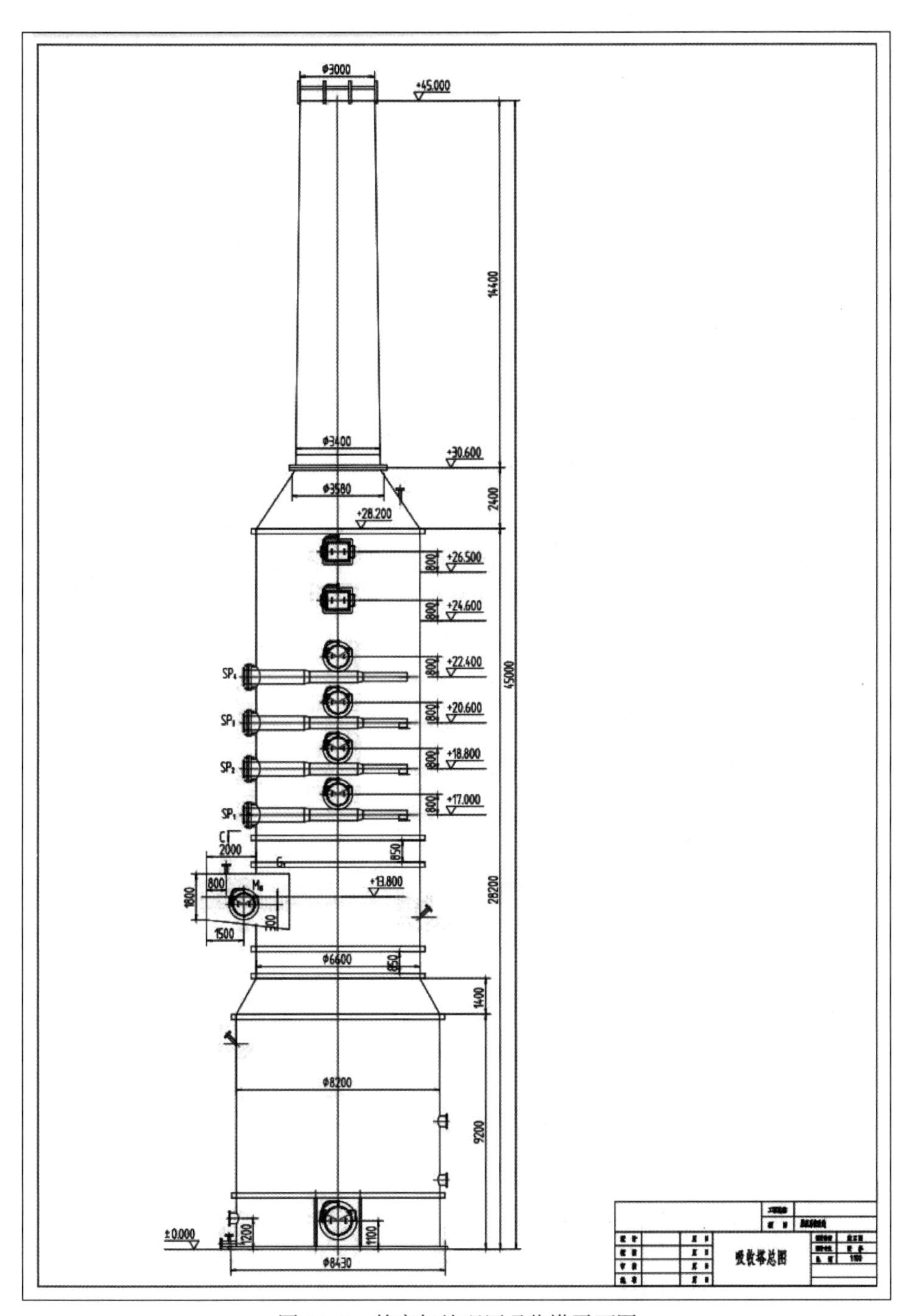


图 14-1　某废气处理厂吸收塔平面图

液体以液滴状分散在气相中的喷射器、文氏管、喷雾塔；第三类为液体以膜状运动与气相进行接触的填料吸收塔和降膜吸收塔。塔内气液两相的流动方式分为逆流和并流，通常采用逆流操作，吸收剂以塔顶加入自上而下流动，与从下向上流动的气体接触，吸收了吸收质的液体从塔底排出，净化后的气体从塔顶排出。工业吸收塔应具备以下基本要求：塔内气体与液体应有足够的接触面积和接触时间；气液两相应具有强烈扰动，减少传质阻力，提高吸收效率；操作范围宽，运行稳定；设备阻力小，能耗低；具有足够的机械强度和耐腐蚀能力；结构简单、便于制造和检修。

## 一、设置绘图环境

同第十三章第一节。

## 二、绘制墙体平面轮廓

1. 绘制中心线：将“中心线”图层设置为当前图层，打开“图层样式管理器”，点击“线型”，在“选择线型”对话框中点击“加载”，在“加载或重载线型”对话框中选择线型“CENTER”，如图 14-2 和图 14-3 所示，在图层中绘制一条竖直中心线。

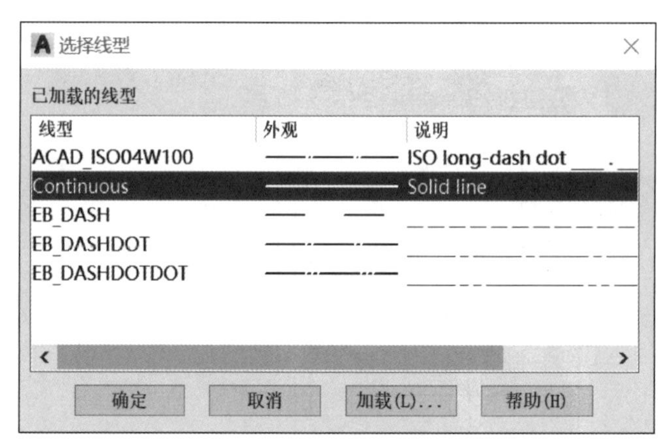


图 14-2 选择线型

2. 绘制墙体：将“墙体”图层设置为当前图层，单击“默认”选项卡“绘图”面板中的“矩形”按钮□，绘制一个长 9 200，宽 8 430 的矩形，在该矩形上方 1 400 处以中心线为轴绘制一个长 17 600，宽 6 600 的矩形。在第二个矩形上方 2 400 处以中心线为轴绘制一个上底为 3 000，下底为 3 400，高 14 400 的梯形，用直线连接三个图形，吸收塔墙体外轮廓如图 14–4 所示。

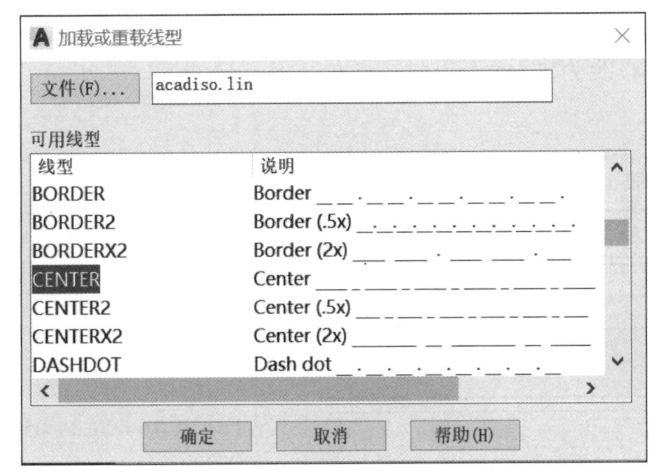

图 14–3　加载或重载线型

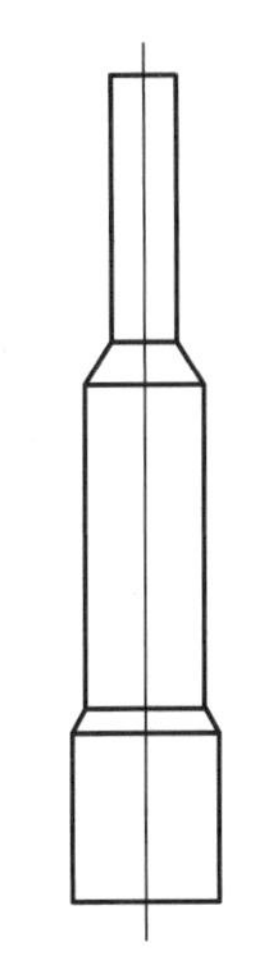

图 14–4　吸收塔墙体外轮廓图

## 三、绘制避雷器、支架和接口

1. 绘制避雷器：将“避雷器”图层设置为当前图层，单击“绘图”面板中的“矩形”按钮，绘制一个长 860，宽 100 的矩形，单击“修改”面板中的“复制”按钮，选中画好的矩形，设定平移距离为 3 100/3，复制出三个相同的对象。将以上四个对象用一个长 3 000，宽 100 的矩形相接，单击“修改”面板中的“修剪”按钮，修剪多余线条，如图 14–5 所示。避雷器完成图如图 14–6 所示。

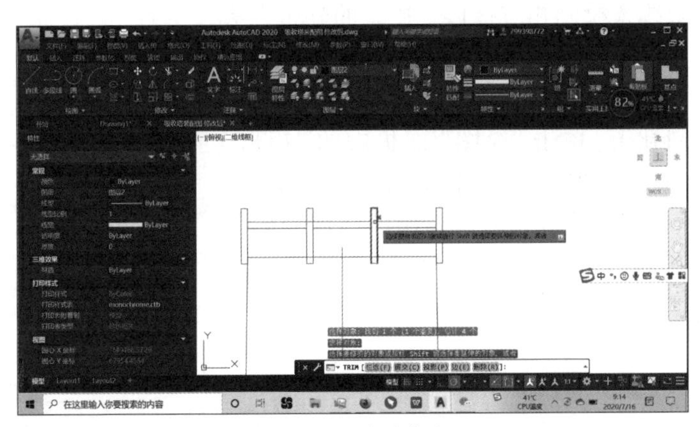

图 14–5　修剪余线

2. 绘制支架：将“支架”图层设置为当前图层，吸收塔的支架共包括四种不同尺寸，数量分布、大小及标高如表 14–3 所示。单击“绘图”面板中的“矩形”按钮，按照表中数据绘制相应支架，以竖直中心线为轴，置于吸收塔各处，如图 14–7 所示。

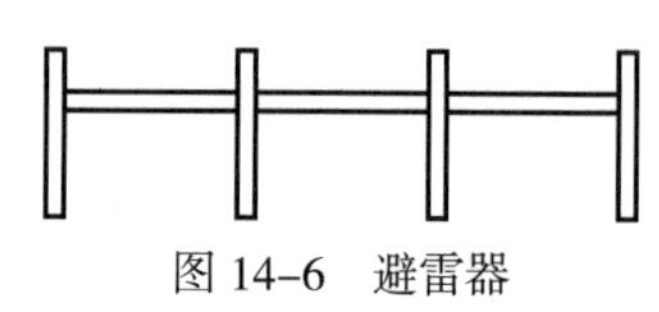

图 14–6 避雷器

**表 14–3 吸收塔支架分布、大小及标高**

| ① |  | 长 3 940，总宽 100，中间用直线水平等分；共 1 个，标高为 30 600 |
|---|---|---|
| ② |  | 长 7 000，宽 200；共 5 个；标高分比为 10 600、11 650、16 000、17 050、28 200 |
| ③ |  | 长 8 600，宽 200；共 2 个；标高分别为 2 200 和 9 200 |
| ④ |  | 长 8 856，宽 100；共 1 个；标高为 0 |

3. 绘制接口：将“接口”图层设置为当前图层，吸收塔的接口共包括三种不同尺寸，如图 14–8 所示。单击“绘图”面板中的“矩形”按钮和“圆弧”按钮，并利用“修改”面板中的“修剪”按钮，修剪多余线条绘制相应接口。接口的分布方法图如图 14–9 所示，根据实际工程需要，将接口放置于吸收塔不同位置，如图 14–10 所示。

4. 绘制孔道：单击“绘图”面板中的“矩形”按钮和“直线”按钮，绘制接口处内孔道，如图 14–11 所示。将内孔道放置于吸收塔四个侧面接口处，如图 14–12 所示。

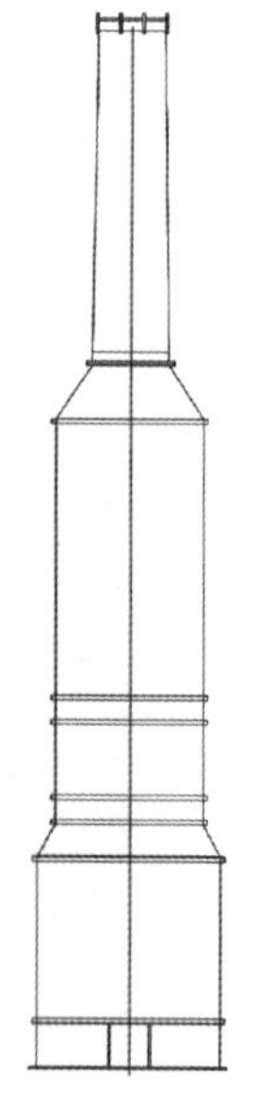

图 14–7 吸收塔支架分布

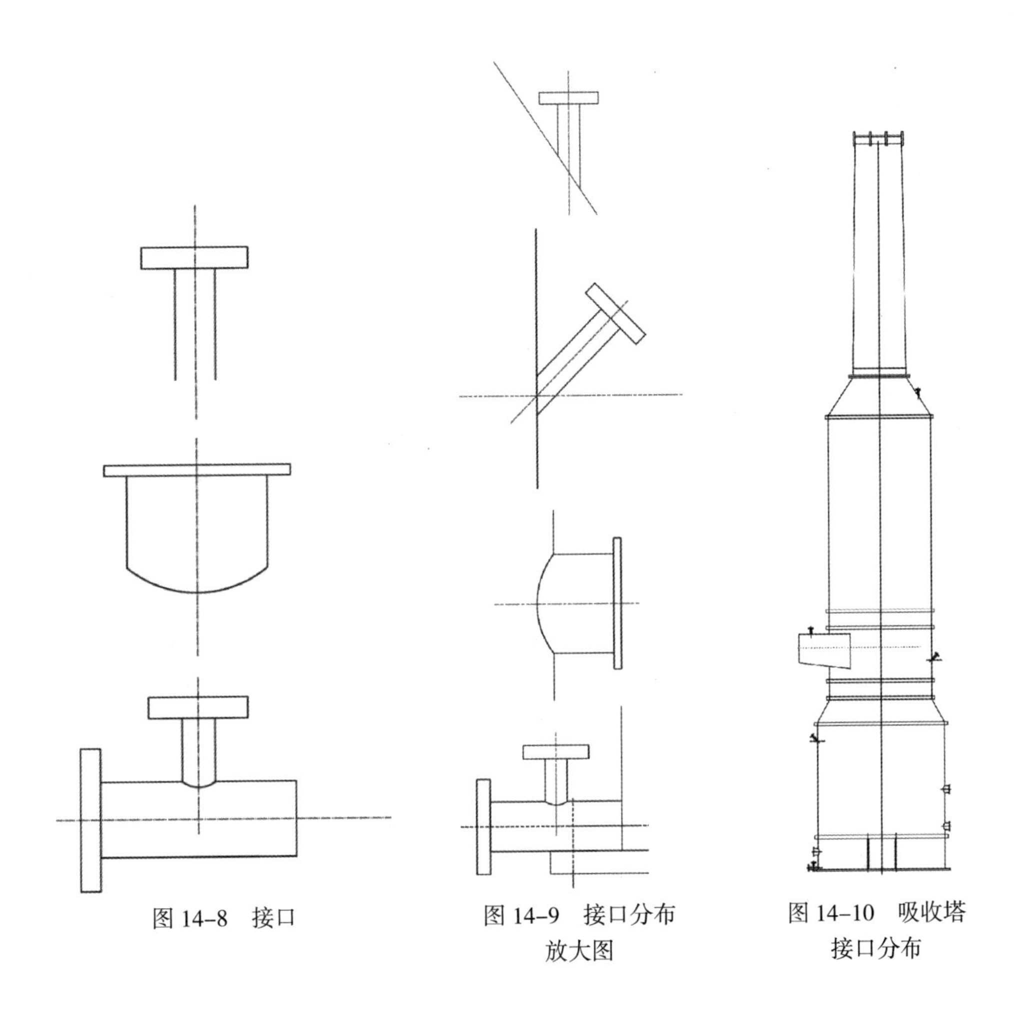

图 14-8 接口

图 14-9 接口分布放大图

图 14-10 吸收塔接口分布

## 四、绘制人孔

1. 绘制中心线：将“中心线”图层设置为当前图层，绘制两条互相垂直的中心线。以交叉点为直线端点，绘制两条与水平线成 30° 角的中心线。将“人孔”图层设置为当前图层，以交叉点为圆心，单击“绘图”面板中“圆”，绘制两个半径分别为 452 和 600 的同心圆，如图 14-13 所示。

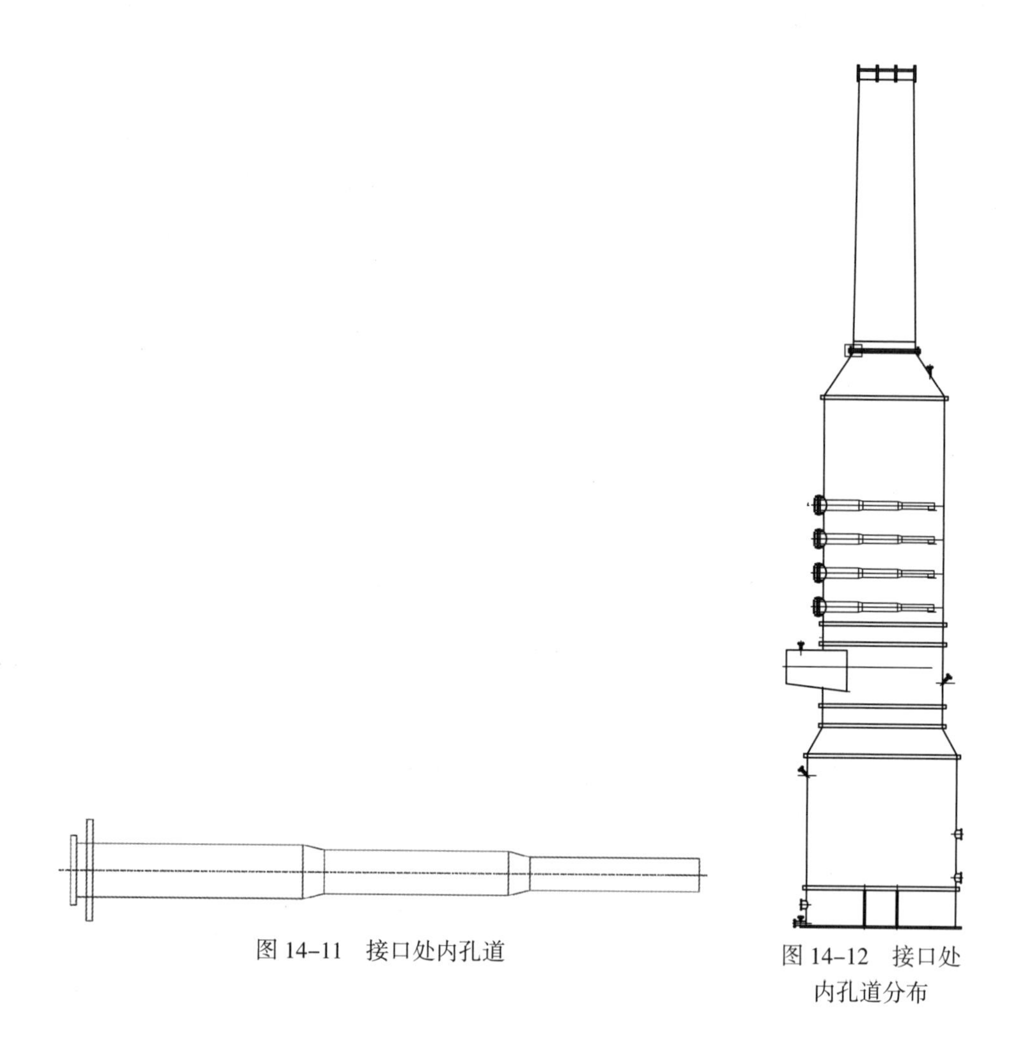

图 14-11　接口处内孔道

图 14-12　接口处内孔道分布

2. 绘制孔道：分别选中除水平中心线之外的三条中心线，单击“修改”面板中的“偏移”按钮，依次向左右各偏移 18，修改线型为“Continuous”、颜色为“黑”，设置线段长度为 33，连接线段两端点，结果如图 14-14 所示。单击“修改”面板中的“修剪”按钮，将内廓中多余的线删除，如图 14-15 所示。单击“修改”面板中的“圆角”按钮，选择要连接的两个对象，指定圆弧半径为 8，如图 14-16 所示。

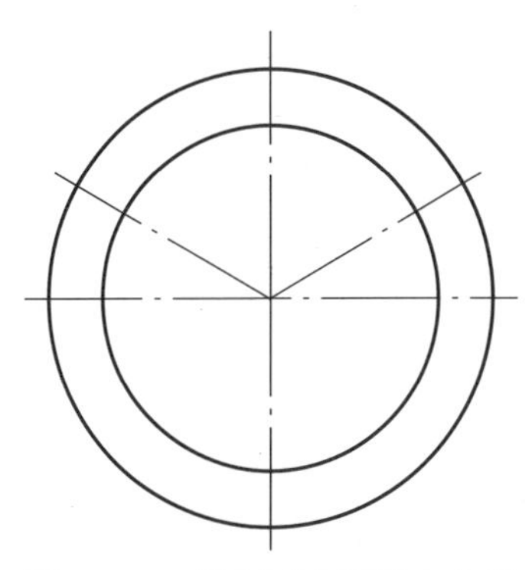

图 14–13　绘制同心圆和中心线

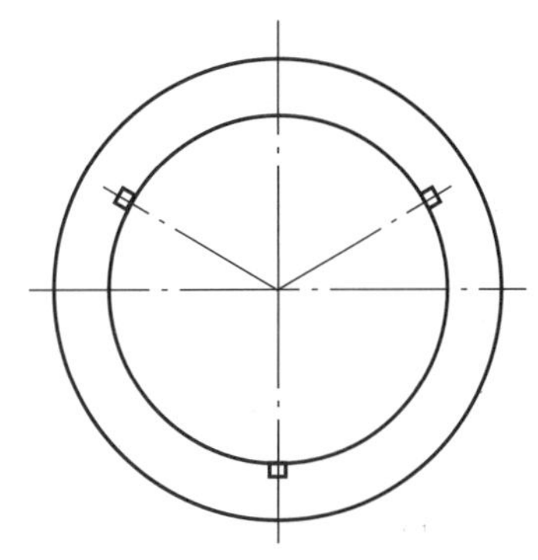

图 14–14　绘制孔道

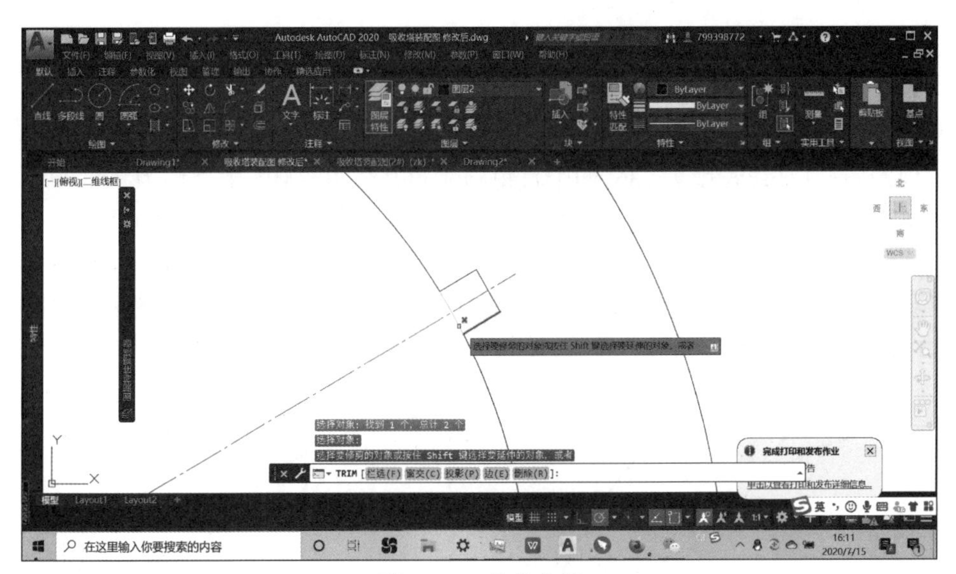


图 14–15　修剪余线

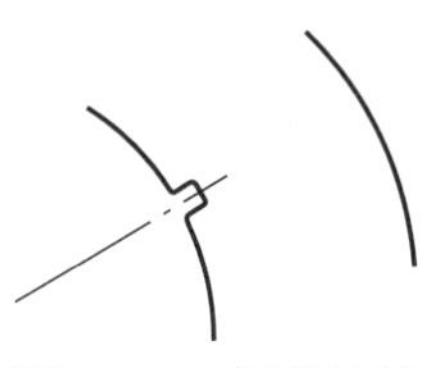

图 14–16　圆角连接

3. 绘制孔：单击“绘图”面板中的“圆弧”按钮和“直线”按钮，指定直线长度为 136，圆弧半径为 6.4，绘制出如图 14–17 所示的孔。将绘制好的孔放置于水平中心线上，距离垂直中心线240处的两侧，如图14–18所示。

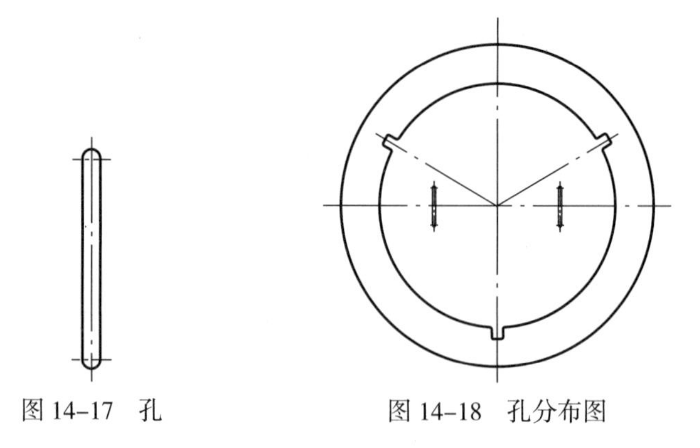

图14–17　孔　　　图14–18　孔分布图

4. 绘制弯角：单击“绘图”面板中的“圆弧”按钮和“直线”按钮，绘制出如图14–19所示弯角。其中下方水平直线长度为72，上方水平直线长度为127，垂直直线长度为236，两个直角圆弧和一个40°圆弧半径均为32。单击“修改”面板中的“偏移”按钮，选中已绘制的对象，向外侧偏移20，采用“修改”面板中的“修剪”按钮，将内廓中多余的线删除，如图14–20所示。单击“修改”面板中的“镜像”按钮，选中已绘制的弯角，以垂直中心线为镜像线进行变换。同理作出左侧另一弯角，如图14–21所示。

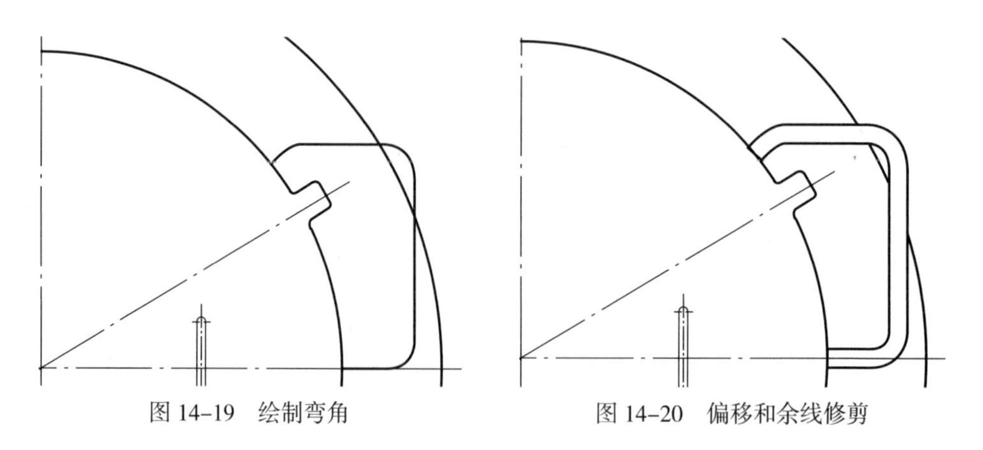

图14–19　绘制弯角　　　图14–20　偏移和余线修剪

5. 绘制螺栓：将“零件”图层设置为当前图层，单击“绘图”面板中“圆”，绘制两个半径分别为8和12的同心圆。单击“绘图”面板中“圆弧”，以同一点作为圆心，绘制出半径为6，角度为275°的圆弧。单击“矩形”下拉菜单栏的

"多边形"，"输入侧面数"为6，选择"外切于圆"，指定六边形中心点为同心圆圆心，圆半径为12，螺栓俯视图见图14–22所示。单击"绘图"面板中"矩形"和圆弧，利用绘制螺栓侧视图主要单体，将多个单体用直线相接，组成螺栓侧视图，如图14–23所示。

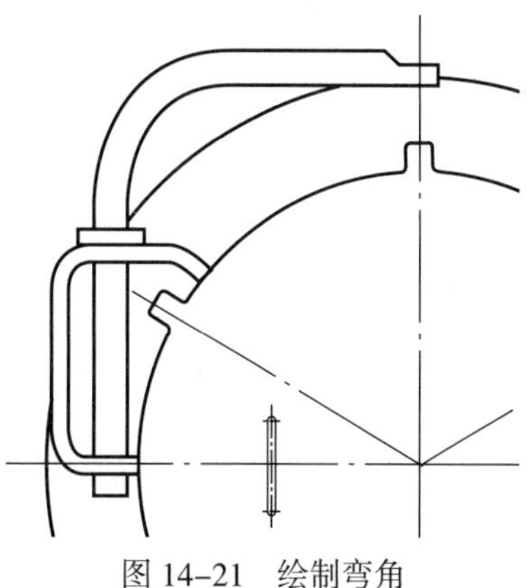
图14–21　绘制弯角

6. 单击"修改"面板中的"矩形阵列"下拉菜单栏的"环形阵列"，选择已经绘制的螺栓作为阵列对象，设置"阵列中心点"为同心圆圆心，"填充角度"为360，"项目数"为36。结果见图14–24所示。将绘制完的螺栓侧视图定位到弯管上，减去多余线条，最终的圆形人孔图如图14–25所示。

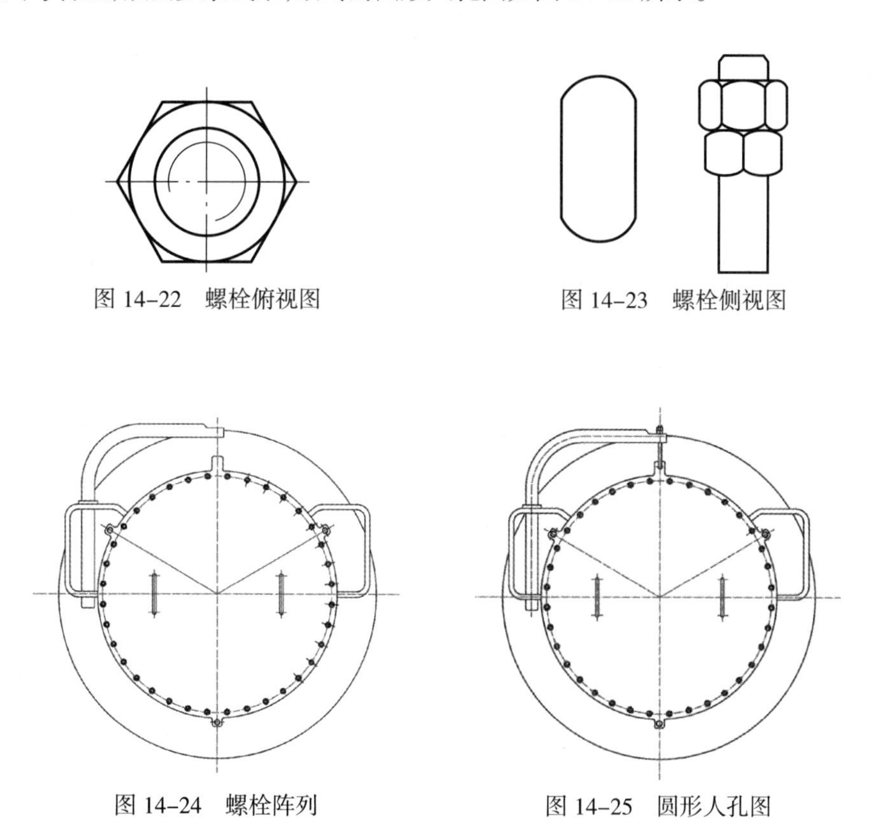
图14–22　螺栓俯视图

图14–23　螺栓侧视图

图14–24　螺栓阵列

图14–25　圆形人孔图

7. 按照同样的步骤，绘制出方形人孔，如图14–26所示。

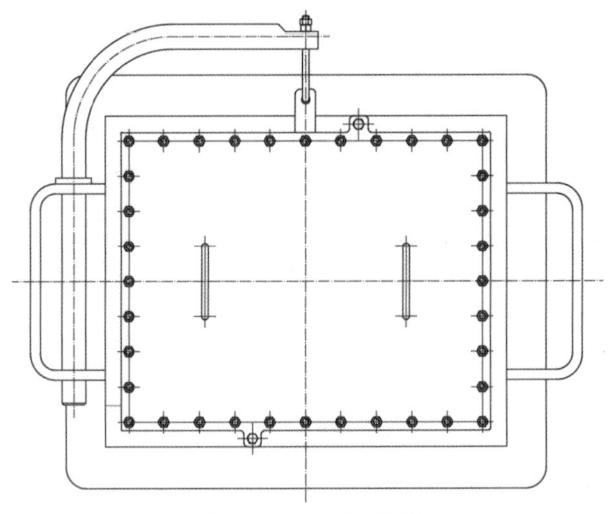

图 14-26 方形人孔图

8. 排列人孔：将绘制好的圆形和方形人孔放置于吸收塔各处，圆形人孔标高分别为 1 100、13 500、17 800、19 600、21 400、23 200，方形人孔标高分别为 25 400、27 300，如图 14-27 所示。

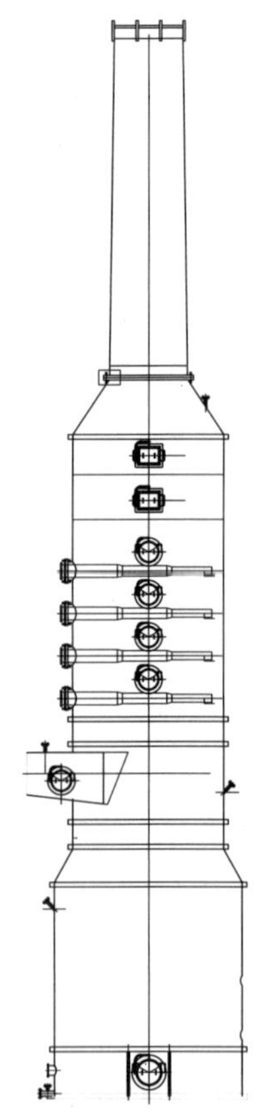

图 14-27 人孔分布图

## 五、添加标注与文字

1. 新建文字样式和标注样式，单击“格式”菜单栏中的“文字样式”，新建“文字样式”“标注文字”，设置字体为“roman.shx”，“字高”为 600，点击“置为当前”，如图 14-28 所示。新建“标注样式”，具体设置参照之前样式设置，文字样式设置为“标注文字”，结果如图 14-29 所示。

2. 添加尺寸标注与文字注释，结果见图 14-30 所示。至此，吸收塔基本绘制完成。

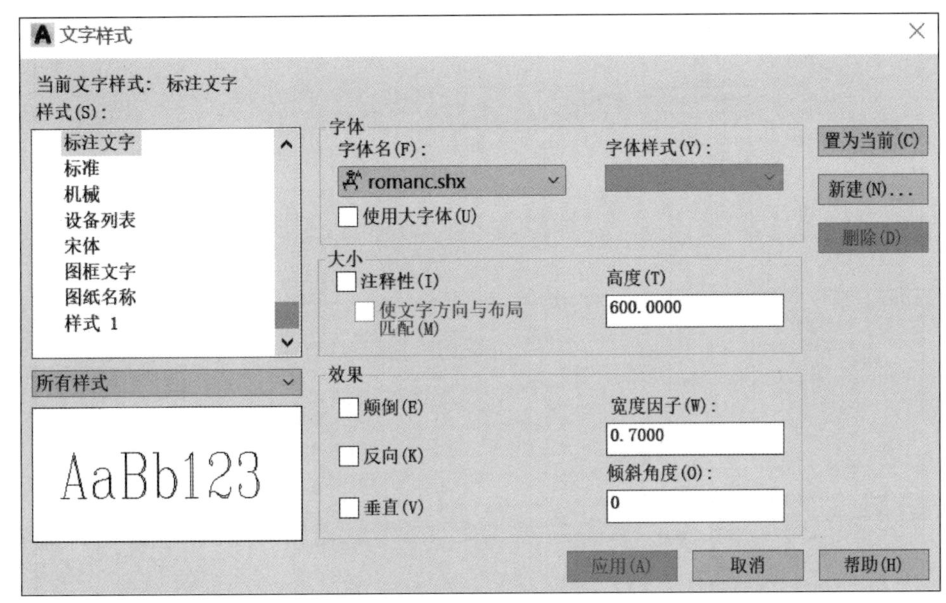


图 14–28　文字样式

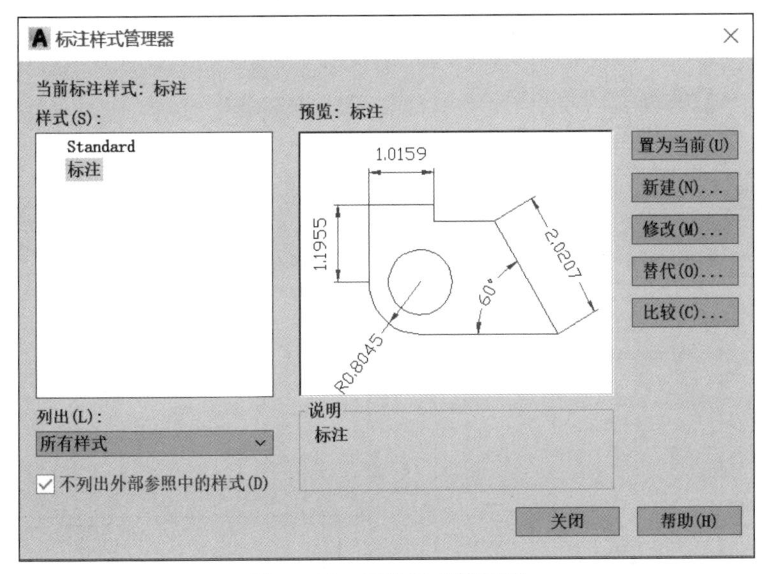


图 14–29　标注样式管理器

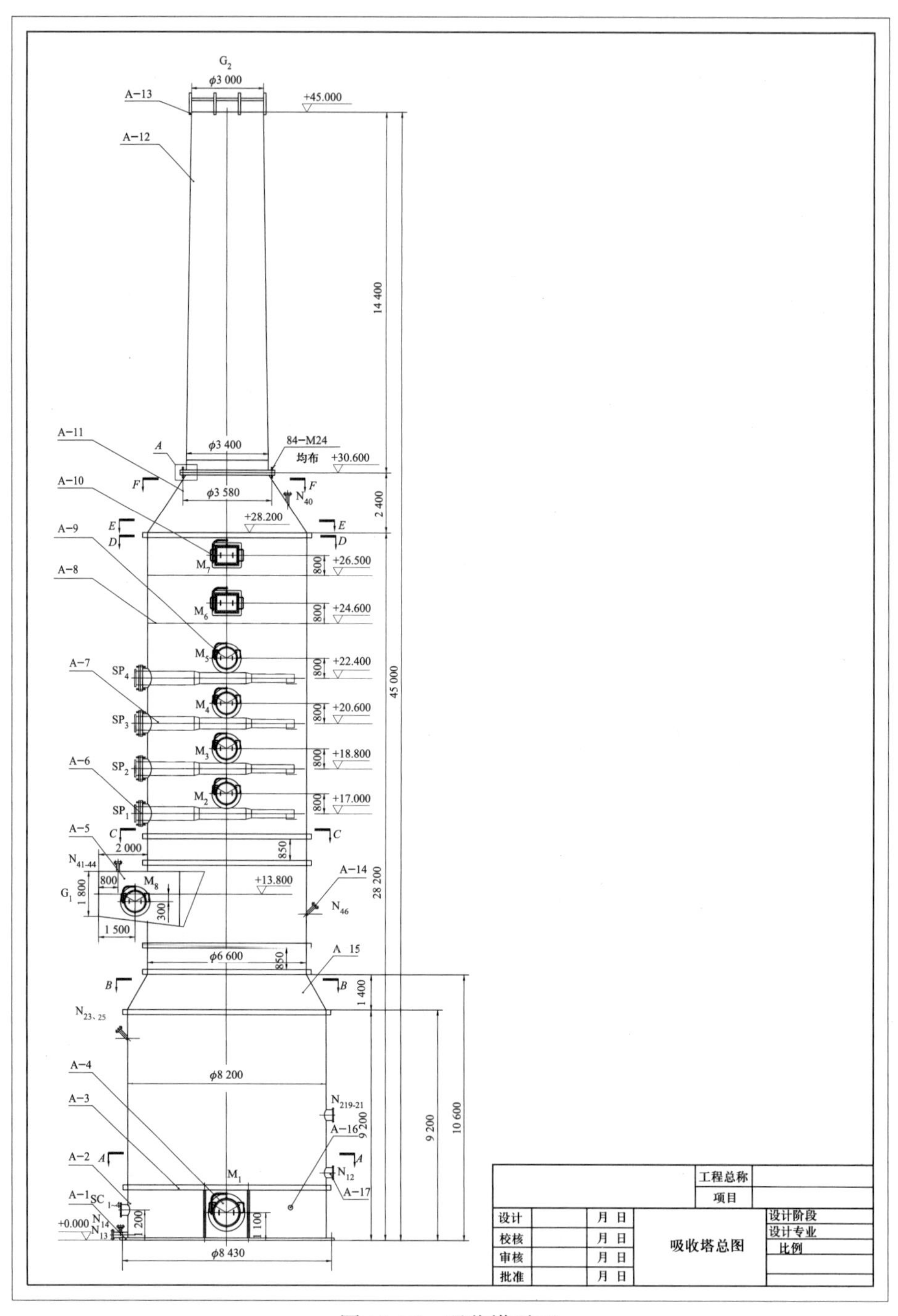
G2
φ3 000
A−13
+45.000
A−12
14 400
A−11
A
φ3 400
84−M24
均布
+30.600
A−10
F
φ3 580
N40
2 400
A−9
E
D
+28.200
M7
+26.500
A−8
M6
+24.600
M5
+22.400
A−7
SP4
45 000
M4
+20.600
SP3
M3
+18.800
A−6
SP2
M2
+17.000
SP1
C
A−5
2 000
850
N41-44
A−14
M8
+13.800
G1
1 800
800
300
N46
28 200
1 500
φ6 600
A 15
B
1 400
N23、25
A−4
φ8 200
A−3
N219-21
A−16
9 200
10 600
A−2
M1
N12
A−17
A−1
SC
+0.000
N14
N13
1 200
1 100
φ8 430
工程总称
项目
设计
校核
审核
批准
月 日
吸收塔总图
设计阶段
设计专业
比例

图 14-30 吸收塔平面

# 第三节　废气处理单体构筑物——袋式除尘器

袋式除尘器是一种干式滤尘装置。滤料使用一段时间后，由于筛滤、碰撞、滞留、扩散、静电等效应，滤袋表面积聚了一层粉尘，这层粉尘称为初层，在此以后的运动过程中，初层成了滤料的主要过滤层，依靠初层的作用，网孔较大的滤料也能获得较高的过滤效率。随着粉尘在滤料表面的积聚，除尘器的效率和阻力都相应的增加，当滤料两侧的压力差很大时，会把有些已附着在滤料上的细小尘粒挤压过去，使除尘器效率下降，另外，除尘器的阻力过高会使除尘系统的风量显著下降。因此，除尘器的阻力达到一定数值后，要及时清灰，清灰时不能破坏初层，以免效率下降。袋式除尘器具有除尘效率高、处理风量的范围广、结构简单、维护操作方便、在保证同样高除尘效率的前提下造价低于电除尘器、对粉尘的特性不敏感、不受粉尘及电阻的影响等优点。布袋除尘器系统单体图的具体绘制步骤如下。

## 一、设置绘图环境

同第十三章第二节。

## 二、绘制构筑物主体

(1) 用矩形、直线等命令，绘制长 18 991、宽 421.61 的矩形作为顶部，上方留出宽 51.76 的部分；用直线、圆角等命令绘制如图所示的部件，从上至下四个圆角半径分别为 4、8、8、4，角度为 84，部件长 79.65、宽 43，上半部分矩形宽 16.65，如图 14–31 所示。

(2) 部件下绘制长 90、宽 10 的矩形，矩形下绘制长 48、宽 2 103 的矩形；在绘制图形下方绘制两行长 800 的矩形若干，并在左右加上下图的部件，如图 14–32 所示。

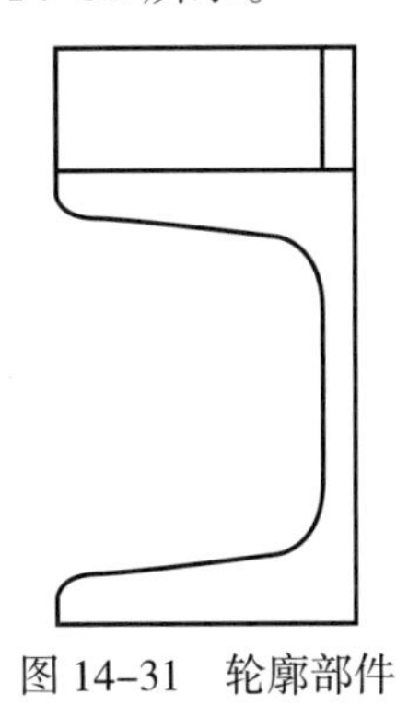

图 14–31　轮廓部件

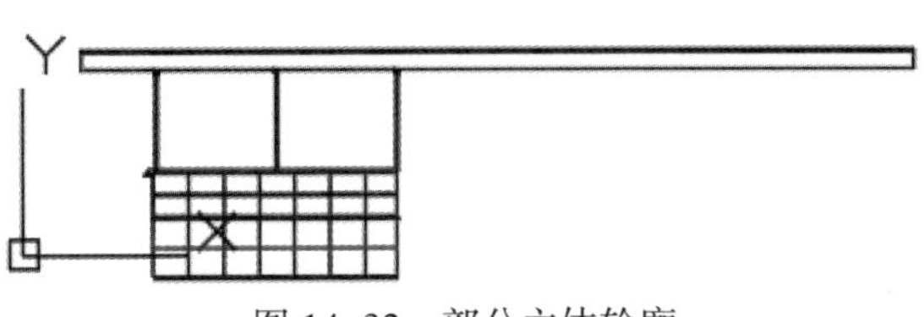


图 14–32　部分主体轮廓

（3）继续绘制除尘器的主体，图 14–33 中六行矩形高度分别为 1 000、1 137、1 028、1 197、1 145、1 083，每行矩形间间隔 40，使用阵列（array）命令，选择路径，设置间距为 800；右边设置宽度为 20 的区域。

（4）用直线、圆角等命令绘制图 14–34 所示部件，并将部件移至指定区域。在部件下方绘制高 950、宽 175 的支架区域，在支架下方绘制若干矩形，从上至下宽度分别为 20、2、8、20；长度从上至下分别为 400、380、300、400；在右侧绘制长度 5 069、5 240 的线段，角度为 62，间距为 100，使用镜像（mirror）命令，以中心线为基点绘制，见图 14–35。

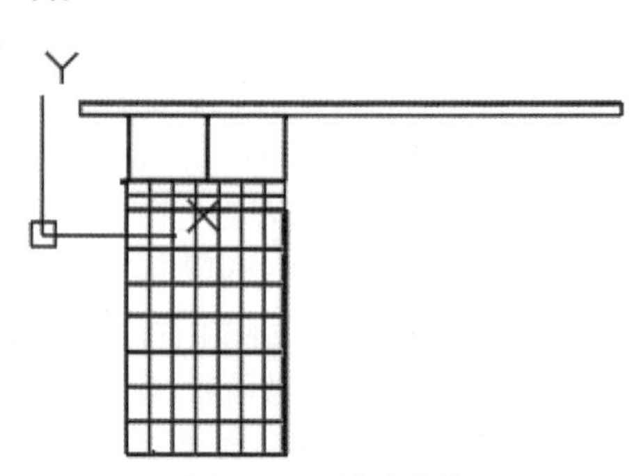


图 14–33　除尘箱体

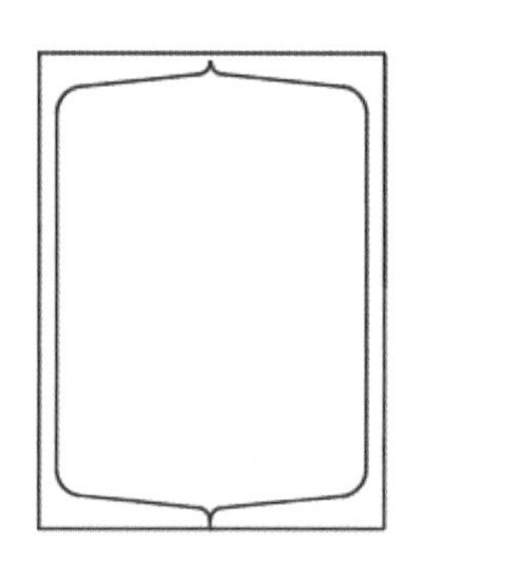

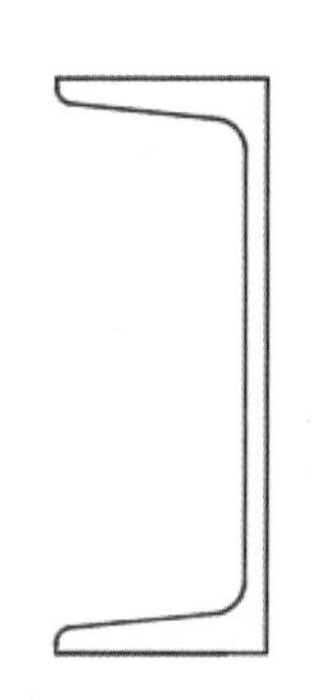

图 14–34　支架部件

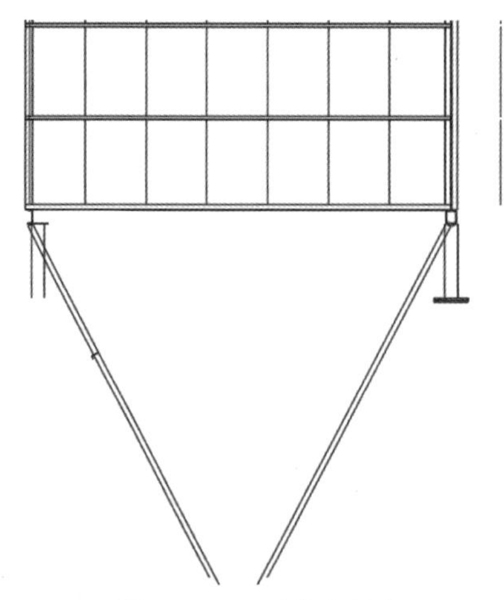

图 14–35　下箱体轮廓

(5) 用直线、移动、镜像、偏移等命令绘制下箱体框架，左右两侧直角部间尺寸为 100、40、5；下方两个矩形宽度为 10，长度为 600，在下方绘制高 100、宽 5 的矩形，如图 14–36 所示。

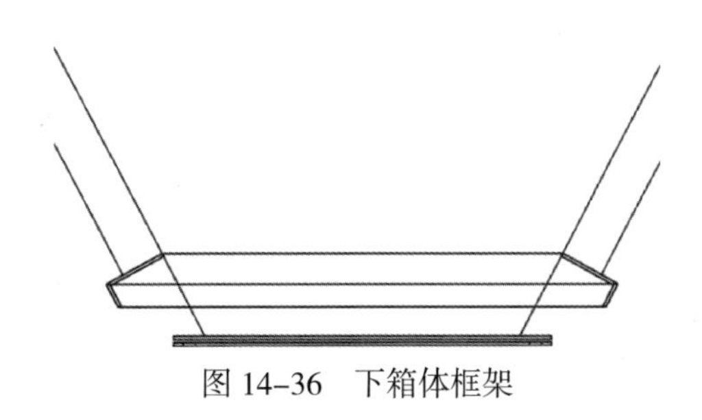

图 14–36　下箱体框架

(6) 用直线、圆、镜像等命令绘制图 14–37 下箱体阀门，红线距顶部距离为 74，圆的半径分别为 14、16。

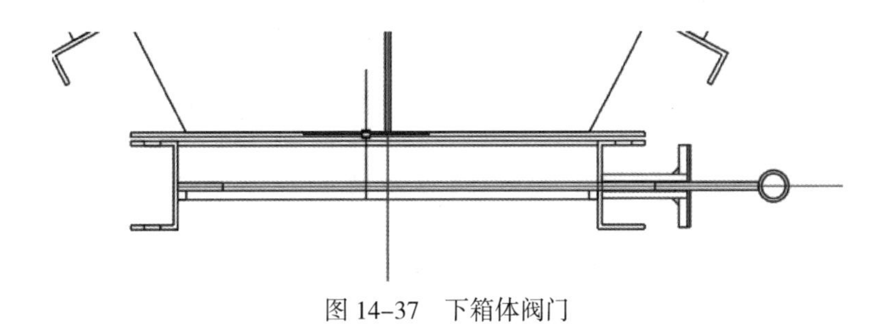

图 14–37　下箱体阀门

(7) 打开图层管理器，新建图层并选择对应的颜色和线型，比例设置为 40，利用直线、镜像、偏移、移动等命令制作如图 14–38 所示部件，移至相应部位，见图 14–39。

(8) 使用填充(hatch)命令，打开设置界面，如图 14–40 所示，设置颜色和样例，点击拾取点选择要填充的区域，如图 14–41 所示。

(9) 利用直线、圆角、阵列等命令绘制喷吹系统部件，如图 14–42 所示；使用块(block)命令，选择部件并创建，如图 14–43 所示；将该部件移动到相应位置，通过阵列命令将主体部分绘制完毕，见图 14–44。

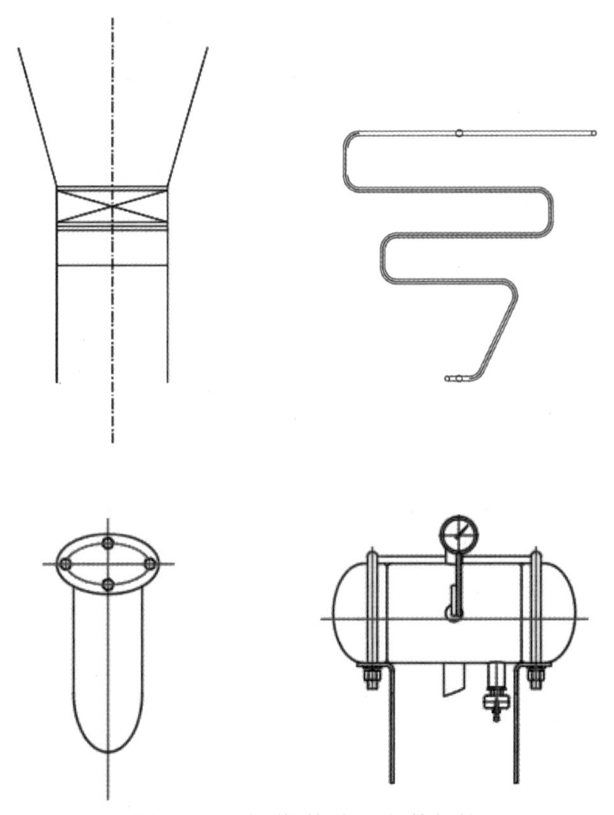

图 14-38　烟道、管道、下箱体部件

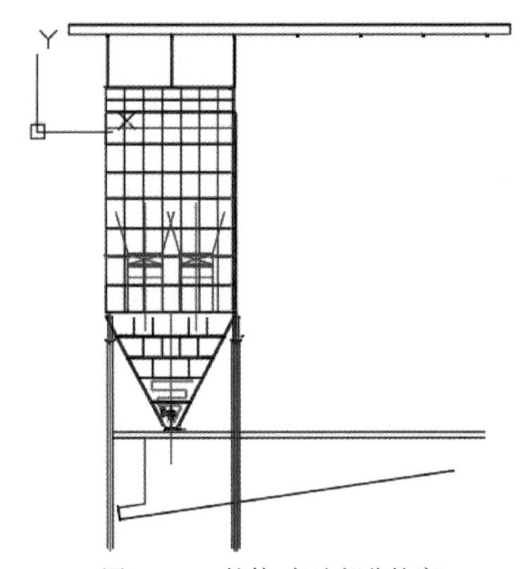


图 14-39　箱体、灰斗部分轮廓

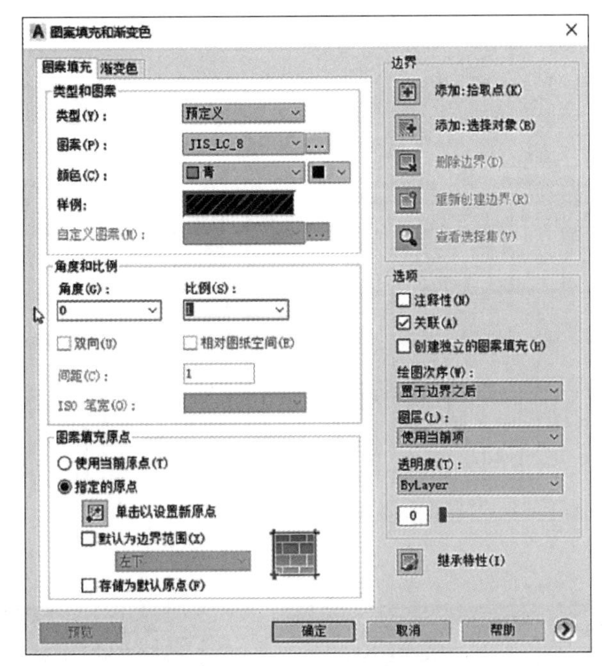


图 14-40　图案填充设置

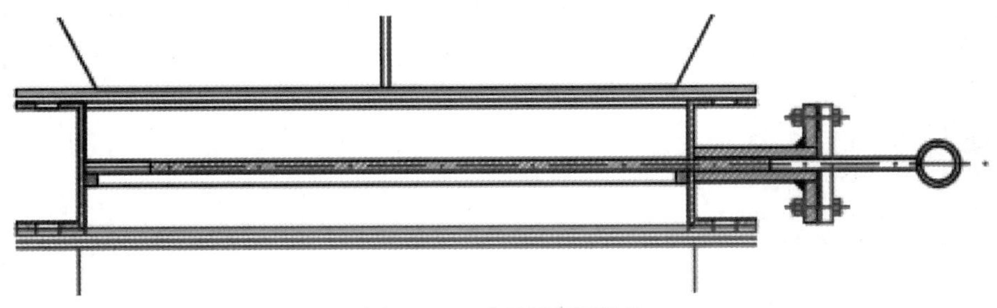

图 14-41　阀门图案填充

## 三、绘制构筑物剩余部分与标注

(1) 绘制构筑物剩余部分：利用“直线”、“矩形”、“平移”、“圆角”、“打断”、“填充”、“镜像”等命令，选择相应图层依次绘制爬梯、出入风口。选择合适的尺寸标注格式，对构筑物主要尺寸进行标注。

(2) 添加标注：利用注释工具栏“多段文字”，选择设备、仪表合适位置对设备名称、仪表名称和性质进行详细标注，最终得到如图 14-45 所示的除烟装置示意图。

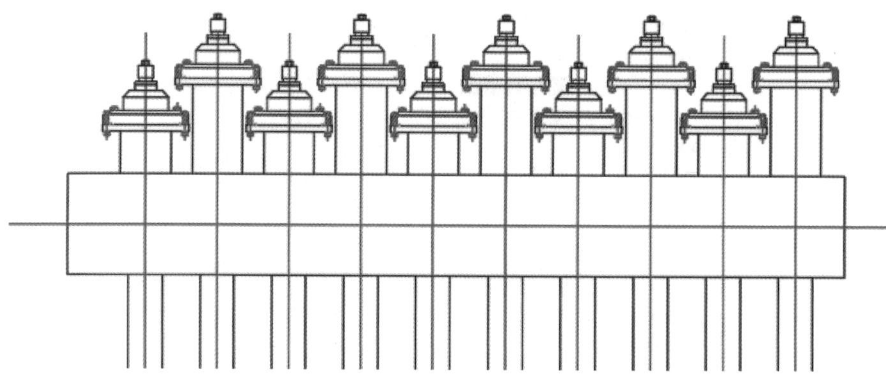

图 14-42　喷吹系统部件

图 14-43　创建块

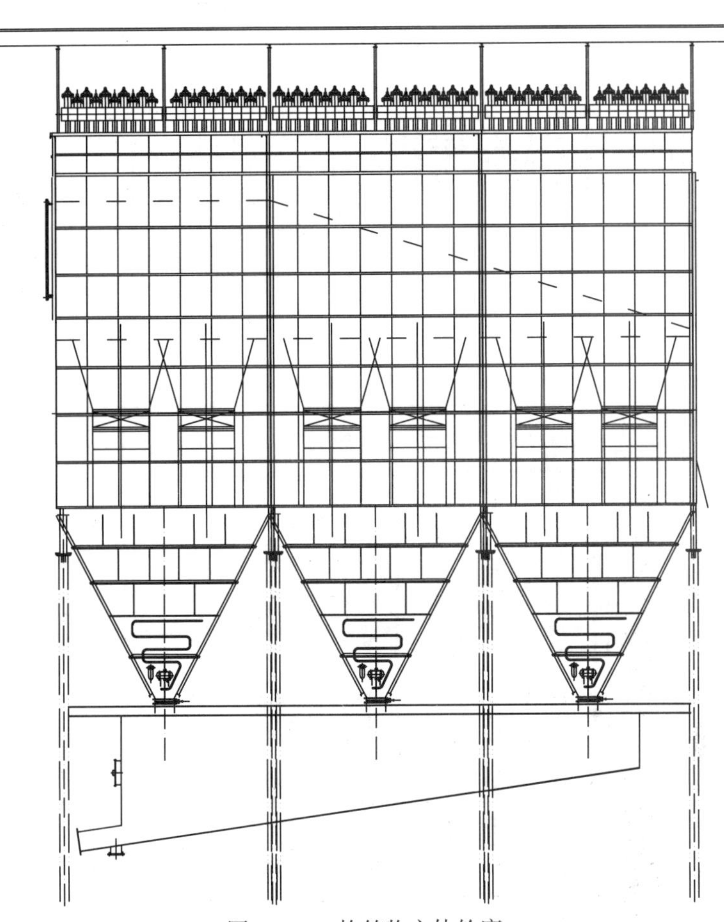

图 14-44　构筑物主体轮廓

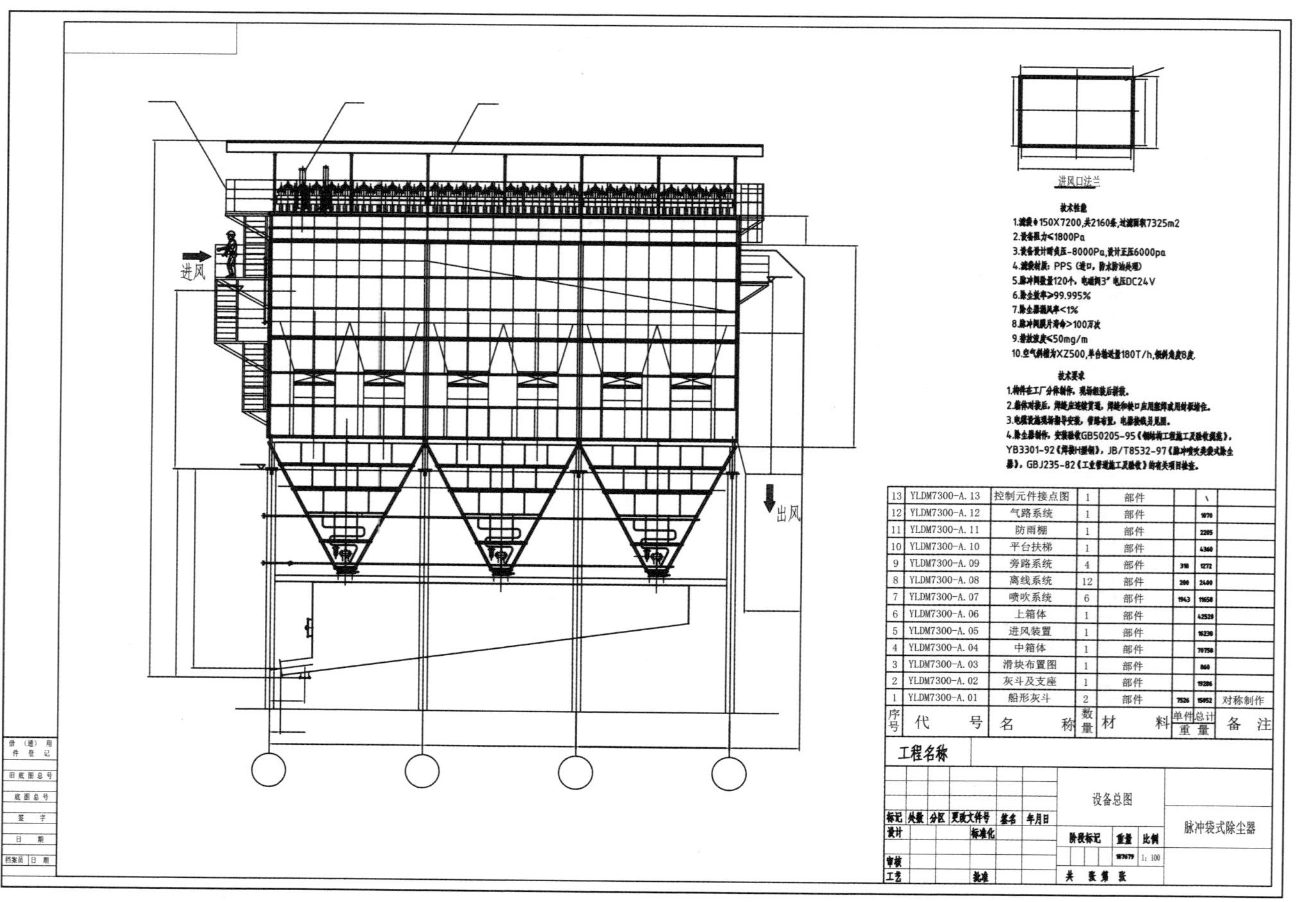


| 序号 | 代号 | 名称 | 数量 | 材料 | 单件重量 | 总计重量 | 备注 |
|---|---|---|---|---|---|---|---|
| 13 | YLDM7300-A.13 | 控制元件接点图 | 1 | 部件 | | \ | |
| 12 | YLDM7300-A.12 | 气路系统 | 1 | 部件 | | 1970 | |
| 11 | YLDM7300-A.11 | 防雨棚 | 1 | 部件 | | 2205 | |
| 10 | YLDM7300-A.10 | 平台扶梯 | 1 | 部件 | | 4360 | |
| 9 | YLDM7300-A.09 | 旁路系统 | 4 | 部件 | 318 | 1272 | |
| 8 | YLDM7300-A.08 | 离线系统 | 12 | 部件 | 200 | 2400 | |
| 7 | YLDM7300-A.07 | 喷吹系统 | 6 | 部件 | 1943 | 11658 | |
| 6 | YLDM7300-A.06 | 上箱体 | 1 | 部件 | | 42520 | |
| 5 | YLDM7300-A.05 | 进风装置 | 1 | 部件 | | 16230 | |
| 4 | YLDM7300-A.04 | 中箱体 | 1 | 部件 | | 70758 | |
| 3 | YLDM7300-A.03 | 滑块布置图 | 1 | 部件 | | 860 | |
| 2 | YLDM7300-A.02 | 灰斗及支座 | 1 | 部件 | | 19286 | |
| 1 | YLDM7300-A.01 | 船形灰斗 | 2 | 部件 | 7526 | 15052 | 对称制作 |

图 14-45 布袋除尘器剖面图

# 第十五章　土壤修复工程设计实例

土壤修复是指将土壤中污染物浓度降低到正常水平或无害化的过程。本章以某有色金属公司搬迁后裸露地修复项目为例，介绍土壤治理与修复设计的流程和绘图规则。前期需了解土壤污染情况、水文地质情况以及土地后续规划，以选定地块修复的思路与具体方案，据此进行最终的CAD图纸绘制。具体介绍其中两种单体构筑物——渗滤液收集池和渣场地下水监测井的设计图纸绘制方法，以加深读者对CAD设计方法的掌握。

## 第一节　土壤治理与修复项目实例

### 一、工艺设计背景

某有色金属有限公司始建于2006年6月，位于某工业园区，该地东临山地，西侧为公路，南临某化工公司及山地，北侧为某铜业公司。该公司于2005年环评批复建设11万t/a的阳极铜项目，2006年环评批复建设10万t/a的阴极铜项目，项目均于2008年验收。鉴于该场地未来规划为一类、二类建设用地，该公司完成搬迁后，需要对该地进行治理，由于原厂区厂址上的建筑物还未拆除，目前仅对厂区裸露地土壤进行调查与修复，确保该片区土壤环境质量持续改善。

#### （一）土壤污染物种类及浓度水平

场地调查结果表明：所有的有机物及六价铬检测结果均满足《土壤环境质量　建设用地土壤污染风险管控标准（试行）》（GB 36600—2018）中表1一类、二类建设用地标准限制。

厂区内超过《土壤环境质量　建设用地土壤污染风险管控标准（试行）》（GB 36600—2018）一类、二类建设用地筛选值的元素有砷、铅、镍和铜，超过管控制的元素有砷。超过（GB 36600—2018）中表1一类用地的筛选值的区域主要集中在生活区绿化带、化验室东侧裸露地、原料场北侧裸露地、原料场南侧裸露地、检测车间北侧裸露地、熔炼车间周边裸露地、制酸车间南侧裸路地、超过（GB 36600—2018）中表1二类用地的筛选值的区域有渣缓冷区域裸露地、硅白石破碎车间北侧裸露地、渣选矿北侧内裸露地、填埋场下游裸露地。

根据建设用地第一类用地土壤环境风险筛选值，其中砷最大超标倍数为56.50倍，铜为1.35倍，铅为2.30倍，镍为5.267倍，根据建设用地第一类用地土坡环境风险管制值，砷最大超标倍数为8.58倍，铅超标倍数为0.65倍、铜1.937倍。

通过厂区周用地下水井监测分析，项目所在地地下水各监测点位地下水环境现状均符合《地下水质量标准》(GB/T 14848—2017) V 类标准要求，其中重金属浓度均符合《地下水质量标准》(GB/T 14848—2017) III 类标准要求。

**(二) 水文地质情况**

按水文地质单元划分，调查区(包含场地)属于某河流域的支流—某河水文地质单元的下游段。

在区域上，第四系松散岩类孔隙水主要分布于河两侧的一级阶地上，呈条带状展布，河谷宽 0.7~2 km。基岩裂隙水主要分布于河谷两侧的低中山、丘陵区。

在调查区，第四系松散岩类孔隙水赋存于第四系全新统冲洪积层岩砂。区内基岩岩性为中细粒花岗岩及中细粒花岗闪长岩。

松散岩类孔隙水主要接受大气降水补给渗入，其次为基岩裂隙水侧向径流补给，沿地形向低洼处径流，排泄方式以地下径流排泄为主，人工开采次之。

基岩裂隙水主要接受大气降水的垂直补给及上覆第四系地层的渗透补给，沿基岩节理裂隙向地形低洼径流，补给第四系松散岩类孔隙水。

基岩山区是本区的补给区，直接接受大气降水的渗入补给，地下水动态变化较大。山间沟谷区为本区的补给径流区。由于此区地下水埋藏较深，故地下水动态变化较为迟缓。河谷平原区为本区径流排泄区，由于此区地下水埋深较浅且表层为较薄的砂质土，受降水、蒸发作用比较强烈，此区地下水动态变化较灵敏。

根据厂区调查冶炼厂区地下水水位埋深一般为 11.3~14.82 m，中和填埋场附近 38~45.4 m 深的钻孔均未见水，阻隔填埋区场地内地下水埋深在 26.7~52.4 m。包气带岩性主要为第四系全更新统冲洪积形成的圆砾及全风化花岗岩层。在沟谷北侧第四系地层变薄，地表直接露出花岗岩层；在沟谷南侧为更新统冲洪积层，岩性主要为砾砂层，黄褐色，砾的岩性以花岗岩为主，岩径在 2~10 mm，砂的成分以石英、长石为主，一般层厚 3~5 m，分选磨圆较好，透水性较好，下部为其岩风化壳。

总体上，调查区包气带岩性在平面上分布较为简单，大部分为砾砂层及全风化花岗岩层，包气带厚度较大，水位埋深大于 10 m。

### （三）当地规划

根据相关规定，决定对企业搬迁后腾退土地实施分级分块综合管控，通过实施分类治理，确保该片区土壤环境质量持续改善。原厂区内规划住宅用地约254亩[①]，教育用地约45亩和道路用地约42亩，需按照建设用地一类标准治理，商业用地约81亩、公园用地约39亩，需按照建设用地二类标准治理；原厂区外某河以东约320亩按照建设用地二类标准治理。

## 二、地块修复模式

### （一）地块修复总体思路

根据本地块周边环境条件、水文地质条件，重金属污染特征，以及后期的规划，重金属修复技术的成熟度、适用性及局限性和修复时间的要求，最终确定适合本场地的修复技术。考虑到修复场地部分区域未来规划为一类建设用地，原则上规划为一类用地的污染土壤采用异位处理处置，但是同时也遵循治理与修复工程在原址上进行的原则。同时遵循永久性处理修复技术优先的原则，减少污染物的数量、毒性和迁移性。

### （二）地块修复方案确定

根据该地块规划某河以西的用地规划为住宅、教育用地，采用原位固化稳定化技术，在一定程度上可控制重金属的环境风险，但仍具有潜在的健康安全隐患。而且场地内污染土壤多为碎石层，原位钻探、添加药剂的难度大，同时也不易将药剂在原位充分搅拌混合，大大降低固化稳定化的处理效果。采用异位固化稳定化技术，固化稳定化处理后达标土壤可进行填埋、地块开发土方再利用（例如景观用土、道路基础等），可从根本上解决污染场地上重金属污染环境风险及健康安全隐患。

采用“异位固化稳定化＋阻隔填埋”的“双保险”的方法，将规划为住宅、教育用地的一类用地上的污染土壤全部清挖，固化稳定化处理后填埋于某河以东厂区内规划为二类用地上，可最大程度上消除规划为一类用地上的重金属污染风险，经济性较好，且具有可操作性强、修复时间短、修复效果可接受度高、工程投资成本较低等优点。因此，本项目最终确定使用“异位固化稳定＋阻隔填埋”技术。

---

① 1亩≈666.7 $m^2$。

## 三、修复方案设计概述

### (一) 技术路线

该地块污染土壤修复方案采用“异位固化稳定化 + 阻隔填埋”技术的修复模式。对于生产区内超过修复值的污染土壤进行清挖,清挖完成后对基坑进行验收(污染物总量验收)。对于超过修复值的污染土壤进行固化稳定化处置,确保处理后土壤浸出结果达到标准,然后将固化稳定化的土壤送入填埋场阻隔填埋,运行过程中需定期对污染土壤中污染物浓度等相关指标进行监测以便采取相应的措施。

在此基础上,本方案制定了该地块污染土壤修复技术路线,指导污染土壤的修复的实施、运行、监测及验收,如图 15–1 所示。

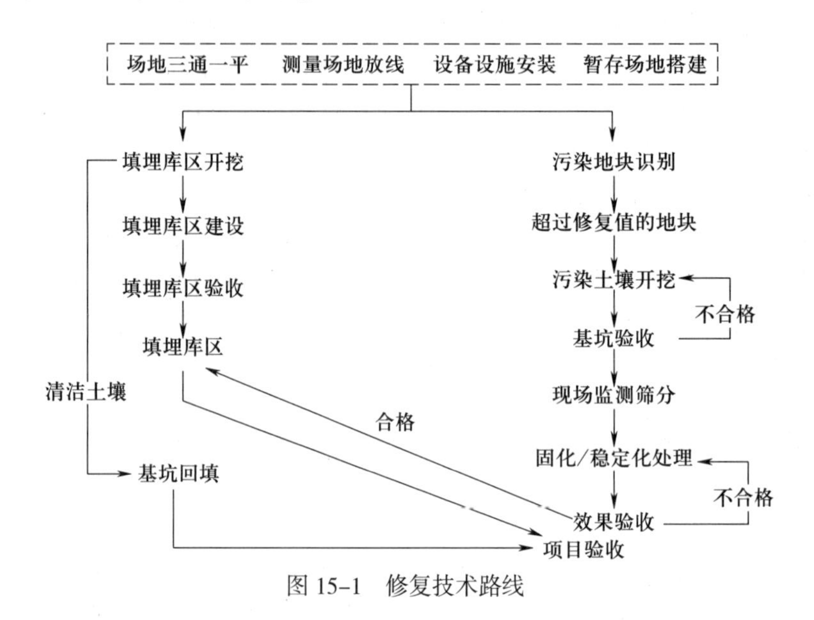


图 15–1 修复技术路线

### (二) 修复分区及工程量统计

本方案涉及污染土壤修复范围主要依据地块污染物种类、特征、浓度分布范围、污染深度、污染土壤介质及其渗透性等特性以及地块未来开发利用规划为一类、二类用地等因素进行设计、计算、划分。根据前期场调、补充调查、风险评估及修复目标值修订结果,该方案采用“异位固化稳定化 + 阻隔填埋”技术相结合的修复方法。对于超过修复值的土壤采用污染土壤进行清挖,然后对土壤进行固化稳定化处理,最后将固化稳定化处理后的土壤一起在厂区北部(规划为二类用地)进行异位填埋。

项目总体污染方量 61 876.5 $m^3$，其中规划为一类用地区域（某河以西）6 个分区，为 1~6 号分区，分别为化验室东侧裸露地、原料场北侧裸露地、原料场南侧裸露地、检测车间北侧裸露地、熔炼车间周边裸露地、制酸车间南侧裸露地，需修复的土壤面积共 47 282 $m^2$，体积共 27 926.5 $m^3$。规划为二类用地 4 个分区（某河以东）为 7~10 分区，分别为渣缓冷区域裸露地、硅白石破碎车间北侧裸露地、渣选矿北侧盘山道路两旁、填埋场下游裸露地，需修复的土壤面积共 26 274 $m^2$，体积共 33 941 $m^3$。

## 第二节　土壤修复单体构筑物——渗滤液收集池

渗滤液收集池用于收集本填埋场一次性堆筑完成时，可能遇到降雨形成的渗滤液。渗滤液收集池位于拦挡坝下游 15 m 处，渗滤液收集池四周设置高度为 1.2 m 的安全护栏。渗滤液回收或汽车封闭运输至处理场所处理。

渗滤液收集池的容积满足废渣堆筑时遭遇降雨产生的渗滤液的要求，废渣暴露时间较短，非长期运行，在一次堆筑完成后即实行封场。非降雨时，填埋场内不蓄水，排出渗滤液极少。遭遇强降雨时，大部分雨水会在灰填埋场内经过短期调蓄后，由废渣接触形成污水，因此在此标准下的污水不得外排。渗滤液收集池的容积主要受降雨的影响较大，考虑坝坡在堆筑过程中逐渐按封场要求封闭，坡面雨水不做污水考虑。因此，考虑渗滤液收集池有效容积不小于 800 $m^3$，渗滤液收集池底宽 6.0 m，底长 20 m，深 3.0 m，坡比 1∶1.5，满足渗滤液储存要求。另外，渗滤液收集池要设计防渗结构。

本节详细介绍该土壤修复工程中渗滤液收集池结构图的 CAD 绘制步骤。

### 一、设置绘图环境

按照第三篇第二章的方法创建图形文件、命名为“渗滤液收集池 .dwg”并保存、按需求创建相应图层。

### 二、绘制构筑物平面布置图

1. 绘制中心线：将“中心线”设置为当前图层，打开“图层样式管理器”，点击“线型”，在“选择线型”对话框中点击“加载”，在“加载或重载线型”对话框中选择线型“ACAD_ISO05W100”，如图 15–2 和图 15–3 所示，在图层中绘制一条水平中心线。

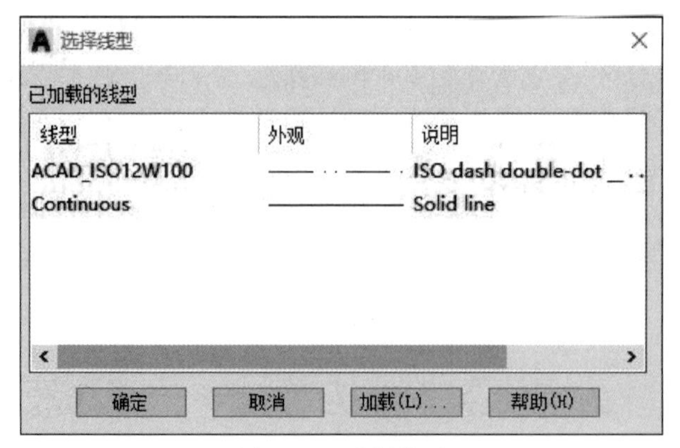


图 15-2 选择线型

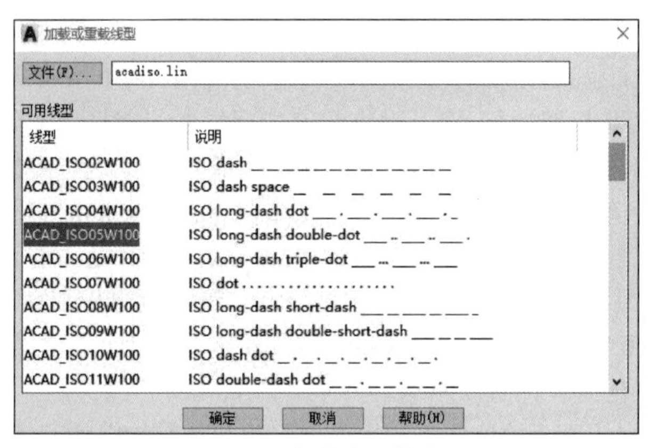


图 15-3 加载或重载线型

2. 绘制墙体：将“墙体”设置为当前图层，利用快捷键“REC”绘制一个以中心线为轴对称的，长 20 000，宽 6 000 的矩形。在该矩形外，以中心线为轴，再绘制一个长 29 000，宽 15 000 的矩形。然后把矩形的角用直线命令“L”连接起来，如图 15-4 所示。

3. 绘制防渗结构：将“防渗结构”设置为当前图层，根据防渗设计在矩形结构上继续绘制完善，如图 15-5 所示。

4. 绘制渗滤液导排管：将“渗滤液导排管”设置为当前图层，将该图层的线型按上述方法设置为“ACAD_ISO02W100”。以中心线为轴，绘制一个 $\phi$ 310 × 20 mm 的渗滤液导排管及其墙体结构。

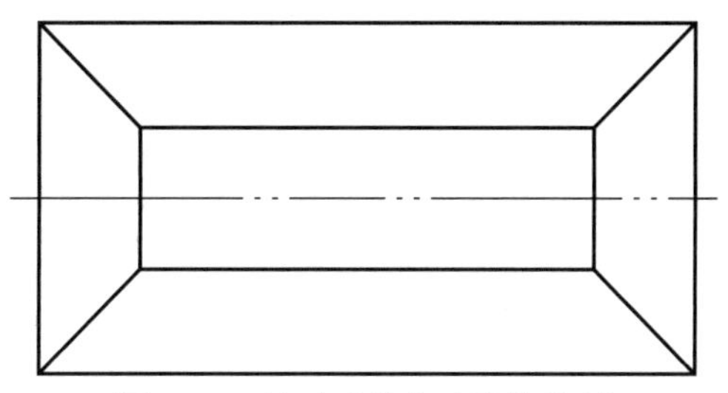

图 15-4　渗滤液收集池墙体绘制

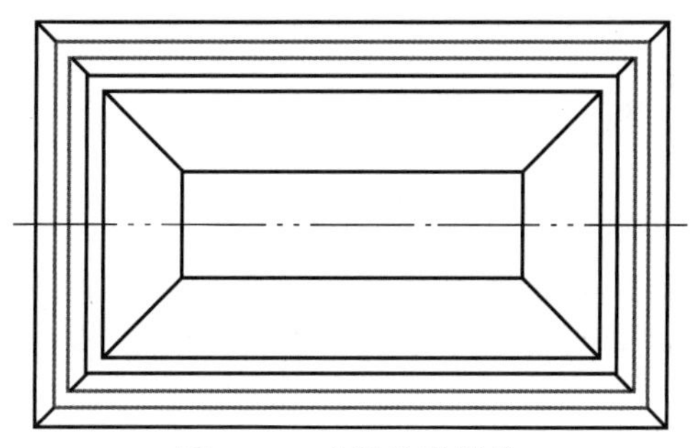

图 15-5　布设防渗结构

渗滤液收集池平面图轮廓如图 15-6 所示。

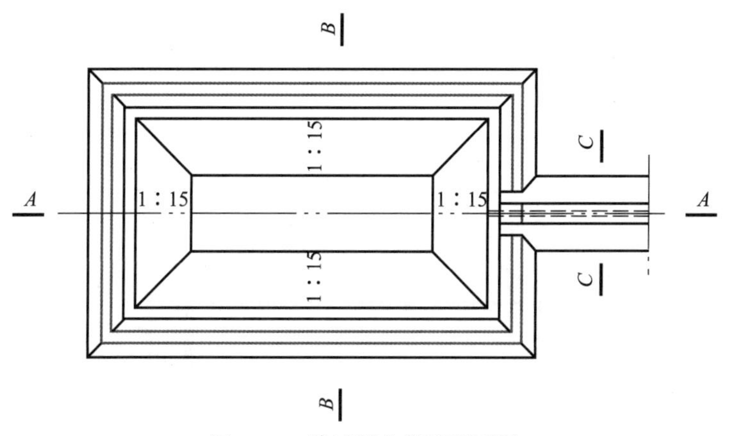


图 15-6　渗滤液收集池平面图

## 三、渗滤液收集池剖面图绘制

### 1. *A*–*A* 剖面图

⑴ 绘制墙体：将“墙体”设置为当前图层，利用直线命令的快捷键“L”绘制出剖面结构。

⑵ 绘制防渗结构：将“防渗结构”设置为当前图层，利用直线命令的快捷键“L”在收集池结构上依次布置防渗层。

⑶ 绘制拦挡堤：在拦挡堤部分进行填充。如图 15–7 所示。

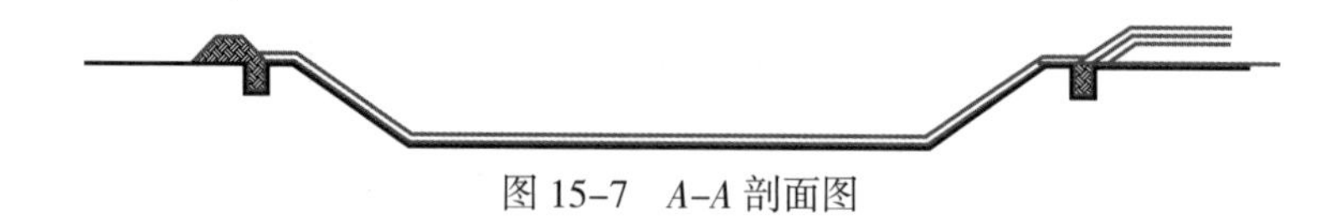

图 15–7　*A*–*A* 剖面图

### 2. *B*–*B* 剖面图与 *C*–*C* 剖面图

*B*–*B* 剖面图、*C*–*C* 剖面图与 *A*–*A* 剖面图画法相同，在此不再赘述，剖面图如图 15–8 和图 15–9 所示。

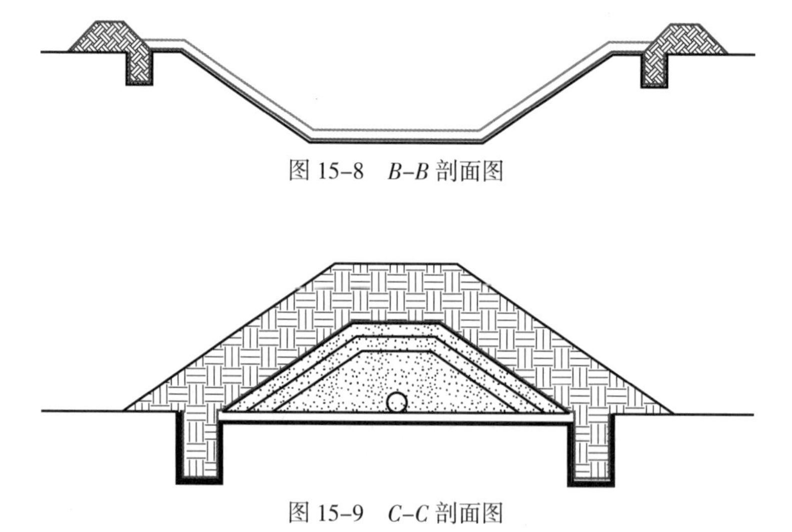

图 15–8　*B*–*B* 剖面图

图 15–9　*C*–*C* 剖面图

## 四、添加标注与文字

新建文字样式和标注样式，方法与第十三章中添加标注与文字的方法相同，在此不再赘述。

至此,渗滤液收集池结构图(图 15-10)基本绘制完成。

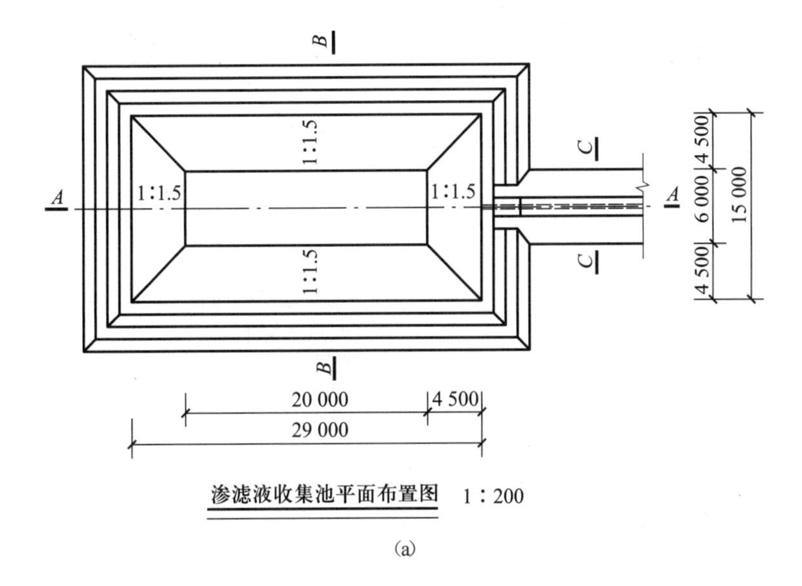


渗滤液收集池平面布置图　1∶200

(a)

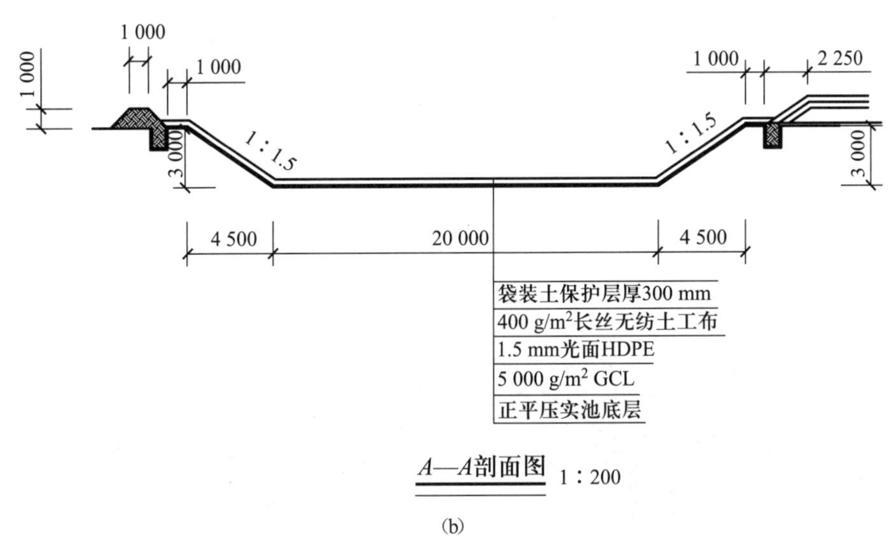


A—A剖面图　1∶200

(b)

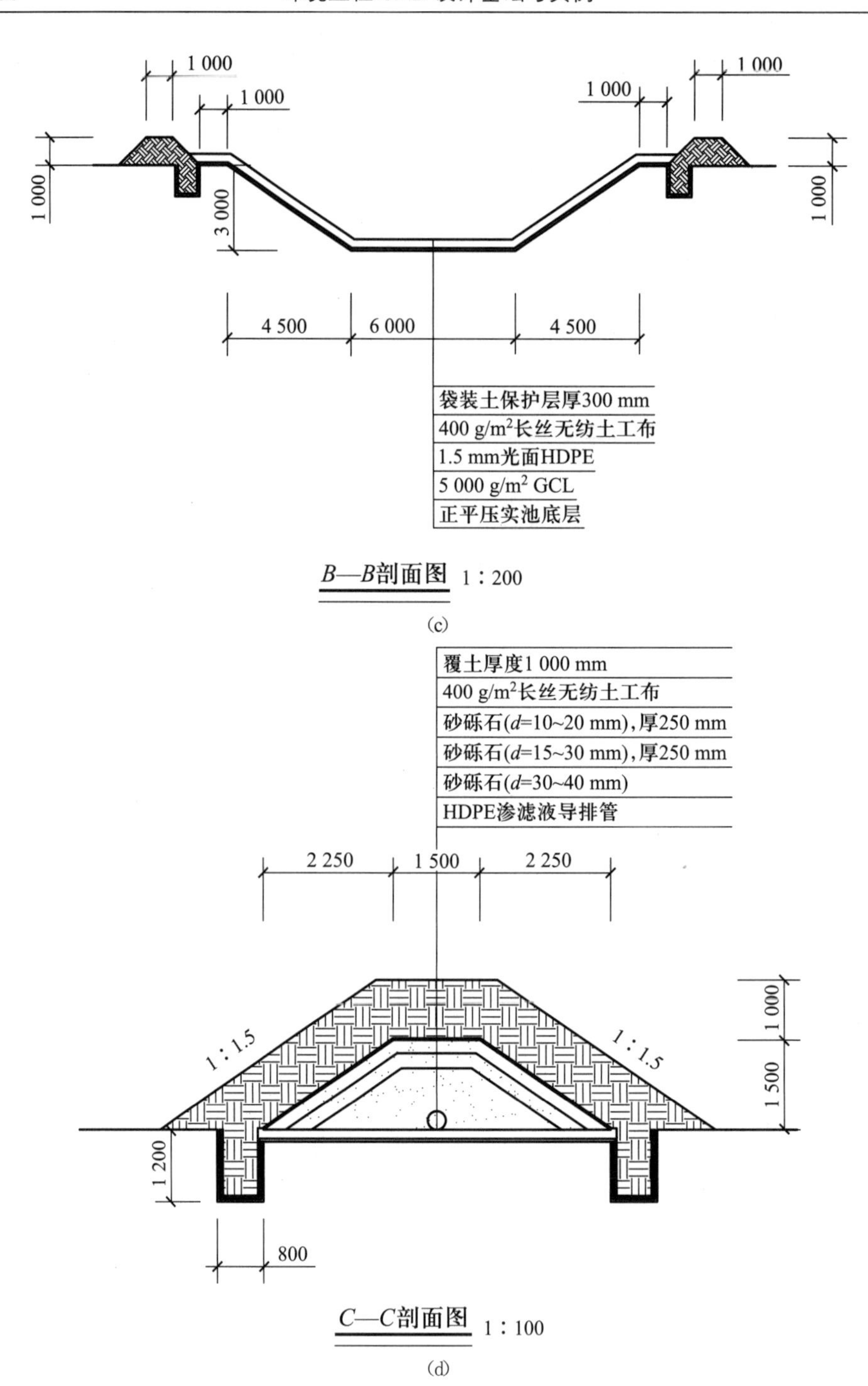


图 15-10 渗滤液收集池结构图

# 第三节　土壤修复单体构筑物——渣场地下水监测井

依据《污染地块风险管控与土壤修复效果评估技术导则》(HJ 25.5—2018)的相关要求,对于地块使用的属于固化/稳定化阻隔填埋的风险管控措施的,需要对风险管控措施范围内的地下水污染物浓度进行关注监测,阻隔回填区风险管控效果评估监测指标为地块修复的目标污染物,风险管控评估标准为阻隔回填区下游地下水污染物浓度达到《地下水质量标准》(GB/T 14848—2017)中的Ⅳ类标准。

根据以上要求,阻隔填埋场周边共设3口监测井,分别为:第一口井设于填埋场边界上游,作为对照井;第二口井设于填埋场下游的南侧;第三口井设于渗滤液收集池旁、拦挡坝下游。监测井深度不小于20 m。

本节详细介绍该土壤修复工程中地下水监测井结构图的CAD绘制步骤。

## 一、设置绘图环境

按照第十三章的方法创建图形文件、命名为“渣场地下水监测井结构图.dwg”并保存、按需求创建相应图层。

## 二、绘制监测井主体

1. 将“结构”图层设置为当前图层,用直线“L”命令画出监测井井壁,再用填充“H”命令将不同的材料填充入井壁内。将“地面”图层设置为当前图层,画出地面的位置,如图15-11所示。

2. 将“盖板等零件”图层设置为当前图层,将盖板、套管等添加到主体上并进行材料的填充,结果见图15-12。

3. 添加标注及文字。按照上一节的方法设置文字样式和标注样式,在对监测井结构图进行尺寸标注和文字注释,结果如图15-13所示。

4. *A–A* 剖面图的绘制

将“结构”图层置为当前图层,画一个直径为162的圆,再向内偏移“O”6 mm,在两个圆之间画两条间距为10的短直线,用阵列命令“AR”使这两条短直线在圆环内均匀排列。最后填充材料、标注尺寸和文字。结果如图15-14所示。

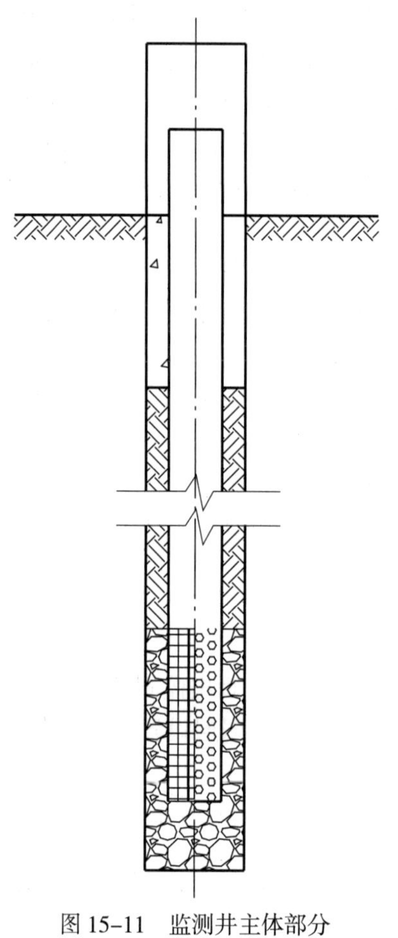
图 15-11 监测井主体部分

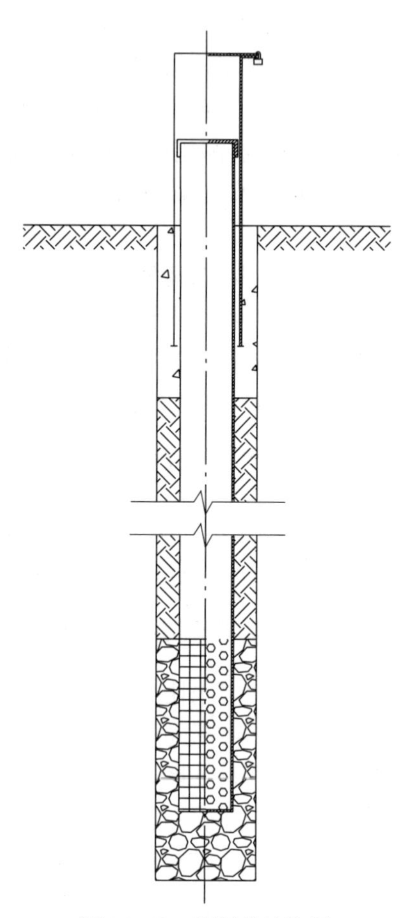
图 15-12 监测井结构图

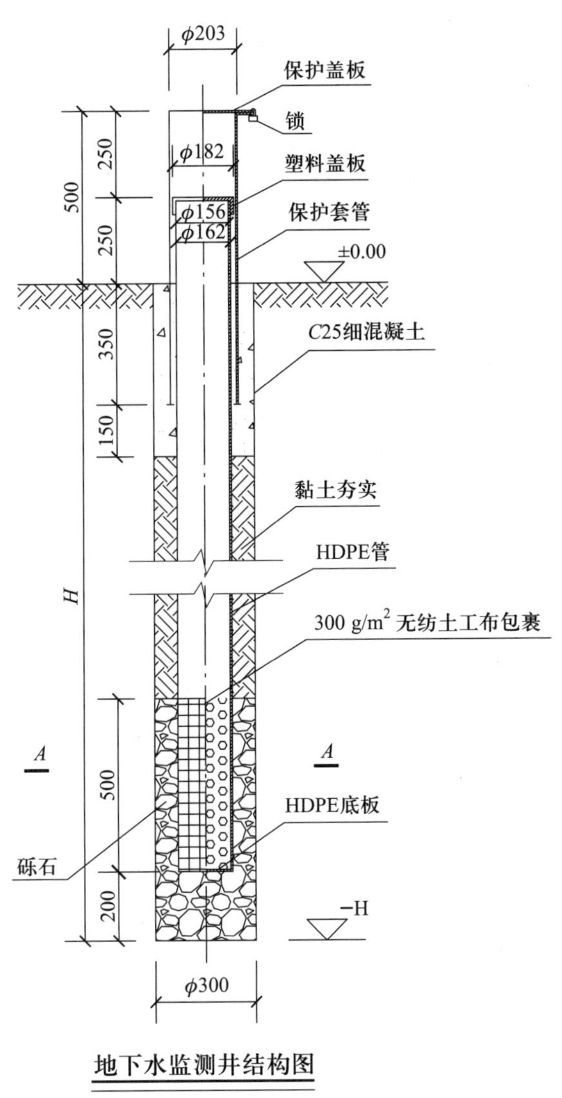


图 15-13　添加标注及文字

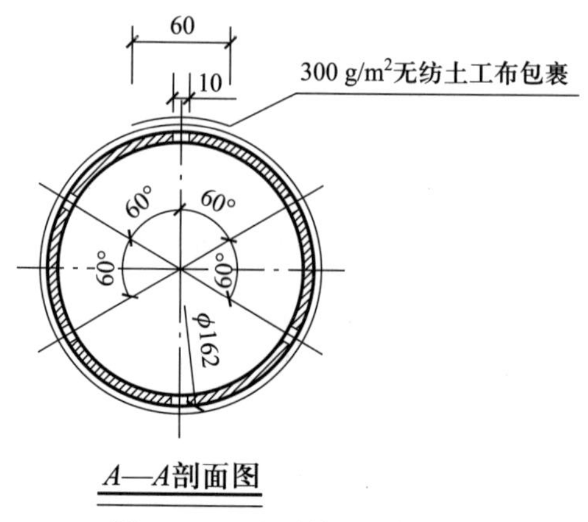


图 15-14 监测井 A-A 剖面图

# 附录　环境工程设计常见标准与技术规范

《国家生活饮用水卫生标准》(GB 5749—2022)

《污水综合排放标准》(GB 8978—1996)

《城镇污水处理厂污染物排放标准》(GB 18918—2002)

《地表水环境质量标准》(GB 3838—2002)

《地下水质量标准》(GB/T 14848—2017)

《大气污染物综合排放标准》(GB 16297—1996)

《土壤环境质量　建设用地土壤污染风险管控标准(试行)》(GB 36600—2018)

《污染地块风险管控与土壤修复效果评估技术导则》(HJ 25.5—2018)

《建筑设计防火规范》(GB 50016—2014)

《石油化工企业设计防火规定》(GB 50160—2008)

《化工企业安全卫生设计标准》(HG 20571—2014)

《工业企业噪声设计技术规范》(GB/T 50087—2013)

《爆炸和火灾危险环境电力装置设计规定》(GB 50058—2014)

《技术制图——图纸幅面及格式》(GB/T 14689—1993)

《技术制图——标题栏》(GB 10609.1—89)

《技术制图——比例》(GB/T 14690—1993)

《技术制图——字体》(GB/T 14691—1993)

《技术制图——图线》(GB/T 17450—1998)

《技术制图——图样画法——视图》(GB/T 17451—1998)

《技术制图——图样画法——剖视图和断面图》(GB/T 17452—1998)

# 参考文献


[1] 王毅芳 . 建筑 CAD [M]. 北京:北京理工大学出版社,2021.

[2] 裘敏浩,余勇 . 建筑工程 CAD [M]. 北京:北京理工大学出版社,2021.

[3] CAD/CAM/CAE 技术联盟 .AutoCAD 2020 中文版入门与提高——环境工程设计[M]. 北京:清华大学出版社,2021.

[4] 李颖,李英,吴菁 . 环境工程 CAD [M]. 北京:机械工业出版社,2020.

[5] 张晶,潘立卫,王嘉斌 . 环境工程制图与 CAD [M]. 北京:化学工业出版社,2022.

[6] 董祥国 .AutoCAD 2020 应用教程[M]. 南京:东南大学出版社,2020.

[7] 杜瑞锋,韩淑芳,齐玉清 . 建筑工程 CAD [M]. 北京:北京理工大学出版社,2020.

[8] 赵忠宝 . 环境生态工程 CAD [M]. 北京:中国环境出版集团,2020.

[9] 柴华彬,连增增 . 工程制图与 CAD [M]. 北京:科学出版社,2019.

[10] 潘理黎 . 环境工程 CAD 应用技术[M]. 北京:化学工业出版社,2012.

[11] 崔文程 . 中文版 AutoCAD 2011 实训教程[M]. 北京:清华大学出版社,2011.